JN238220

よみがえる
恐竜・大百科
【超ビジュアルCG版】

スティーブ・ブルサット 著
マイケル・ベントン 監修
ピクセル・シャック・コム CG

日本語版
椿 正晴 訳
北村雄一 監修

SoftBank Creative

よみがえる
恐竜・大百科
【超ビジュアルCG版】

目次 Contents

はじめに 5
恐竜の科学 6

第1章 恐竜の起源 10
主竜類―支配的な爬虫類 12

第2章 三畳紀後期の恐竜 26
恐竜の台頭 28
古竜脚類の恐竜 34

第3章 ジュラ紀前期―中期の恐竜 44
三畳紀―ジュラ紀の大量絶滅とパンゲア 46
テタヌラ類の恐竜 52
竜脚類の恐竜 60
初期の鳥盤類の恐竜 68

第4章 ジュラ紀後期の恐竜 74
モリソン層 76
コエルロサウルス類 86
鳥類の起源と進化 90

第5章 白亜紀前期―中期の恐竜 116
白亜紀の世界 118
中国の羽毛恐竜 132

第6章 白亜紀後期の恐竜 162
恐竜時代の最終幕 164
暴君トカゲに関する最新の研究 170

第7章 恐竜時代の終焉 216

用語解説 220
索引 222
謝辞 224

はじめに

「恐竜」という言葉を耳にしただけで、ロストワールドのイメージや、地球が巨大な爬虫類に支配されていたころの、興味深い反面、恐ろしくもある過去のイメージがたちまち心に浮かんでくる。太古の地球で暮らしていたこの動物たちには人々の想像力をかきたてるなにかがあり、子どもも科学者も同じように思いをはせる。たぶんそれは、とてつもなく巨大なものや、奇妙な角、トサカ、装甲、スパイク、鉤爪、歯などをもつ恐竜が多数いたからだろう。あるいは、偉大な支配者として君臨していた恐竜が、多くの人類文明と同様に栄枯盛衰を経た末に滅び、現存していないからかもしれない。

恐竜の人気はこれまでになく高い。アルゼンチンや中国といった国々の悪地でのワクワクするような新発見を報じるニュースが、ほとんど毎週のように流される。こうした「恐ろしいほど大きなトカゲ」に焦点を合わせた新作の映画、ドキュメンタリー、テレビの特別番組は、幅広い観客や視聴者を集める。恐竜の化石を発掘し、調査する科学者である古生物学者のなかには、ちょっとした有名人となった人もいるほどだ。

しかし、このように「ロックスター」並みの注目を集めているとはいえ、恐竜はメディアがつくりあげた、たんなるはやりものではない。恐竜には、地球上に存在した最も重要かつ多様で、優勢だった動物が含まれている。恐竜が初めて出現したのは、三畳紀中期にあたる約2億3000万年前のことだ。当初は2本足で走りまわる小型の肉食動物にすぎなかったが、急速に多様化してさまざまな種に分化し、世界中に広がっていった。三畳紀末の2億年前には、大小さまざまな恐竜が地球上のあらゆる生態系を支配していた。恐竜帝国の歴史が幕を開けたのである。その後、恐竜は、白亜紀末の突発的な天変地異により絶滅へと追いやられるまで、1億6000万年という気が遠くなるほど長い期間にわたって地球を支配し続けた。

私たち人間は、およそ200年にわたって恐竜に魅了され続けてきた。この大昔の動物の化石が最初に見つかったのは、1800年代の初めのことで、発見地はイギリスだった。当初、科学者たちはとまどった。本当に動物の骨なのか。もしそうだとしたら、どういった種類の巨大動物の骨なのか。その動物はどこに生息していたのか。こうした疑問が彼らの心に次々と浮かんだのだ。しかし、まもなくメガロサウルスやイグアノドンの化石が新たに発見され、こうした化石が本物の骨であることが証明されただけでなく、1～2億年前の中生代に生息していた、それまではまったく知られていなかった系統に属する爬虫類のような生物の骨であることも明らかになった。体長がバスと同じくらいあり、高さが5階建てのビルに匹敵するというとてつもなく巨大なものもいれば、小型でしなやかな体型のものもいた。肉食性のものもいれば、植物食性のものもいた。槍のように鋭いスパイクをもち、中世の騎士がまとった甲冑のような装甲で守りを固めているものもいれば、それほどの重武装はしていないものもいた。このように恐竜は多様な種の集合体であり、それらが一体となって、人類が登場するはるか以前の世界を支配していたのだ。

時の経過とともにますます多くの化石が発見され、恐竜の世界の全体像が少しずつ見えてきた。古生物学者たちは、恐竜を三大グループに区分できることを突きとめた──肉食性の獣脚類（ティラノサウルスとその近縁種を含む）、長い首をもつ植物食性の竜脚類（ブラキオサウルスやディプロドクスなど）、同じく植物食性で嘴がある鳥盤類（ステゴサウルス、トリケラトプス、カモノハシ竜とも呼ばれるハドロサウルス類など）。これらのグループは、いずれも三畳紀後期に出現し、恐竜時代が進行するにつれて進化を遂げ、変化していった。実のところ、恐竜時代の大きなテーマは変化だった──大陸は活発に移動してその姿を変え、気候は変動し、海洋は拡大と縮小を繰り返した。それは、生命の歴史における最も注目すべき進化の物語の1つである。

本書の目的は、次第に全容が明らかになりつつある恐竜時代を取り上げた見ごたえのあるドラマを紙上で再現することにある。そのために、さまざまな種を単純に分類するのではなく、三畳紀中期に端を発した1億6000万年にわたる恐竜たちの進化の道のりを忠実にたどっていく。恐竜が生きていた時代には、大量絶滅が起き、大陸の移動も活発だった。恐竜たちが紆余曲折を経ながら多様化し、世界中に広がっていく様子を克明に追っていく。

本書は、これまでになくドラマチックで鮮烈な恐竜画像を使って、太古の世界の物語を活写している。これらの画像は、映画の製作で使われているのと同じコンピューター生成画像（CGI）技術を駆使して作成されたもので、最新かつ最先端の科学的知見にもとづいている。大判の図鑑のメリットを生かして、高解像度の画像を細部に至るまで鮮明に表示することができた。これは前例のないことだが、実物大の画像も収録されている。恐竜たちの生き生きとした姿を再現したこれらの画像を通じて、読者のみなさんは、これまでに語られた最も偉大なストーリーの1つ、すなわち恐竜の起源と進化と絶滅のあらましを知ることができる。

───スティーブ・ブルサット

The Science of Dinosaurs
恐竜の科学

恐竜は6500万年も前に絶滅した。
では、古生物学者たちはいったいどうやって恐竜に関する膨大な知識を得るのだろうか。
恐竜の化石が初めて発見されたのは1800年代初めのことであり、
場所はイギリスだった。それ以来、約200年にわたって恐竜化石の発掘調査が行われてきた。
その間に科学技術が大きく進歩し、今日の古生物学者はさまざまな高性能科学機器を利用している。
しかし、21世紀の古生物学者を突き動かしている使命は、19世紀の博物学者のそれと変わらない
——つまり、恐竜の化石を発見し、そこから得られる情報をつなぎ合わせて、太古の世界で食べ、
眠り、最後は死んでいった動物たちの外見や生態などを明らかにすることだ。

たいていの科学研究は、具体的な疑問から始まる。たとえば、ある古生物学者がジュラ紀中期に生息していた獣脚類の恐竜の進化に興味をもったとしよう。その場合、ジュラ紀中期の恐竜の化石をどこで探せばよいのだろうか。どうすれば発掘調査を行うべき場所がわかるのだろうか。恐竜化石の発見と調査研究には、基本的に5つの段階がある。古生物学者にとってはありがたいことに、地質学者たちが長年にわたって世界中の岩石層を調べ、地質図を作成してきた。石炭、石油、ダイヤモンドといった貴重な鉱物資源を含む岩石層を探しあてるために、企業が地質学者を雇い、作成を依頼したのだ。したがって、古生物学者が最初に行うのは、地質図を調べて、ジュラ紀中期に堆積した岩石層が露頭を形成している場所を見つけだすことだ。発掘調査を開始するのによい場所の1つは、中国だろう。

第2段階は至って単純に思えるかもしれないが、困難をきわめる場合がある。化石が埋蔵されていそうな岩石層が見つかったら、古生物学者は現地へ移動して調査を開始しなければならない。恐竜をテーマとする映画では、古生物学は高度な科学技術を駆使する先進的な学問のように描かれている。しかし、地中探知レーダーや高性能カメラと聞けば、ものすごく役に立ちそうな印象をもつかもしれないが、実のところ、人間の目に比べたらまったくといっていいくらい頼りにならない。そこで、化石の発見を目指す古生物学者は、風雨にさらされてボロボロになった骨の破片を探し求めてひたすら歩きまわる。そうした骨片の近くに完全骨格が埋まっているかもしれないからだ。調査はしばしば単調で骨が折れ、気が変になりそうなこともある。足を棒にして何カ月も歩きまわったあげくに、なに1つ見つからなかったりもする。だが、そうする以外に方法はない。

幸運にも恐竜の化石——この場合は、ジュラ紀の獣脚類の化石——が見つかったら、第3段階の始まりだ。まずは化石を地中から掘りだしてしっかり梱包し、クリーニングと調査を行うために研究所まで搬送しなければならない。化石はたいてい岩石中に埋まっているので、マトリックス（基質）と呼ばれる余分な岩を削り取らなければならない。発掘作業員がマトリックスを丹念に取り除くのに数週間もかかることがある。この困難な作業が終わると、ようやく化石を保護用の石膏カバーにくるむことができる。石膏は、骨折部位を固定する医療用ギプスに使用されるものと同じ素材で、化石を研究所まで運ぶ際の保護材となる。搬送には数カ月を要することが多く、陸路、海路、あるいは空路で何千キロもの移動をともなう場合もある。古生物学者にとってはあいにくなことだが、化石は、大学や博物館の研究センターから遠く離れた砂漠のような悪地で見つかることが多い。

化石が研究所に到着した時点で第4段階が始まる。よりいっそう入念なクリーニングや破損箇所の修復、さらには骨格の組立作業が行われるのだ。これで調査研究の下準備が完了する。研究するためにまず最初に古生物学者がしなければいけないのは、その化石がなんであるのか、どのグループに属して

アメリカ合衆国ワイオミング州で恐竜化石の発掘に取り組む古生物学専攻の学生たち。手前の学生は、恐竜の骨を発見し、岩の塊の中から注意深く取りだそうとしている

いるのか、同じグループに属する別の種との間にどのような違いがあり、系統的にどのあたりに位置する種なのかを突きとめるということだ。この作業を進めるにあたっては、化石の解剖学的特徴に細心の注意を払わなければならない。骨の詳細を書き記し、ほかの化石と比較する必要もある。こうして得られた情報は、その恐竜が属するグループの進化の全体像をつかむのに必要な分岐図の作成に役立つ。この過程は骨の折れる作業となることが多く、数カ月か場合によっては数年かかる。こうした一連の作業が終わると、古生物学者は、標準的に使われる専門用語を用いて化石に関する記載論文を書き、古生物学界に発表する。これは、この化石からジュラ紀後期の獣脚類の進化についてどのようなことがわかるかを説明する機会となる。

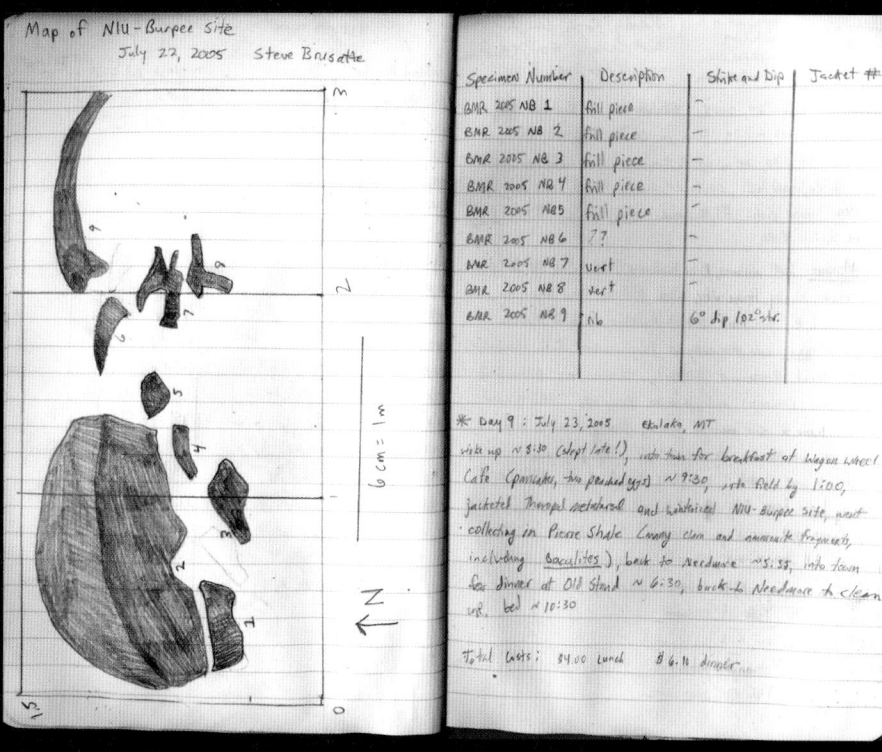

著者(スティーブ・ブルサット)のフィールドノート。このページには、2005年7月にアメリカのモンタナ州でトリケラトプスの化石を発掘したときの状況がくわしく記されている。古生物学者は常にフィールドノートを携行し、化石の発見場所を記録するとともに、発見時の骨の配置がわかる見取り図を描く

恐竜研究の最終段階は、化石の発見を一般の人たちに知らせることかもしれない。新たに見つかった化石や、化石に関する研究成果がすべて画期的なものであるとはかぎらない。実のところ、科学者が手がける研究には、ほかの科学者にとって興味深いだけというものが多い。しかし、ときには賞賛に値する重要な発見や、広く一般の人々に公開しなければならない画期的な発見がなされることもある。多くの人たちに見てもらうには、博物館に化石を展示するのがいちばん手っ取り早い。オリジナルの化石が展示されることもときにはあるが、化石はもろく壊れやすいため、不特定多数の人々の目に触れる場所には置けないことが多い。その場合には、骨の精巧なレプリカをつくって全身骨格の標本を製作し、安全で頑丈なフレームを使って展示会場に設置する。骨格標本の製作と展示は複雑なプロセスであり、科学的な知識とともに、芸術的なセンスと工学的な技術も求められる。博物館に展示する以上、科学的知見にもとづいた正確なものでなければならない。また、移動しやすく、できるだけ安価なものにする必要もあるし、なによりも見学者の目を楽しませるものでなければならない。見ごたえのある精巧な骨格標本ができあがれば、新たに発見された化石がジュラ紀中期における獣脚類の進化過程を理解するうえでいかに重要であるかを、広く一般の人たちに伝えることができる。

これら5つの段階は、古生物学者が長期にわたる恐竜の進化の様子を理解するのに役立つ。本書では、主要テーマである進化の物語をわかりやすく説明するために、本文中に分岐図と呼ばれる図表を掲載している。分岐図には恐竜グループ同士の類縁関係が示されており、さまざまな恐竜がどのようにかかわり合って1つの進化の物語を織りなしているのかがわかる。次ページの分岐図を見れば、おもな恐竜とその進化系統の概要をつかむことができる。たとえば、恐竜を三大グループに区分できることがひと目でわかるだろう――獣脚類(コエロフィシス類、ケラトサウルス類、テタヌラ類、コエルロサウルス類といった肉食恐竜と鳥類)、竜脚形類(古竜脚類と長い首をもつ竜脚類)、鳥盤類(「鳥の腰をもつ恐竜」の意で、剣竜類、曲竜類、角竜類、堅頭竜類、鳥脚類といった多くの植物食恐竜を含む)。この分岐図には、鳥類が恐竜から進化したことも明記されている。

分岐図の作成は、古生物学の主要な目的の1つであり、研究所で化石を詳細に分析して得られた結果にもとづいてつくられる。古生物学者は、多くの恐竜種について調査し、骨格を形成するすべての骨の寸法を測り、くわしく観察してから、得られたデータを長大な特徴のリストに組み入れる。その結果、たとえば、尾についている大きなスパイクという特徴をリストに入力すると、個々の恐竜種が尾にスパイクがある恐竜か、ない恐竜としてリストアップされる。こうした特徴をいくつか加えることにより、データ行列と呼ばれるスプレッドシートができる。次に、コンピューターを使ってこの行列の解析を行えば、どんな共通の特徴があるかに応じて恐竜を分類した「家系図」ができあがる。分岐図の作成には手間暇がかかるが、恐竜の進化の物語を理解するうえでこの作業は欠かせない。

恐竜の科学

　この分岐図は、さまざまな恐竜グループの類縁関係を示したもので、私たちとその両親、祖父母、さらにそのまた先祖との関係を記した家系図と似ている。この分岐図はごくおおまかなもので、おもな恐竜グループのみを取り上げている。本文中には、主要グループのサブグループまで示したよりくわしい分岐図が掲載されている。

　本書で取り上げている恐竜のプロフィールには、種ごとの分類名も記載されている。相変わらず恐竜を「目(もく)」、「亜目(あもく)」、「下目(かもく)」、「科(か)」、「亜科(あか)」などと細かく分類している図鑑も多い。しかし、現在ではほとんどの古生物学者がこうした分類階級名は混乱を招くうえに、そもそも意味がないと考えているため、本書では用いていない。代わりに、分岐図に描かれている分類群の名称を使って、個々の種の系統と分類を明らかにしている（「上科(じょうか)」、「科」、「亜科」だけは必要に応じて使用している）。

ドロマエオサウルス科

ティラノサウルス上科

ケラトサウルス類

テタヌラ類

古竜脚類(こりゅうきゃくるい)

竜脚類(りゅうきゃくるい)

コエロフィシス類

竜脚形類(りゅうきゃくけいるい)

獣脚類(じゅうきゃくるい)

竜盤類(りゅうばんるい)

恐竜（ディノサウリア）

恐竜の科学 9

鳥類

たとえば、ティラノサウルスの系統分類は次のようになる。
恐竜（ディノサウリア）
　獣脚類
　　テタヌラ類
　　　コエルロサウルス類
　　　　ティラノサウルス科

　左の分類群名は、ティラノサウルスが属するグループを示しており、下位のグループは上位のグループに包含される。次のように考えてほしい。ティラノサウルスはティラノサウルス科の恐竜であり、ティラノサウルス科はコエルロサウルス類に属しており、コエルロサウルス類の恐竜はすべて、上位グループであるテタヌラ類に属している。さらに、テタヌラ類の恐竜はすべて獣脚類に属しており、獣脚類は恐竜の1グループである。こうしたグループ間の関係をわかりやすく図式化したものが、本書の随所に掲載されている分岐図だ。

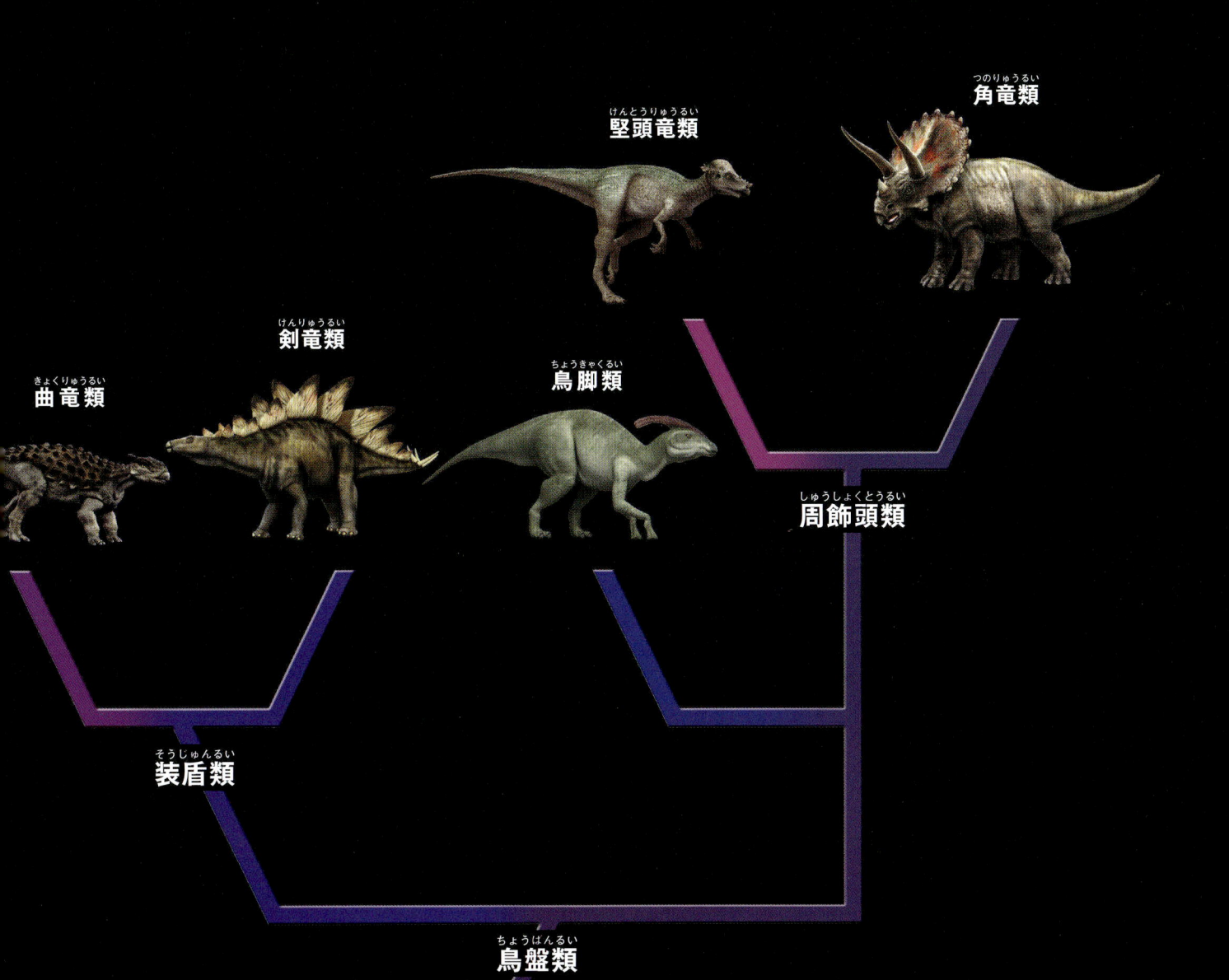

堅頭竜類

角竜類

剣竜類

曲竜類

鳥脚類

周飾頭類

装盾類

鳥盤類

最初のバクテリアと藻類 / ワーム状の動物とクラゲ	最初の動物 / 環形動物 / 体節が分化した動物 / 三葉虫と海綿 / 硬質部をもつ動物	最初の脊椎動物 / 顎のない魚類（無顎類）	最初の陸上植物 / 海生脊椎動物 / 軟骨魚類	硬骨魚類 / 最初の陸生脊椎動物	最初の爬虫類 / 両生類	最初の哺乳類型爬虫類
先カンブリア時代 40億年前～ 5億4200万年前	カンブリア紀 5億4200万年前～ 4億8830万年前	オルドビス紀 4億8830万年前～ 4億4370万年前	シルル紀 4億4370万年前～ 4億1600万年前	デボン紀 4億1600万年前～ 3億5920万年前	石炭紀 3億5920万年前～ 2億9900万年前	ペルム紀 2億9900万年前～ 2億5100万年前

古生代　5億4200万年前～2億5100万年前

第 1 章 The Origins of the Dinosaurs
恐竜の起源

最初の恐竜	最初の哺乳類 ヘビ、トカゲ、ワニ ウミガメとリクガメ	恐竜が地球を支配	最初の鳥類	恐竜の衰退	哺乳類が地球を支配		現生人類の出現
三畳紀 2億5100万年前〜 1億9960万年前		ジュラ紀 1億9960万年前〜 1億4550万年前		白亜紀 1億4550万年前〜 6550万年前	古第三紀 6550万年前〜 2303万年前	新第三紀 2303万年前〜 258万8000年前	第四紀 258万8000年前〜 1万1700年前
中生代　2億5100万年前〜6550万年前					新生代　6550万年前以降		

Archosauria: The Ruling Reptiles
主竜類
──支配的な爬虫類──

一見したところ、鳥類とワニは似ても似つかない。鳥類には羽があり、ワニは鱗で覆われている。
鳥類は、その大部分が小型で動きが活発であるのに対して、ワニは体が大きく、動作が緩慢なものがほとんどだ。
そしてもちろん、鳥類が空を飛ぶのに対して、ワニは水辺に身を潜める。
しかし、外見はあてにならない場合がある。実のところ、現生する脊椎動物でワニと最も類縁関係が近いのは、
どちらかといえば見た目がワニと似ているトカゲやヘビではなく、鳥類なのだ。

　これは、鳥類とワニだけが主竜類──学名のアルコサウルスは「支配する爬虫類」という意味──と呼ばれる大昔の脊椎動物グループの生き残りメンバーだからだ。鳥類の進化上の祖先にあたる恐竜も主竜類の仲間であり、三畳紀にのみ生息していた多くの奇妙な動物たちも同様である。いまでは、哺乳類が世界中のほとんどすべての生態系を支配しているといっていいだろう。しかし、中生代には主竜類が王者として君臨していたのだ。

　主竜類の骨格には共通の特徴がいくつか見られる。最も重要な特徴は、眼窩の前方に前眼窩窓と呼ばれる付加的な穴があいていることだ。おそらく内部には大きな空洞があったと思われ、主竜類が効率的な呼吸を行ったり、熱を逃がして体温をすみやかに低下させたりするのに役立っていた可能性がある。このグループのそのほかの特徴には、下顎の後方近くにあいていた付加的な穴──おそらく顎の咬合力（噛む力）を向上させるための強力な筋肉の通り道となっていたのだろう──や、縁にギザギザがある短剣のような歯などがある。

　現在知られている最古の主竜類が出現したのは三畳紀前期であり、地球上の生物の大部分が死に絶えたペルム紀末の大量絶滅からわずか数百万年後のことだった。古生物学者は、主竜類を大きく2つのグループに区分する。つまり、鳥類を含む系統とワニを含む系統の2つである。恐竜と、中生代の空を支配した翼竜は、鳥類の系統に属する。一方、ワニの系統には、吻部が長い半水生のフィトサウルス類、装甲で覆われた植物食性のアエトサウルス類、獰猛な肉食動物のラウイスクス類などが含まれる。ワニと類縁関係をもつこうした動物のほとんどは、生息年代が三畳紀中期～後期にかぎられており、ジュラ紀が幕を開けるころには完全に絶滅していた。これらの動物のなかには外見が恐竜にきわめて近いものもおり、恐竜が出現する前の生態系では、肉食動物として重要な生態的地位を占めていた。しかし、三畳紀後期が始まるころには、真の恐竜が世界中に広がり始めており、1億6000万年にわたる恐竜時代の到来を告げることとなった。

南アフリカ共和国の三畳紀後期の地層から産出した原始的な主竜類エウパルケリアの頭骨。この小型捕食動物は、既知のものでは最古の主竜類の1つで、恐竜の初期の近縁種として重要な存在。主竜類の特徴である眼窩前方の穴（前眼窩窓）、下顎後方の穴（顎の筋肉の通り道）、縁にギザギザのある歯をもっていたことがよくわかる

前眼窩窓

ギザギザのある歯

顎筋の通り道となる穴

第1章 恐竜の起源 13

ラウイスクス類　　　ワニ形類

ポストスクス　　　サルトポスクス

アエトサウルス類

恐竜形類　　　恐竜類

スタゴノレピス

マラスクス　　　ヘレラサウルス

翼竜類
よくりゅうるい

フィトサウルス類

エウディモルフォドン
（ユーディモルフォドン）　アヴィメタターサリア類

パラスクス

クルロタルシ類

エウパルケリア（ユーパルケリア）

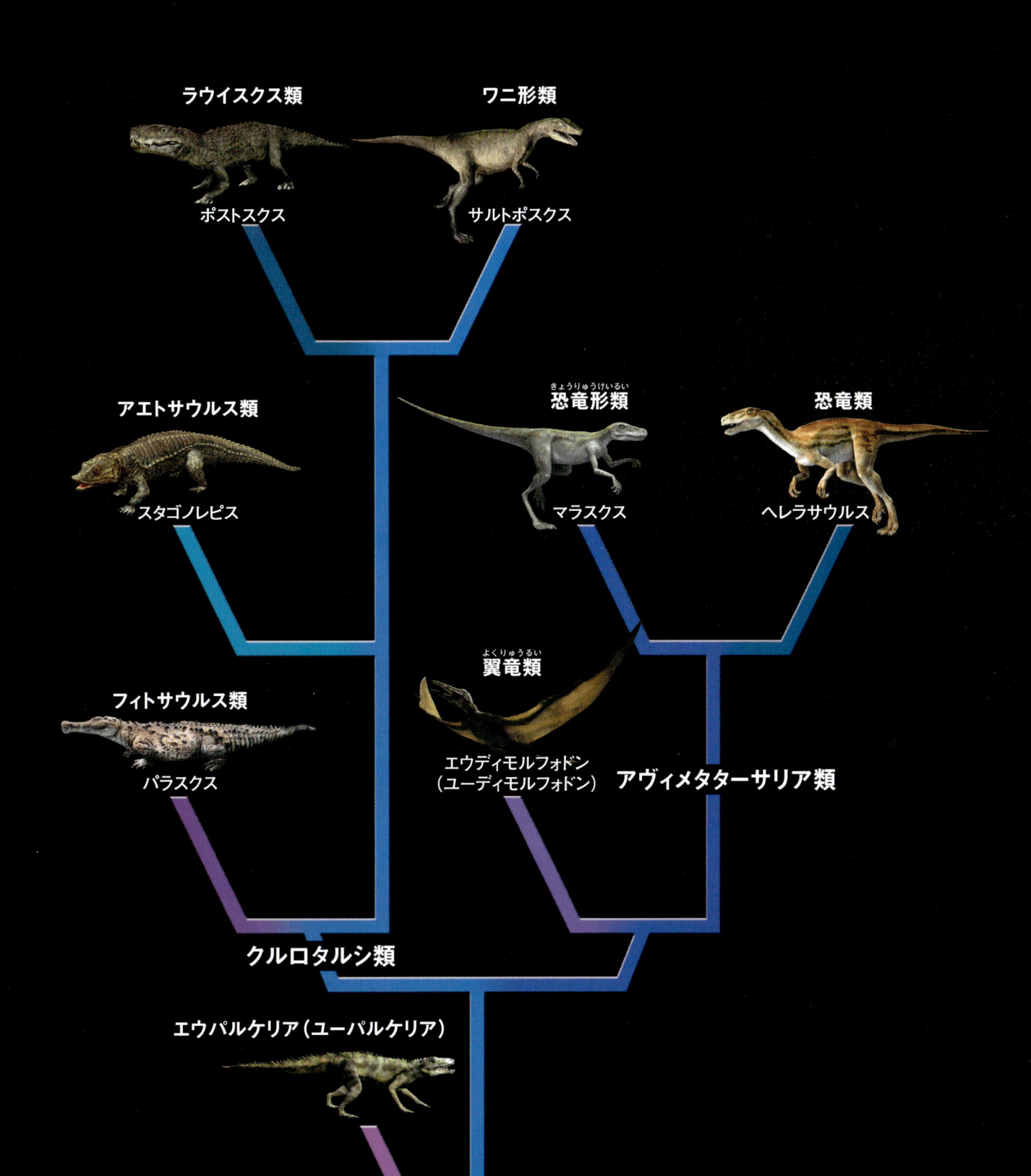

主竜類

Euparkeria
エウパルケリア
（ユーパルケリア）

学名の意味：「真のパーカーの動物」（発見者のW・K・パーカーに敬意を表してつけられた原始的な主竜類の属名）

　中型動物のエウパルケリアは、生態系においてささいな役割しかはたしていなかった。鋭く尖った歯や鱗状の皮膚をもち、腹ばい型の歩行姿勢をとるなど、見た目は三畳紀に生息していたほかの多くの爬虫類と似ているかもしれない。エウパルケリアとそのほかの主竜類をつなぐ最も重要な特徴は、眼窩前方にあいている楕円形の大きな穴だ。また、ほかの多くの主竜類と同様に、背面は皮骨と呼ばれる骨板で覆われていた。やや腹ばいぎみではあるが、ほかの爬虫類よりも直立に近い姿勢をとった可能性もある。後肢に比べて前肢がかなり短いため、多くの古生物学者が、少なくとも一時的には後肢のみで歩けた可能性があると考えている。エウパルケリアは、恐竜、ワニ、鳥とはほとんど似ていないが、既知のものでは最古の主竜類の1つ。このことは、恐竜へと連なる進化系統上でエウパルケリアが重要な位置を占めていることを意味する。

　エウパルケリアの化石は数点あり、そのすべてが南アフリカの一角で発見された。この地域の最も古い岩石層は三畳紀の最初期のもので、ペルム紀末の大量絶滅の直後に出現した動物群の化石記録が残されている。「哺乳類型爬虫類」として知られる獣弓類の化石も、エウパルケリアの化石といっしょにしばしば見つかる。それら獰猛な大型捕食動物たちは、おそらく小型の主竜類を餌食にしていたのだろう。だが、エウパルケリア自身も捕食動物であり、より小さな脊椎動物を食べていたと思われる。

分類	化石発掘地	データファイル	大きさの比較
動物　脊索動物　　竜弓類　　　主竜類		生息地：　アフリカ（南アフリカ） 生息年代：三畳紀前期 体長：　　70センチ 体高：　　20センチ 体重：　　7〜14キロ 捕食者：　獣弓類 餌：　　　小型脊椎動物 ※体高は、すべて足から腰の最上部までの高さを計測した数値	

第1章 恐竜の起源 15

Parasuchus
パラスクス

学名の意味：「ワニに似たもの」

　現生のワニは、ひと目見ればすぐにそれとわかる。たとえずかでも外見がワニに似ている動物は、ワニ類以外にはいない。ワニがもつ独特のボディプランは、何百万年もの進化の歴史を通じて微調整が加えられ、半水生の捕食動物としてのライフスタイルにふさわしいものに変わってきた。しかし、現生のワニが出現するはるか以前に、同様なライフスタイルをもつ動物がいた。そうした動物群の1つがフィトサウルス類であり、見た目はワニにそっくりだ。

　パラスクスは最もよく知られているフィトサウルス類の1つ。この学名は、三畳紀後期の主竜類とワニが驚くほど似ていることを示している。パラスクスの化石は最初にインドで発見され、その後、世界各地の三畳紀後期の岩石層から産出した。パラスクスは、フィトサウルス類としては小さく、体長は2メートルしかなかったが、フィトサウルス類の仲間には、体長がティラノサウルス・レックス並みの13メートルに達するものもいた可能性がある。

　ほかのすべてのフィトサウルスと同様に、パラスクスの頭骨も細長い。頭骨の前部には細い吻が伸びており、顎にはワニのものに似た円錐状の歯がずらりと並んでいる。目と鼻孔は頭頂部に近い位置についている。現生の生物では、こうした特徴は、水中に体の一部を沈めているときに視野を確保し、呼吸するのに便利だ。おそらくパラスクスも見た目がそっくりな現生のワニと同じように、水中に身を隠して、近づいてくる獲物に待ち伏せ攻撃を仕掛けたのだろう。これは収斂進化──異なる動物グループが、似たようなライフスタイルをもつか、似たような生息環境で暮らしているために、進化の過程でよく似た外見を示すようになること──の典型例だ。

分類
動物
　脊索動物
　　竜弓類
　　　主竜類
　　　　フィトサウルス類

化石発掘地

データファイル

生息地：	インドおよび世界各地
生息年代：	三畳紀後期
体長：	2メートル
体高：	35センチ
体重：	50〜100キロ
捕食者：	ラウイスクス類 獣脚類の恐竜
餌：	小型脊椎動物、魚類

大きさの比較

Stagonolepis
スタゴノレピス

学名の由来：鱗に滴（しずく）の形をした穴があいていることにちなんで名づけられた

　エルギンは、スコットランド北東部の北海沿岸にある小さな都市。1844年、寒冷で湿気が多く、いつも強風が吹いているこの町で、石切り工たちが三畳紀の砂岩層に埋まっていた奇妙な鱗を発見した。この不思議な化石のスケッチは、氷河期の存在に初めて気づいたことで知られるスイスの科学者ルイス・アガシのもとに送られた。大きなプレート状の鱗には、泥に落ちた雨の滴のような穴がたくさんあいていた。アガシは見たことのない化石を前にして首をひねった。そして、どう解釈したらよいか判断がつかないまま、巨大な魚の鱗と結論し、スタゴノレピスと命名した。

　数年後、アガシと同じく著名な科学者であり、のちにダーウィンの進化論の熱烈な擁護者の1人として名をはせるトマス・ヘンリー・ハクスリーがこれらの化石を再調査し、爬虫類の装甲板と判断した。新たな鑑定結果を機に、化石の適切な解釈とエルギンの岩石層の年代をめぐって論争が始まり、長く紛糾することとなった。最終的には、ハクスリーがエルギンの岩石層は三畳紀のものであると立証するとともに、スタゴノレピスは現生ワニ類の重要な祖先にあたると宣言して、この論争に勝利をおさめた。

　大物科学者同士が激論を戦わせてから約150年後の今日では、古生物学者たちはスタゴノレピスをワニの祖先ではなく、ワニと近縁ではあるが系統の異なる動物とみなしている。スタゴノレピスは、デスマトスクスやティポトラックスといった動物とともに、アエトサウルス類と呼ばれる主竜類のサブグループに属している。三畳紀後期に地球上で暮らし、絶滅していったこれらの動物は、体全体が装甲に覆われており、首のまわりに頑丈なスパイクがついていたものも多い。アエトサウルス類はすべて植物食で、多くは植物の根を掘りだすのに適したシャベル状の吻部をもっていた。類縁関係が近いわけではないが、全身の形状は曲竜類の恐竜に似ていた。

分類
動物
　脊索動物
　　竜弓類
　　　主竜類
　　　　アエトサウルス類

化石発掘地

データファイル
生息地：	ヨーロッパ（スコットランド）および北アメリカ（アメリカ合衆国）
生息年代：	三畳紀後期
体長：	3メートル
体高：	60センチ
体重：	150〜250キロ
捕食者：	ラウイスクス類　オルニトスクス類　獣脚類の恐竜
餌：	植物

大きさの比較

Postosuchus
ポストスクス

学名の意味:テキサス州ポストの近郊で化石が発見されたことにちなんで命名された

ポストスクスは、三畳紀後期に生息していた大型肉食動物。テキサス州西部の不毛な砂漠地帯でサンカー・チャタジーらによって発見された三畳紀の主竜類数種のうちの1つ。三畳紀後期には、この地域は温暖で、植物が青々と生い茂っていた。ポストスクスは、生物多様性がきわめて高い生態系における最強の捕食者だった。

ポストスクスは、ラウイスクス類と呼ばれる謎の多いグループのなかでは、最も多くのことがわかっている動物の1つ。ラウイスクス類の化石は、世界各地の三畳紀中期〜後期の岩石層で産出する。

ポストスクスには、ジュラ紀および白亜紀に生息していた獣脚類の大型恐竜との類似点がたくさんある。実際、ポストスクスの大きく頑丈な頭骨とナイフのような歯を初めて目にした古生物学者は、ひどく頭を悩ませ、ティラノサウルス・レックスの祖先にあたる動物と思い込んだほどだ。だが、ポストスクスなど、ラウイスクス類に属する動物の足首にはワニ類と共通の特徴がいくつも見られ、これら2グループは類縁関係にあると結論づけられた。

主竜類を構成するサブグループについてはほとんどの古生物学者の意見が一致しており、フィトサウルス類、アエトサウルス類、ワニ類、恐竜類がこのグループに属していることは疑問の余地がない。しかし、主竜類の系統において、とりわけどの科がワニ類と最も近縁かをめぐっては諸説ある。いまのところ、おおかたの古生物学者は、フィトサウルス類とアエトサウルス類をワニの遠い親戚とみなし、ラウイスクス類のほうがワニとの類縁関係がより近いと考えている。

ポストスクスのほぼ完全な骨格が発見されているのに対して、ほかのラウイスクス類のほとんどは、断片的な化石しか見つかっていない。そのため、このグループの研究は進めにくいが、古生物学者たちは、これらの動物の解剖学的構造、生態、進化上の類縁関係について頻繁に議論を戦わせている。アメリカ合衆国南西部で化石が産出したアリゾナサウルスやエフィギア、ドイツで化石が産出したバトラコトムスなど、最近、ラウイスクス類のより完全な骨格が相次いで発見された。論争に決着がつく日はそう遠くないだろう。

分類

動物
　脊索動物
　　竜弓類
　　　主竜類
　　　　ラウイスクス科

化石発掘地

データファイル

生息地:	北アメリカ(アメリカ合衆国)
生息年代:	三畳紀後期
体長:	3〜4メートル
体高:	1メートル
体重:	200〜300キロ
捕食者:	なし
餌:	フィトサウルス類、アエトサウルス類、その他の脊椎動物

大きさの比較

Saltoposuchus
サルトポスクス

学名の由来：「飛び跳ねるワニ」

　サルトポスクスは、ワニ形類の仲間であるスフェノスクス類の動物で、ワニ科の遠い親戚にあたる。現生のワニ類は、どれも見た目がよく似ている——クロコダイル、アリゲーター、さらには吻部の長いガビアル、腹ばい型の歩行姿勢をとる比較的動きの緩慢な動物で、乾燥した陸地より水辺での暮らしを好む——が、かつてはワニらしくないワニ類も存在した。ジュラ紀と白亜紀には、初期のワニ類の1グループであるメトリオリンクス類がモンスターのような海生捕食動物へと進化を遂げた。恐竜の絶滅後には、プリスティカンプスス類と呼ばれる小グループが蹄を発達させて陸上生活を送った。さらに時代をさかのぼると、三畳紀後期にスフェノスクス類と呼ばれるきわめて原始的なワニ形類の1グループが、初期の恐竜を含む陸上生態系の重要な構成員となっていた。

　サルトポスクスは小さな動物で、体重はおそらく20キロ程度しかなく、体長も1～2メートルにすぎなかっただろう。本属の化石は、ドイツ南西部シュツットガルト近郊の三畳紀後期の岩石層から多数産出している。イギリスのウェールズ南部では、サルトポスクスの近縁種で、より小型のテレストリスクスの化石が三畳紀の洞窟堆積物中でしばしば見つかる。さらに南アフリカ、中国、ブラジル、アルゼンチン、アメリカなど、世界各地でスフェノスクス類の化石が見つかっている。

　スフェノスクス類に区分されるワニ形類は、獣脚類の小型恐竜と間違われやすい。初期の獣脚類と同様に、スフェノスクス類も陸上を走るのに適した細くしなやかな体をもっていた。しかし、彼らは原始的であり、この時点ではまだ4足歩行ができるほど十分に体が長くなっていなかったため、ほとんどいつも2本足で歩いていた、という点で獣脚類とは異なっていた（訳者注：原文では4本足だが、意味がとおらないので2本足と訳した）。スフェノスクス類と現生のワニ類の骨格には、背面を覆う皮骨や長く伸びた手首（前足首）の骨など、重要な共通の特徴がいくつか見られるため、両グループが類縁関係にあることは間違いない。

分類

動物
　脊索動物
　　竜弓類
　　　主竜類
　　　　ワニ形類
　　　　　スフェノスクス類

化石発掘地

データファイル

生息地：	ヨーロッパ（ドイツ）
生息年代：	三畳紀後期
体長：	1～2メートル
体高：	25～50センチ
体重：	20キロ
捕食者：	ラウイスクス類　獣脚類の恐竜
餌：	小型脊椎動物

大きさの比較

Eudimorphodon
エウディモルフォドン

学名の意味：突起の多い異型歯にちなんで命名された

進化の過程で飛翔能力を身につけた脊椎動物グループは、鳥類、コウモリ、翼竜の3つ。鳥類とコウモリは現存しており、最大かつ最も多様性に富む脊椎動物グループのうちの2つを構成している。翼竜は絶滅して久しいが、かつては繁栄を誇った重要な動物だ。この奇妙な主竜類は、初めて空を飛んだ脊椎動物であり、鳥類とコウモリが出現するはるか以前に空を支配していた。これまでに発見された最古の翼竜化石は三畳紀後期のもので、最古の鳥（アルカエオプテリクス）の化石より約3000万年古い。鳥類の出現後も、翼竜は引き続き多様性を維持し、優勢を保ったが、6500万年前に恐竜とともに絶滅した。

翼竜の骨格は、空を飛ぶことにみごとに適応した構造になっている。最も驚くべき特徴は、前肢の第4指が異常なほど長く発達していることだ。種によっては、この指の長さが全長と同じくらいあった！　この長い指と、翼支骨と呼ばれるほかの動物にはない手首の骨が、大きな飛膜を支えていた。個々の羽根がたくさん密集してできている鳥類の翼とは違って、翼竜の翼は、第4指から伸びている表面積の広い1枚の皮膚であり、これが胴体ともつながっていた。それ以外にも空を飛ぶのに適した特徴が見られる。たとえば、肩甲骨の関節窩が外向きなのは、翼を大きく羽ばたかせるのに役立ったし、中空の骨は体の軽量化を図るうえで有効だった。

エウディモルフォドンは、既知のものでは最古の翼竜の1つ。イタリア北部のミラノに近い中規模都市ベルガモの近郊で数点の化石が発見されている。グリーンランドで幼体の化石が見つかったとの報告もある。エウディモルフォドンは、咬頭(こうとう)と呼ばれる小突起がいくつもある複雑な構造の歯と細長い尾をもっている点で、ほかの翼竜とは区別される。エウディモルフォドンは比較的小さな動物だった。特に翼開長が12メートルもあり、たいていの小型飛行機より大きかったケツァルコアトルスなど、白亜紀の翼竜と比べると、はるかに小さい。

分類

動物
　脊索動物
　　竜弓類
　　　主竜類
　　　　翼竜類

データファイル

生息地：	ヨーロッパ(イタリア)とグリーンランド
生息年代：	三畳紀後期
体長：	1メートル
体高：	25センチ
体重：	10キロ
捕食者：	ラウイスクス類 獣脚類の恐竜
餌：	小型脊椎動物、昆虫

化石発掘地

大きさの比較

Marasuchus
マラスクス

学名の意味：パタゴニアに生息するマーラ（ケイビー）に似ていることにちなんで命名された

とても小さな動物であるマラスクスは、あまり見ばえはよくない。ネズミやリスよりわずかに大きいだけで体も細く、同時代に生息していた獰猛なラウイスクス類の格好の餌食にされていたのだろう。だが、その小さな体にもかかわらず、マラスクスは恐竜の進化においてきわめて重要な役割をはたした。ティラノサウルスやディプロドクスと同時代に共存していたなら、簡単に踏みつぶされてしまったかもしれないが、マラスクスは恐竜と最も類縁関係の近い動物の1つだ。

マラスクスは三畳紀中期、すなわち、真の恐竜が初めて地球上に姿を現したころに生息していた。伝説的な古生物学者のアルフレッド・ローマーが、1960年代にアルゼンチンで初めて化石を発見している。彼はラゴスクスと命名したが、当初の記載論文に誤りがあったため、のちにマラスクスと改名された。

アルゼンチンの三畳紀中期の地層から化石が産出した恐竜の近縁種は、ほかにも数種あり、マラスクスはこれらの動物とともに恐竜形類と呼ばれている。恐竜形類には、ラゲルペトン、レウィスクス、プセウドラゴスクスなどが含まれる。恐竜形類と恐竜の骨格には、ほかのグループにはない共通の特徴がいくつかある。多くの主竜類がやや腹ばい型の姿勢で4足歩行をしたのに対して、恐竜とその近縁群は直立に近い姿勢で2足歩行をした。したがって、恐竜とその近縁群の前肢は、後肢に比べてかなり短く、骨盤のくぼみ（寛骨臼）に大腿骨の球状の骨頭がすっぽり収まる構造になっている。

こうした共通の特徴にもかかわらず、恐竜形類は多様性に富む動物群だった。マラスクスが信じられないほど長い尾をもっていたのに対して、ラゲルペトンはカンガルーやウサギのようにぴょんぴょん飛び跳ねながら移動していた可能性がある。どちらも全体的な姿は獣脚類の小型恐竜に似ているが、ポーランドで新たに化石が見つかったシレサウルスは、4本足で歩く植物食の動物だった。今後、こうした恐竜と近縁な動物たちについての研究が進めば興味深い事実が明らかになりそうだ。

第1章 恐竜の起源 23

分類

動物
　脊索動物
　　竜弓類
　　　主竜類
　　　　恐竜形類

化石発掘地

データファイル

生息地：	南アメリカ（アルゼンチン）
生息年代：	三畳紀中期
体長：	30〜40センチ
体高：	10センチ
体重：	2〜5キロ
捕食者：	ラウイスクス類
餌：	小型脊椎動物 昆虫

大きさの比較

Eoraptor
エオラプトル

学名の意味：「夜明けの泥棒」

　中生代の1億6000万年間にわたって地球を支配した恐竜は、驚くほど多様化し、刃物のような歯をもつ獣脚類、長い首をもつ竜脚類、背中に骨板が並ぶ剣竜類、重厚な装甲で守りを固めた曲竜類など、さまざまな姿かたちのものが出現した。では、これらすべての恐竜の共通祖先はどのような動物だったのだろうか。恐竜の全種の遺骸が化石として地中に保存されている確率はきわめて低く、確かなところは知るよしもない。しかし、初期の恐竜、とりわけエオラプトルが大きさ、体型とも祖先型にほぼ近いという点で専門家の意見は一致している。

　エオラプトルは、恐竜としては非常に小さく、体長が1メートルしかなかった。しかし、マラスクスをはじめとする恐竜の近縁種に比べれば、これでもかなり大柄だ。頭骨は肉食恐竜のものに似ているが、肉を嚙み切るのに適したナイフのような歯だけでなく、植物食動物にしばしば見られる木の葉型の歯ももっていた。とはいえ、長い手（前足）の先端に頑丈な鉤爪がついており、捕食者だったことがうかがえる。

　1980年代末にアルゼンチンでエオラプトルの化石を初めて発見したのは、アメリカの著名な古生物学者であるポール・セレノだ。セレノらは、上腕骨の筋肉付着面がとても広いことや、腰の部分の椎骨の数が多いため、体をしっかり支え、うまくバランスを取れたと推測されることなど、エオラプトルとほかの恐竜に共通する特徴をいくつか指摘した。また、エオラプトルには、外側の2本の指が退化した長い手など、恐竜のなかでも獣脚類にしか見られない特徴もいくつかもっている。そのため、エオラプトルをたんなる原始的な恐竜ではなく、獣脚類の系統に属する恐竜とみなす古生物学者もいる。

分類

- 動物
    - 脊索動物
        - 竜弓類
            - 主竜類
                - 恐竜類
                    - 獣脚類

化石発掘地

データファイル

生息地：	南アメリカ（アルゼンチン）
生息年代：	三畳紀後期
体長：	1メートル
体高：	30センチ
体重：	15～30キロ
捕食者：	ラウイスクス類
餌：	小型脊椎動物、昆虫

大きさの比較

Herrerasaurus
ヘレラサウルス

学名の由来：発見者であるビクトリノ・ヘレラにちなんで命名された

　バジェ・デ・ラ・ルナ（月の谷）は、夢にでてくるか、幻想小説にでも登場しそうな地名だ。確かに、どこまでもはてしなく続く赤灰色の悪地は、別世界のような印象を与える。しかし、強風が吹き荒れる炎暑の中に数分間立っているだけで、そこが別世界ではなく、アルゼンチン北西部の広大な不毛地帯だとわかる。アルゼンチン東部に広がるパンパと呼ばれる草原は、チリとの国境に近いこの付近で荒涼たる砂漠に姿を変える。そして、この砂漠では、浸食作用が何百万年もかけてゆっくりと進行した結果、既知のものでは最古の恐竜のほか、初期のワニ類や哺乳類など、三畳紀後期に生息していたさまざまな動物たちの化石が地表に露出している。

　1950年代末に、ビクトリノ・ヘレラという地元の職人が肉食恐竜に似た不可解な化石を偶然見つけた。この化石は、発見者にちなんでヘレラサウルスと命名されたが、くわしいことはわからないまま数十年が過ぎた。その後、1988年の初夏に、大学院をでて就職したばかりだったポール・セレノが初期の恐竜の化石を求めて月の谷へと向かった。セレノは、このフィールド調査を開始してわずか数週間で大きな成果を上げた。崖の表面に椎骨の連なりが露出しているのを見つけ、周辺を掘り返したところ、ヘレラサウルスのほぼ完全な骨格がでてきたのだ。セレノの発見により、この大型動物が恐竜、とりわけ真の獣脚類と共通する特徴をいくつももっていることが明らかになった。しかし、骨格に見られるそのほかの特徴は非常に原始的であり、ヘレラサウルスが既知のものでは最も祖先型に近い恐竜の1つであることを示唆している。

分類
動物
　脊索動物
　　竜弓類
　　　主竜類
　　　　恐竜類
　　　　　獣脚類

化石発掘地

データファイル
生息地：	南アメリカ（アルゼンチン）
生息年代：	三畳紀後期
体長：	3～6メートル
体高：	1～2メートル
体重：	125～300キロ
捕食者：	ラウイスクス類
餌：	大小の脊椎動物

大きさの比較

三畳紀　2億5100万年前～1億9960万年前

三畳紀前期　2億5100万年前～2億4590万年前
- インドゥアン　2億5100万年前～2億4950万年前
- オレネキアン　2億4950万年前～2億4590万年前

三畳紀中期　2億4590万年前～2億2870万年前
- アニシアン　2億4590万年前～2億3700万年前
- ラディニアン　2億3700万年前～2億2870万年前

三畳紀後期　2億2870万年前～1億9960万年前
- カーニアン　2億2870万年前～2億1650万年前
- ノーリアン　2億1650万年前～2億360万年前
- レーティアン　2億360万年前～1億9960万年前

ジュラ紀　1億9960万年前～1億4550万年前

ジュラ紀前期　1億9960万年前～1億7560万年前
- ヘッタンギアン　1億9960万年前～1億9650万年前
- シネムーリアン　1億9650万年前～1億8960万年前
- プリーンスバッキアン　1億8960万年前～1億8300万年前
- トルアルシアン　1億8300万年前～1億7560万年前

ジュラ紀中期　1億7560万年前～1億6120万年前
- アーレニアン　1億7560万年前～1億7160万年前
- バジョシアン　1億7160万年前～1億6770万年前
- バトニアン　1億6770万年前～1億6470万年前
- カロビアン　1億6470万年前～1億6120万年前

ジュラ紀後期　1億6120万年前～1億4550万年前
- オックスフォーディアン　1億6120万年前～1億5560万年前
- キンメリッジアン　1億5560万年前～1億5080万年前
- ティトニアン　1億5080万年前～1億4550万年前

第 2 章 Dinosaurs of the Late Triassic
三畳紀後期の恐竜

ベリアシアン 1億4550万年前〜 1億4000万年前	バランギニアン 1億4000万年前〜 1億3390万年前	オーテリビアン 1億3390万年前〜 1億3000万年前	バレミアン 1億3000万年前〜 1億2500万年前	アプチアン 1億2500万年前〜 1億1200万年前	アルビアン 1億1200万年前〜 9960万年前	セノマニアン 9960万年前〜 9300万年前	チューロニアン 9300万年前〜 8800万年前	コニアシアン 8800万年前〜 8580万年前	サントニアン 8580万年前〜 8350万年前	カンパニアン 8350万年前〜 7060万年前	マーストリヒチアン 7060万年前〜 6550万年前	

白亜紀前・中期 1億4550万年前〜 9960万年前	白亜紀後期 9960万年前〜 6550万年前

白亜紀　1億4550万年前〜6550万年前

The Rise of the Dinosaurs
恐竜の台頭

三畳紀は、地球の歴史において非常に重要な意味をもつ時代だった。
それに先立つペルム紀の末には地球史上最大規模の大量絶滅が起こった。
全生物種の95パーセントが死に絶えたともいわれており、地球の生命はこの時期に全滅寸前の危機を迎えた。
しかし、三畳紀の幕開けとともに、大規模な再生と復活のチャンスが到来した。
多くの生態系が空き家の状態であり、新たな生物グループが出現し、生息域を広げ、優勢となるのを待っていた。

こうした不毛の世界に登場したのが恐竜だ。エウパルケリアのような小型動物が広く分布したことは、主竜類が覇者として君臨する世界の到来を告げる最初の兆候だった。三畳紀中期には、ラウイスクス類など、恐竜と類縁関係をもつワニに近い爬虫類が栄えており、さまざまな体型のものが出現した——ポストスクスのように4足歩行をする大型捕食動物や、ポポサウルスのように2本足で疾走する動物や、アリゾナサウルスのように背中に帆の形をした突起がある奇妙な動物など。だが、ラウイスクス類の支配は長くは続かなかった。

三畳紀中期には、恐竜に最も近縁な動物（マラスクスとラゲルペトン）が生息していたので、最初の恐竜も同じころに出現したと考えていいだろう。エオラプトルやヘレラサウルスなど、最初期の恐竜であることが判明している動物の化石は、約2億2800万年前の地層で見つかっている。とはいえ、これらの恐竜の生息数はきわめて少なく、ほかの爬虫類のほうが圧倒的に多かった。たとえば、三畳紀後期初めのアルゼンチンでは、恐竜は生態系内に生息する動物全体の5パーセントを占めていたにすぎない。

ところが、2億1600万年前ごろに、ラウイスクス類のほとんどと、いくつかの植物食動物のグループが絶滅した。その後は、恐竜が激増し、生態系内に生息する動物全体の50〜90パーセントを占めるまでになった。恐竜の三大グループである獣脚類、竜脚形類、鳥盤類は、ラウイスクス類の大半が絶滅する前に出現していたが、このころになると獣脚類と竜脚形類が世界中に広がり始めた。地質史上の偶然により、地球規模の移動が可能になったのだ——地球上のすべての大陸が結合して超大陸パンゲアが形成された。移動を阻む海などの障害物がいっさいなくなったため、たちまち世界中に生息域を広げる種もいた。

約2億年前の三畳紀末には、恐竜は超大陸パンゲアのスーパーハイウェイを十分に活用していた。原始的な獣脚類のグループ（コエロフィシス類）と竜脚類の初期の近縁群（古竜脚類）が地球上の至る所で生態系を支配した。恐竜革命の幕が切って落とされ、地球の歴史の流れがすっかり変わることになった。

恐竜が初めて出現した三畳紀後期の地球。当時は地球上のすべての陸地が1つになり、超大陸パンゲアが形成されていたため、動物たちは世界中を容易に移動できた。この時代のパンゲアは、気候が温暖で乾燥しているところが多かった

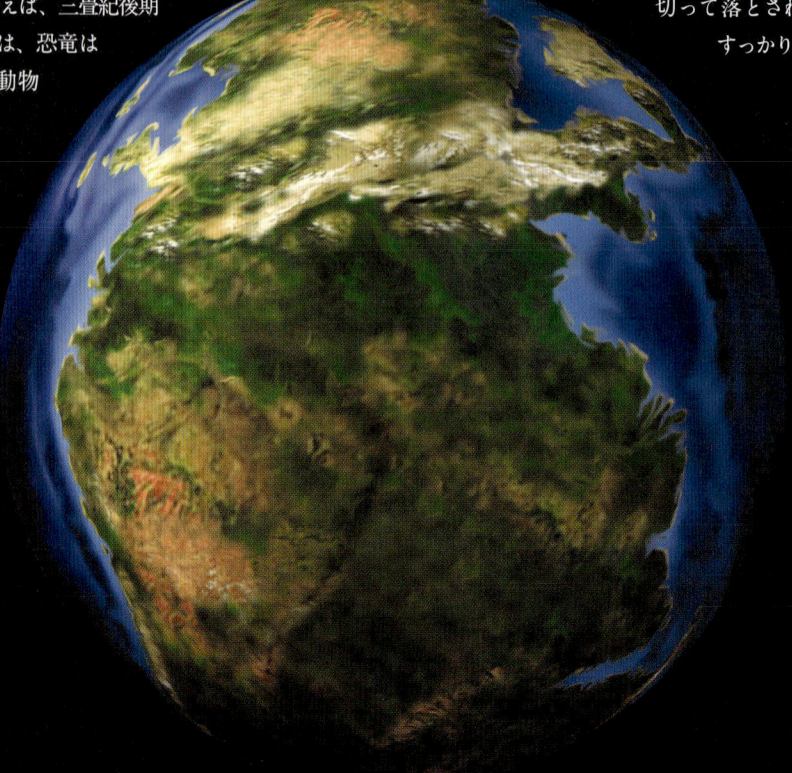

第2章 三畳紀後期の恐竜 29

プラテオサウルス　リオハサウルス

竜脚類

ディプロドクス

エフラアシア

コエロフィシス　リリエンステルヌス

ムスサウルス

高等な獣脚類

ドロマエオサウルス

テコドントサウルス

獣脚類　　　　　　　　　　　　　　竜脚形類

竜盤類

鳥盤類

ヘテロドントサウルス

恐竜

Coelophysis
コエロフィシス

学名の意味：「中空な形」

　古生物学の歴史には多くの興味深い人物が登場するが、デイビッド・ボールドウィンほど異彩を放っていた人はめずらしい。ボールドウィンは、アメリカに開拓者精神が横溢していた時代に正真正銘の個人主義を貫いた人で、機材運搬用のラバだけを引き連れて真冬に化石の発掘を行うこともよくあった。変わり者ではあったが、化石ハンターとしての戦果はみごとなもので、「骨戦争」と呼ばれる熾烈な化石発掘競争でしのぎを削ったオスニエル・C・マーシュとエドワード・D・コープの両者のために働いた経歴をもつ。ボールドウィンがきわめて重要な発見の1つを成し遂げたのは、1881年の冬にニューメキシコ州でコープ陣営に加わって発掘に取り組んでいたときのことだ。

　ボールドウィンは、小さな骨を数点見つけたにすぎなかったが、それらをもとにコープは獣脚類の新属にコエロフィシスと命名することができた。この軽量で細身の恐竜は、三畳紀後期に生息していた獣脚類で、俊敏な捕食者だったようだ。しかし、より完全な骨格が発見されるのは、それから60年以上もあとのことだった。1947年、ニューメキシコ州ゴースト・ランチ付近で発掘を行っていたアメリカ自然史博物館の調査隊が、鉄砲水に押し流されて死んだと思われる数十個体の完全骨格を発見したのだ。

　過去数十年間に、南アフリカと中国でさらに多くのコエロフィシスの標本が発見された。こうした化石の一部がシンタルスとかメガプノサウルスと呼ばれたこともあるが、多くの古生物学者は、すべてコエロフィシスのものと考えている。コエロフィシスは、最も原始的な獣脚類の1つとみなされており、恐竜の進化系統において重要な位置を占めている。

分類
動物
　脊索動物
　　竜弓類
　　　主竜類
　　　　恐竜類
　　　　　獣脚類
　　　　　　コエロフィシス類

化石発掘地

データファイル
生息地：北アメリカ（アメリカ）
　　　　アフリカ（南ア共和国）
　　　　アジア（中国）
生息年代：三畳紀後期
体長：2〜3メートル
体高：0.5〜1メートル
体重：25〜75キロ
捕食者：ワニ形類
　　　　主竜類
餌：小型脊椎動物
　　ワニ形類の幼体

大きさの比較

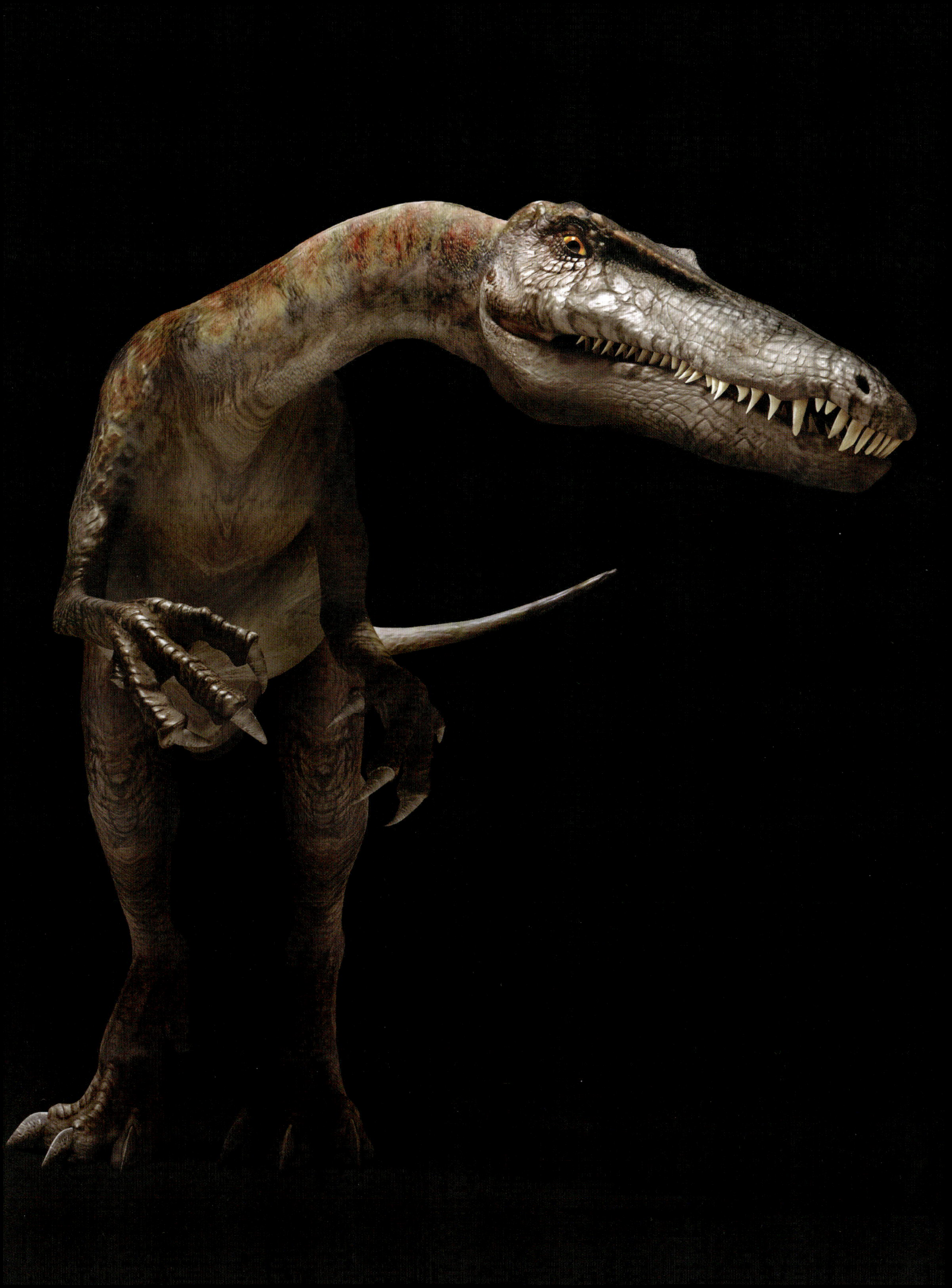

Liliensternus
リリエンステルヌス

学名の意味：ドイツの古生物学者ヒューゴ・ルーレ・フォン・リリエンシュテルンにちなんで命名された

　コエロフィシスの完全骨格が見つかったおかげで、古生物学者たちは世界各地の三畳紀後期の地層から化石が産出した多くの獣脚類を同定しやすくなった。これら近縁の仲間たちはコエロフィシス上科として束ねられている。この上科は、肉食恐竜が大規模な進化的放散を遂げた最初の例だ。

　リリエンステルヌスは、コエロフィシス上科に属する巨大種で、体長はコエロフィシスが2〜3メートルにすぎなかったのに対して、6メートル近くあった。ドイツ中部の三畳紀後期の地層で2個体の骨格が見つかっている。これらの標本は、頭骨の大半が欠損しているが、脊椎、骨盤、後肢の特徴をもとにコエロフィシス類であることが確認された。

　そのほかのコエロフィシス類のほとんどは、断片的な化石しか見つかっていない。たとえば、アメリカ南西部で化石が発見されたセギサウルスとゴジラサウルス、ドイツで化石が産出したプロコンプソグナトゥスなどだ。頭頂部にトサカがあるディロフォサウルスと、南アメリカで化石が見つかった奇妙な恐竜ズパイサウルスもコエロフィシス類に加えられることがあるが、最近、従来の解釈が見直され、より派生的な――つまり進化的に高等な――獣脚類とみなされるようになった。

第2章 三畳紀後期の恐竜 33

分類

動物
　脊索動物
　　竜弓類
　　　主竜類
　　　　恐竜類
　　　　　獣脚類
　　　　　　コエロフィシス
　　　　　　上科

化石発掘地

データファイル

生息地： ヨーロッパ(ドイツ)
生息年代：三畳紀後期
体長： 5〜6メートル
体高： 1.5〜2メートル
体重： 200〜400キロ
捕食者： なし
餌： 大小の脊椎動物

大きさの比較

The Prosauropod Dinosaurs
古竜脚類の恐竜

恐竜は、約2億3000万年前の三畳紀中期に、
マラスクスのような2本足で歩くごく小さな肉食動物から進化した。
そして、たちまち多様化し、獣脚類、竜脚形類、鳥盤類の三大グループに分かれた。
最初に登場した獣脚類は、最古の恐竜である
エオラプトルやヘレラサウルスに似た動物だった可能性があるが、
三畳紀後期にはコエロフィシス類が出現した。
恐竜と近縁のマラスクスと同様に、コエロフィシス類も細身で敏捷な
肉食動物であり、2本足で歩き、走るのが速かった。
コエロフィシス類はまもなく生息数が増え、分布域を広げた。

　竜脚形類と鳥盤類は、原始的な恐竜のボディプランから逸脱し、4足歩行をする植物食動物へと進化した。鳥盤類は、三畳紀の岩石層からの化石産出例はきわめて少ないが、ジュラ紀前期に生息数が増えたようだ。一方、竜脚形類は三畳紀後期に急速に多様化し、まもなく世界中で地歩を固めた。三畳紀に生息していたこれらの種は、巨大な竜脚類の初期の近縁種か、もしかするとその祖先にあたる。生息域を世界中に広げた最初の恐竜であり、植物食という生き方を選択した最初の恐竜でもあった。

　三畳紀後期とジュラ紀前期に生息していた竜脚形類は、伝統的に「古竜脚類」と呼ばれてきた。イングランドとウェールズにまたがるブリストル湾地方で化石が産出した古竜脚類のテコドントサウルスは、1836年に命名された——史上4番目に命名・記載された恐竜である。その後、同様な化石が、南アメリカ、アフリカ、中国など、世界各地の三畳紀後期の岩石層で見つかるようになった。こうした古竜脚類のなかには、ドイツで化石が産出したプラテオサウルス、アルゼンチンで化石が見つかったリオハサウルス、南アフリカで発見されたマッソスポンディルスなど、多くの骨格が見つかっているものもある。外見がどことなくナマケモノに似ているこれらの古竜脚類は、体長が1～11メートルと幅があり、おそらく状況に応じて2足歩行と4足歩行を使い分けることができたのだろう。また、植物や昆虫のほか、もしかすると肉も食べていたかもしれない。

　20世紀の大半を通じて、古生物学者たちは古竜脚類を軽視し、このグループをおもしろみのない、進化の袋小路に突きあたった動物として切り捨ててしまいがちだった。しかし、10年ほど前から古竜脚類についての研究が活発に行われるようになった。現実に古竜脚類の進化と生態をめぐってさまざまな問題提起が行われており、いまでは恐竜研究において最も興味深い分野の1つとなっている。最大の疑問の1つは、竜脚形類の分岐図に関するものだ。三畳紀後期～ジュラ紀前期に生息していた古竜脚類は、ジュラ紀前期～白亜紀後期の竜脚類へと連なる進化系統上の中間的形態だったのだろうか、それとも竜脚類と近縁ではあるが、独自のグループを形成していたのだろうか。また、古生物学者は古竜脚類の成長、食性、移動についても緻密な調査を行っている。はっきりしているのは、古竜脚類が決しておもしろみのない動物群ではないということだ。この重要な初期恐竜グループについては、これから調査すべき課題がたくさんある。

プラテオサウルスの骨格とそれを見上げる男性。プラテオサウルスは、ドイツの三畳紀後期の岩石層から何千点もの化石が見つかっている。古竜脚類としては最も調査が進んでおり、最も多くのことがわかっている恐竜だ。大型の植物食恐竜で、巨大な消化管、比較的短い首、小さな頭部をもち、顎には植物をむしり取るための木の葉型の歯が並んでいる

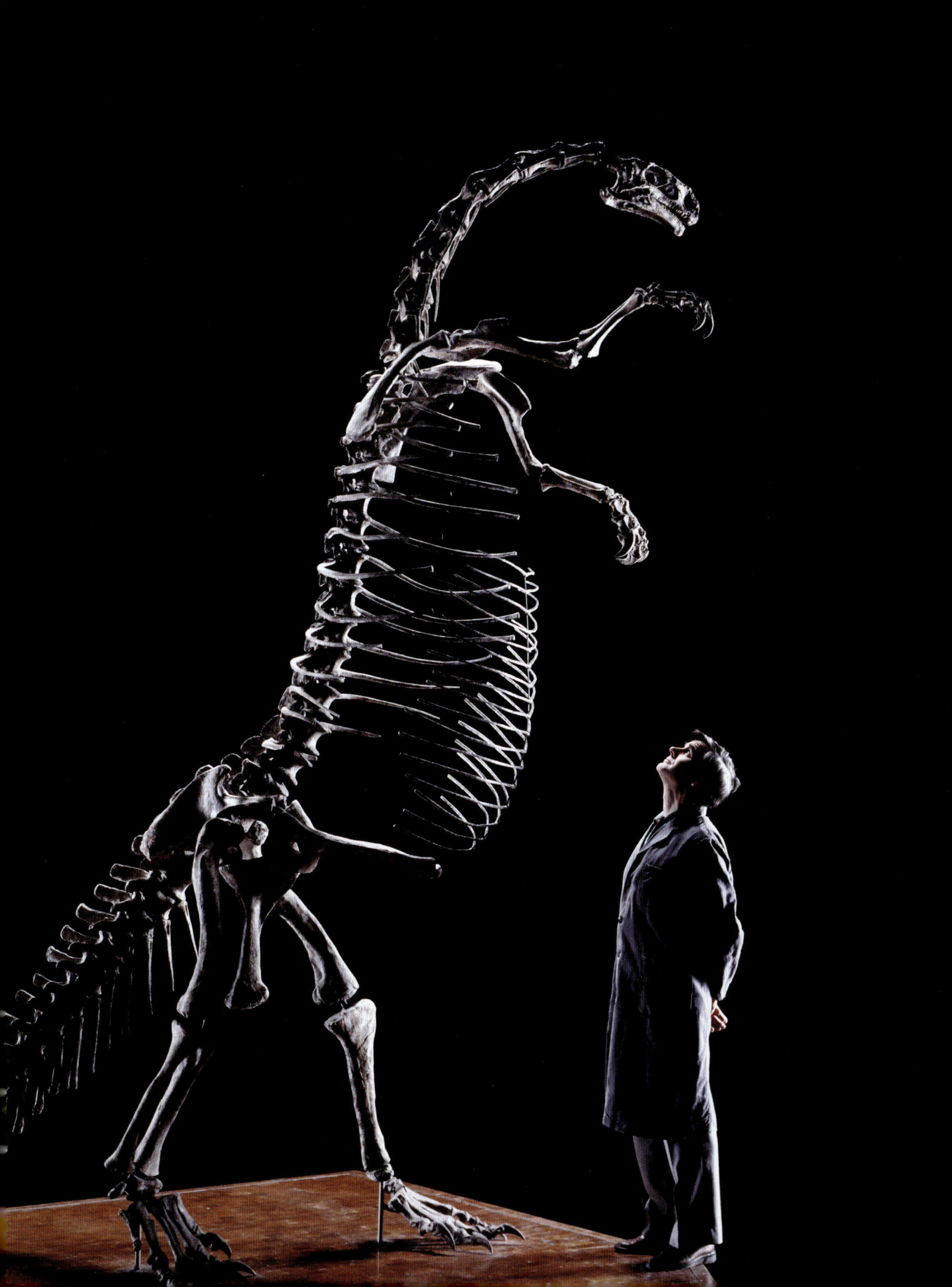

Thecodontosaurus
テコドントサウルス

学名の意味：「槽歯をもつトカゲ」

　最初の恐竜が地球上に出現するはるか以前の3億年前には、現在のイングランドとウェールズの大部分は、熱帯の海だった。その海底に堆積した分厚い石灰岩層がやがて隆起して、現在のイギリスとなる土地が形成され、三畳紀後期には原始的な恐竜や哺乳類が走りまわっていた。石灰岩は地下水によって分解されやすいため、天然の洞窟が穿たれる。そして、洞窟は無警戒の動物にとって死の落とし穴となる。

　今日では、イギリスのブリストル湾地方のあちこちで三畳紀後期に形成された洞窟の跡を見いだすことができる。ブリストル市の近くでこうした奇妙な洞窟が初めて発見されたのは、1830年代のことだ。調査を行った古生物学者たちは、三畳紀に生息していた多くの動物の化石片が散乱しているのを見つけて衝撃を受けた。こうした動物のうち最も重要なものの1つがテコドントサウルスだ。

　テコドントサウルスは、気性がおとなしい古竜脚類で、体長はわずか数メートルしかなく、大型のプラテオサウルスとは似ても似つかない。4本足で歩いた巨大な竜脚類とは違って、おそらくテコドントサウルスは、コエロフィシス類など、ほかの原始的な恐竜と同じように2足歩行をしていたのだろう。骨格に見られるそのほかの特徴も原始的であり、古生物学者たちは、テコドントサウルスが竜脚形類の系統に属する最古の、そして最も特殊化していない動物の1つとみなしている。

分類	化石発掘地	データファイル		大きさの比較
動物 　脊索動物 　　竜弓類 　　　主竜類 　　　　恐竜類 　　　　　竜脚形類 　　　　　　古竜脚類		生息地：	ヨーロッパ （イングランドとウェールズ）	
		生息年代：	三畳紀後期	
		体長：	1〜3メートル	
		体高：	20センチ	
		体重：	8〜20キロ	
		捕食者：	獣脚類の恐竜	
		餌：	植物、小型脊椎動物、昆虫	

Plateosaurus
プラテオサウルス

学名の意味：「平らなトカゲ」

　たいていの恐竜は、化石が1点しか見つかっておらず、ときには骨が1つしか見つかっていないこともある。古生物学者が完全骨格を探し求めるのは、恐竜の解剖学的構造、生態、進化上の類縁関係への理解が一気に深まる可能性があるからだが、現実には、完全骨格の産出例はきわめて少ない。

　そうしたなかで古竜脚類のプラテオサウルスは、例外中の例外である。三畳紀後期に生息していたこの恐竜は、50個体以上の骨格が見つかっており、そのほとんどがドイツのサクソニー地方ならびにバイエルン地方の粘土層から産出したものだ。そのほかに、スイスやグリーンランドの氷床、北海の水深1600メートル以上の海底に横たわる三畳紀の岩石層でも標本が見つかっている。

　こうした化石が発見されたおかげで、研究者たちは初めてプラテオサウルスの生態をうかがい知ることができた。本種は古竜脚類としては比較的大きく、体長10メートル、体重は700キロに達した。丈のある頭骨の顎の部分には、植物や、ことによると小型動物を嚙むのにも適した木の葉型の歯が並んでいた。長らく古生物学者は、プラテオサウルスが状況に応じて2足歩行と4足歩行を使い分けられたと考えていた。ところが、最近の研究により、前肢の骨の構造が歩行にはまったく適していないことが判明した。最近、胎児から成体へと至るプラテオサウルスの成長パターンを調べる研究も行われた。その調査結果によると、成長率は季節に応じて変化したようで、この点は多くの現生爬虫類とも符合する。

分類

動物
　脊索動物
　　竜弓類
　　　主竜類
　　　　恐竜類
　　　　　竜脚形類
　　　　　　古竜脚類

化石発掘地

データファイル

生息地：	ヨーロッパ（フランス、ドイツ、ノルウェー、スイス）とグリーンランド
生息年代：	三畳紀後期
体長：	6〜10メートル
体高：	1.5メートル
体重：	500〜700キロ
捕食者：	獣脚類の恐竜
餌：	植物と小型脊椎動物

大きさの比較

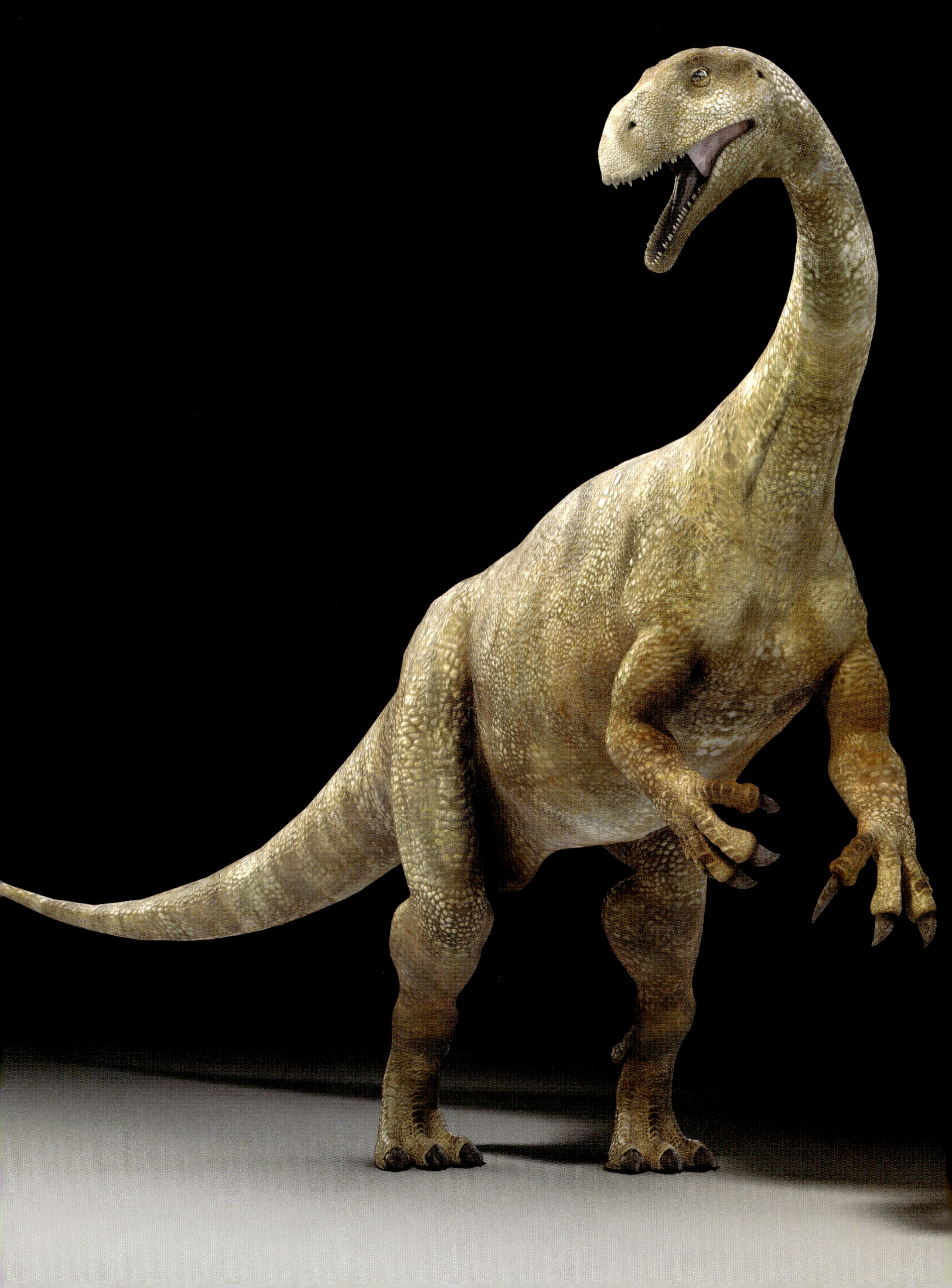

Mussaurus
ムスサウルス

学名の意味：「ネズミトカゲ」

　たいていの動物は、幼体から成体へと成長するにつれて姿かたちが大きく変わる。人間の場合も、そうした変化をはっきりと見てとることができる。赤ん坊はぽっちゃり体型で、体格のわりには頭が大きく、はって歩きまわる。こうした乳幼児が成長して、直立2足歩行をする細身で力の強い大人になる。

　ところで、このことは恐竜にもあてはまるのだろうか。幼体と成体の骨格がともに発見されている恐竜はきわめて少ないため、これは非常に答えにくい質問だ。だが、古生物学者がこうした遺骸──「成長系列」と呼ばれる──を発見した特筆すべき例もわずかながらある。その最良の例の1つが、アルゼンチンの三畳紀後期の岩石層から化石が産出したムスサウルスだ。

　「ネズミトカゲ」を意味するムスサウルスという学名がつけられたのは、小柄で華奢な幼体の化石がいくつか発見されているためだ。最も小さな骨格は体長が約20センチしかなく、これまでに発見された恐竜の骨格では最小のものの1つである。だが、成体は巨大で、体長5メートル、体重は120キロに達した。古生物学者が幼体と成体の骨格を注意深く比較したところ、ムスサウルスの幼体は頭部と目が大きく、吻部が丸みを帯びていることがわかった。一方、成体では頭と目は比較的小さくなり、吻部は長く、先が尖っていた。

分類

動物
　脊索動物
　　竜弓類
　　　主竜類
　　　　恐竜類
　　　　　竜脚形類
　　　　　　古竜脚類

データファイル

生息地：	南アメリカ（アルゼンチン）
生息年代：	三畳紀後期
体長：	3〜5メートル
体高：	0.75〜1.25メートル
体重：	80〜120キロ
捕食者：	獣脚類の恐竜
餌：	植物と小型脊椎動物

化石発掘地

大きさの比較

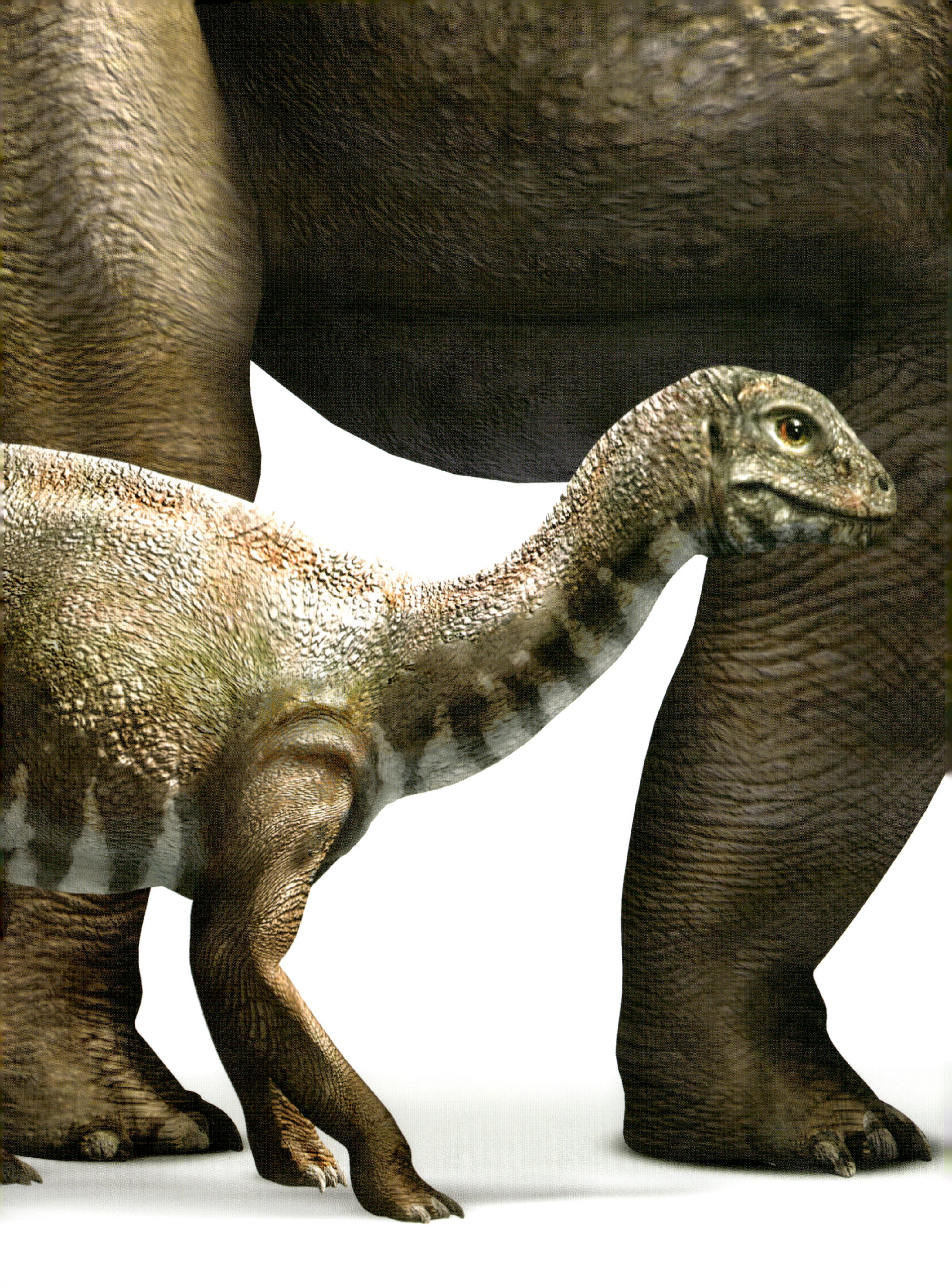

Efraasia
エフラアシア

学名の意味：発見者であるドイツの古生物学者エーベルハルト・フラアスにちなんで名づけられた

古竜脚類の化石は世界各地で見つかっているが、標本の産出例が最も多いのはドイツだ。ドイツでは、随所で三畳紀後期の岩石層が露頭を形成しており、西部と中部の多くの土地を覆っている。実をいえば、三畳紀という地質時代名は、ドイツの田園地帯でしばしば見かける重畳する3種類の岩石層——赤色の泥岩、白色の石灰岩、黒色の頁岩（けつがん）——に由来する。こうした岩石層には古竜脚類の化石が豊富に埋蔵されている。

たぶん、最も典型的な、そして最も多くのことがわかっている古竜脚類でもあるプラテオサウルスは、1837年にバイエルン州のなだらかに起伏する丘陵地帯で発見された。イギリス以外の国で命名された最初の恐竜であり、全体で5番目に命名された恐竜でもある。この標本は脊椎の断片にすぎなかったが、その後、ドイツで古竜脚類の化石が大量に見つかった。

それからの150年間で、ドイツで化石が産出したおよそ11属の古竜脚類が命名された。断片的な化石をよりどころとしたため、多くが無効と判明したが、時間をかけた調査の末に新属であることが証明された恐竜の1つが、比較的大型のエフラアシアだった。長らくこの恐竜はセロサウルスとも呼ばれていたが、現在ではエフラアシアが正式な学名とみなされている。ドイツ西部のフランスとの国境近くで数点の標本が見つかっている。

分類
動物
　脊索動物
　　竜弓類
　　　主竜類
　　　　恐竜類
　　　　　竜脚形類
　　　　　　古竜脚類

化石発掘地
ヨーロッパ（ドイツ）

データファイル
- 生息地：ヨーロッパ（ドイツ）
- 生息年代：三畳紀後期
- 体長：5〜7メートル
- 体高：1.25〜1.75メートル
- 体重：300〜500キロ
- 捕食者：獣脚類の恐竜
- 餌：植物と小型脊椎動物

大きさの比較

Riojasaurus
リオハサウルス

学名の由来：アルゼンチンのラ・リオハ州にちなんで名づけられた

かつて恐竜学においては、北アメリカとヨーロッパの古生物学者と博物館が中心的な役割をはたす時代が長く続き、その間は、ほかの大陸の恐竜のことはほとんどなにもわかっていなかった。しかし今日では、アルゼンチンが恐竜研究のホットスポットの1つとなっている。これほど多くの恐竜化石が見つかる国はめずらしく、数カ月ごとに新種の恐竜が記載されている。

アルゼンチンで古生物学の研究が盛んになったのは、1人の人物の功績によるところが大きい。ホセ・ボナパルトは、古生物学の正規の訓練と教育を受けたことがないにもかかわらず、これまでに20種以上の新種を発見している。ボナパルトはイタリア人船員の息子としてブエノスアイレスで育ち、若くして化石の収集を始めた。恐竜化石の発掘ですばらしい成果を上げたため、のちに名誉博士号を送られるとともに、生まれ故郷の町の博物館で責任ある地位に就いた。

ボナパルトの最も重要な発見の1つが、巨大な古竜脚類のリオハサウルスであり、これまでに20個体以上の骨格が見つかっている。体長は11メートルに達し、既知のものでは最大の古竜脚類の1つだ。骨格にはプラテオサウルスとの近縁性を示唆する特徴が多数見られる。これら2種の化石は異なる大陸で見つかっているので、このことは興味深い。とはいえ、三畳紀にはすべての大陸がつながって超大陸パンゲアが形成されていたため、動物たちが世界中に広がっていくことは比較的容易だった。

分類
動物
　脊索動物
　　竜弓類
　　　主竜類
　　　　恐竜類
　　　　　竜脚形類
　　　　　　古竜脚類

化石発掘地

データファイル
生息地：	南アメリカ（アルゼンチン）
生息年代：	三畳紀後期
体長：	9〜11メートル
体高：	2.25〜2.75メートル
体重：	500〜800キロ
捕食者：	獣脚類の恐竜
餌：	植物と小型脊椎動物

大きさの比較

インドゥアン 2億5100万年前〜 2億4950万年前	オレネキアン 2億4950万年前〜 2億4590万年前	アニシアン 2億4590万年前〜 2億3700万年前	ラディニアン 2億3700万年前〜 2億2870万年前	カーニアン 2億2870万年前〜 2億1650万年前	ノーリアン 2億1650万年前〜 2億360万年前	レーティアン 2億360万年前〜 1億9960万年前	ヘッタンギアン 1億9960万年前〜 1億8960万年前	シネムーリアン 1億8960万年前〜 1億8300万年前	プリーンスバッキアン 1億8300万年前〜 1億7560万年前	トアルシアン 1億7560万年前〜 1億7160万年前	アーレニアン 1億7160万年前〜 1億6770万年前	バジョシアン 1億6770万年前〜 1億6470万年前	バトニアン 1億6470万年前〜 1億6120万年前	カロビアン 1億6120万年前〜 1億6470万年前	オックスフォーディアン 1億6470万年前〜 1億5550万年前	キンメリッジアン 1億5550万年前〜 1億5080万年前	ティトニアン 1億5080万年前〜 1億4550万年前
三畳紀前期 2億5100万年前〜 2億4590万年前		三畳紀中期 2億4590万年前〜 2億2870万年前		三畳紀後期 2億2870万年前〜 1億9960万年前			ジュラ紀前期 1億9960万年前〜 1億7560万年前				ジュラ紀中期 1億7560万年前〜 1億6120万年前				ジュラ紀後期 1億6120万年前〜 1億4550万年前		
三畳紀 2億5100万年前〜1億9960万年前							ジュラ紀 1億9960万年前〜1億4550万年前										

第3章 Dinosaurs of the Early – Middle Jurassic

ジュラ紀前期―中期の恐竜

	白亜紀前・中期 1億4550万年前～ 9960万年前									白亜紀後期 9960万年前～ 6550万年前				
ベリアシアン 1億4550万年前～ 1億4020万年前	バランギニアン 1億4020万年前～ 1億3390万年前	オーテリビアン 1億3390万年前～ 1億3000万年前	バレミアン 1億3000万年前～ 1億2500万年前	アプチアン 1億2500万年前～ 1億1200万年前	アルビアン 1億1200万年前～ 9960万年前	セノマニアン 9960万年前～ 9360万年前	チューロニアン 9360万年前～ 8860万年前	コニアシアン 8860万年前～ 8580万年前	サントニアン 8580万年前～ 8350万年前	カンパニアン 8350万年前～ 7060万年前	マーストリヒシアン 7060万年前～ 6550万年前

白亜紀　1億4550万年前～6550万年前

The Triassic-Jurassic Extinction and Pangaea

三畳紀
―ジュラ紀の大量絶滅と―
パンゲア

三畳紀末には、恐竜の三大系統が成立し、
獣脚類と竜脚形類は世界中に分布するようになっていた。
恐竜は急速に多様化しつつあり、このころには世界中の陸上生態系で主要な肉食動物
ならびに植物食動物としての地位を占めていた。
だが、恐竜革命はここで終わらず、またしても起きた大量絶滅が追い風となって、
恐竜はいっそう支配的な動物となる。

パンゲアは三日月形の巨大な陸塊で、赤道をはさんで南北に大きく広がっていた。三日月形の陸地の内部に形成された海は、テチス海と名づけられている。途方もなく大きな陸地だったため、内陸部はきわめて高温で乾燥していたようだ。こうした巨大な超大陸が形成されたおかげで、陸生動物たちは自由に移動することができた

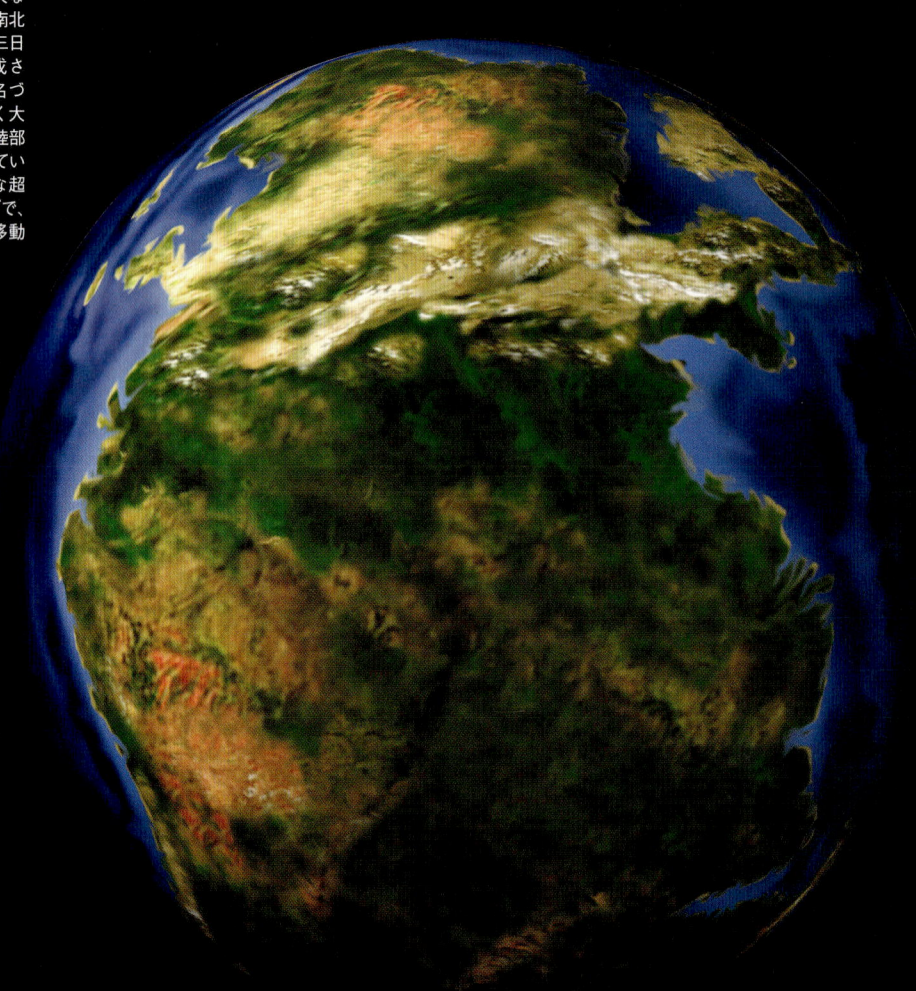

第3章 ジュラ紀前期―中期の恐竜

　いまからおよそ2億年前にあたる三畳紀とジュラ紀の境界で大量絶滅が起きた。結果的に主竜類の時代を招来するのにひと役買ったペルム紀末の大量絶滅や、長く続いた恐竜による支配を終焉させた白亜紀末の大量絶滅ほど壊滅的なものではなかったが、この折りにもアエトサウルス類、フィトサウルス類、ラウイスクス類など、多くの脊椎動物グループが死に絶えた。大量絶滅が起きた原因として、大気中の二酸化炭素濃度の上昇にともなう地球温暖化を挙げる専門家もいる。

　原因はどうあれ、この大量絶滅により、食料や生息地などの資源をめぐって恐竜と競い合っていた多くの動物群が地球上から姿を消した。恐竜のなかにも手痛い打撃を受けたグループが存在したが、恐竜全体としてはどうにか生き延びることができた。その後、恐竜は多様化し続け、ジュラ紀にはさまざまな姿かたちのものが新たに出現した。植物食の鳥盤類は、三畳紀後期に初めて出現したものの、生息数がきわめて少ない状態が続いていたが、ジュラ紀に入ってから繁栄し、世界中に広く分布するようになった。同様に、どれも似たような姿をしていた古竜脚類から首の長い巨大恐竜としてよく知られている真の竜脚類が進化し、その後1億年にわたって植物食動物の王者として君臨することになった。さらに獣脚類も変貌を遂げ、より大型で獰猛な捕食者へと進化した。

　一方、地球それ自体にもきわめて重要な変化が起きつつあった。三畳紀には、地球の大陸すべてが地続きとなり、超大陸パンゲアが形成されていた。そのため海洋など、動植物の移動を阻む大きな障害がなく、三畳紀に生息していた多くの恐竜グループは地球上のあらゆる場所へ進出することができた。ところが、ジュラ紀前期にパンゲアが北部のローラシア大陸と南部のゴンドワナ大陸に分裂し始めた。これら2つの陸塊のあいだに海洋が形成され、移動ルートが遮断された。パンゲアの分裂は、恐竜の進化に多大な影響をおよぼした。恐竜はもはや自由に移動することができなくなり、えり抜きのエリートのようないくつかの種が地球全体の生態系を支配できる時代は終わった。世界はより小さな陸塊に分かれ、それぞれがほかでは見られない独自の恐竜グループのすみかとなった。

ジュラ紀前期の地球。ほかの主竜類グループの絶滅後、この時代に多種多様な恐竜が世界中に進出していった。三畳紀には世界中のすべての大陸が地続きとなってパンゲアが形成されていたが、このころ、そのパンゲアが分裂し始めた。最初に、ローラシアとゴンドワナと呼ばれる南北の巨大な陸塊に分裂した。これらの陸塊がさらなる分裂を続けていくにつれて、それぞれの大陸の環境に適応した独特の恐竜グループが出現し、暮らすようになった

Dilophosaurus
ディロフォサウルス

学名の意味：「トサカが2つあるトカゲ」

　三畳紀後期に生息していた獣脚類のほとんどは、体長2～3メートルのコエロフィシスに代表される小型および中型の恐竜だった。しかし、ジュラ紀前期になると、獣脚類が多様化してより大型のものが登場し始めた。そのなかには、これまでに発見された最強の肉食恐竜の1つであるディロフォサウルスも含まれている。

　ディロフォサウルスという学名は、頭頂部についていた2枚の独特なトサカに由来する。首に肉質のフリルがあったとか、毒液を吐きだすことができたなどとよくいわれるが、しかしそうしたことを裏づける証拠はいっさい見つかっていない。恐竜の頭骨には、トサカ、角、こぶなど、奇妙な構造物がしばしば見られる。こうした構造物の機能については諸説あるが、捕食者を撃退するための護身用の武器にしては貧弱なので、交配の相手を引きつけたり、雌雄を区別したりするためのディスプレイとして使われていたのだろう。

　ディロフォサウルスの標本は数が少ないが、その多くはアリゾナ州北部のナバホ・インディアン保留地で発見されたものだ（ディロフォサウルス・ウェテリリ）。非常によく似た骨格が中国で見つかり、第2の種（ディロフォサウルス・シネンシス）として記載されているほか、アメリカ北東部からイタリア北部にかけての各地で、ディロフォサウルスの足跡と思われる化石が発見されている。長らくディロフォサウルスは、コエロフィシスやリリエンステルヌスを含む獣脚類グループであるコエロフィシス科の恐竜と考えられていた。しかし最近の研究によれば、南極に生息していたトサカをもつ種であるクリオロフォサウルスをも含む独立したグループ、ディロフォサウルス科の一員だったようだ。

分類

動物
　脊索動物
　　竜弓類
　　　主竜類
　　　　恐竜類
　　　　　獣脚類
　　　　　　ディロフォサウルス科

化石発掘地

データファイル

生息地：	北アメリカ（アメリカ合衆国）アジア（中国）
生息年代：	ジュラ紀前期
体長：	5～6メートル
体高：	1.5～2メートル
体重：	400～500キロ
捕食者：	なし
餌：	鳥盤類の恐竜ワニ形類

大きさの比較

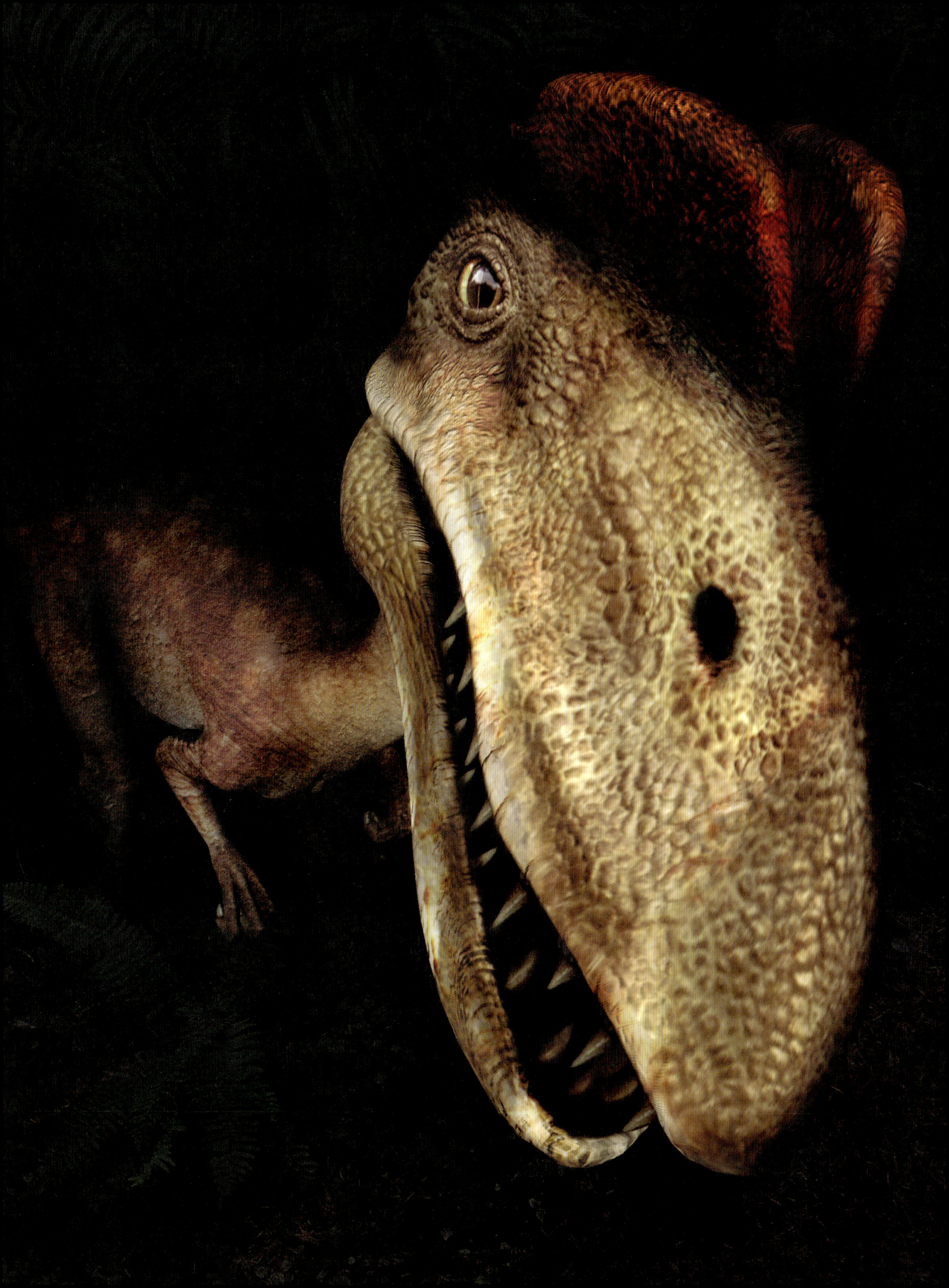

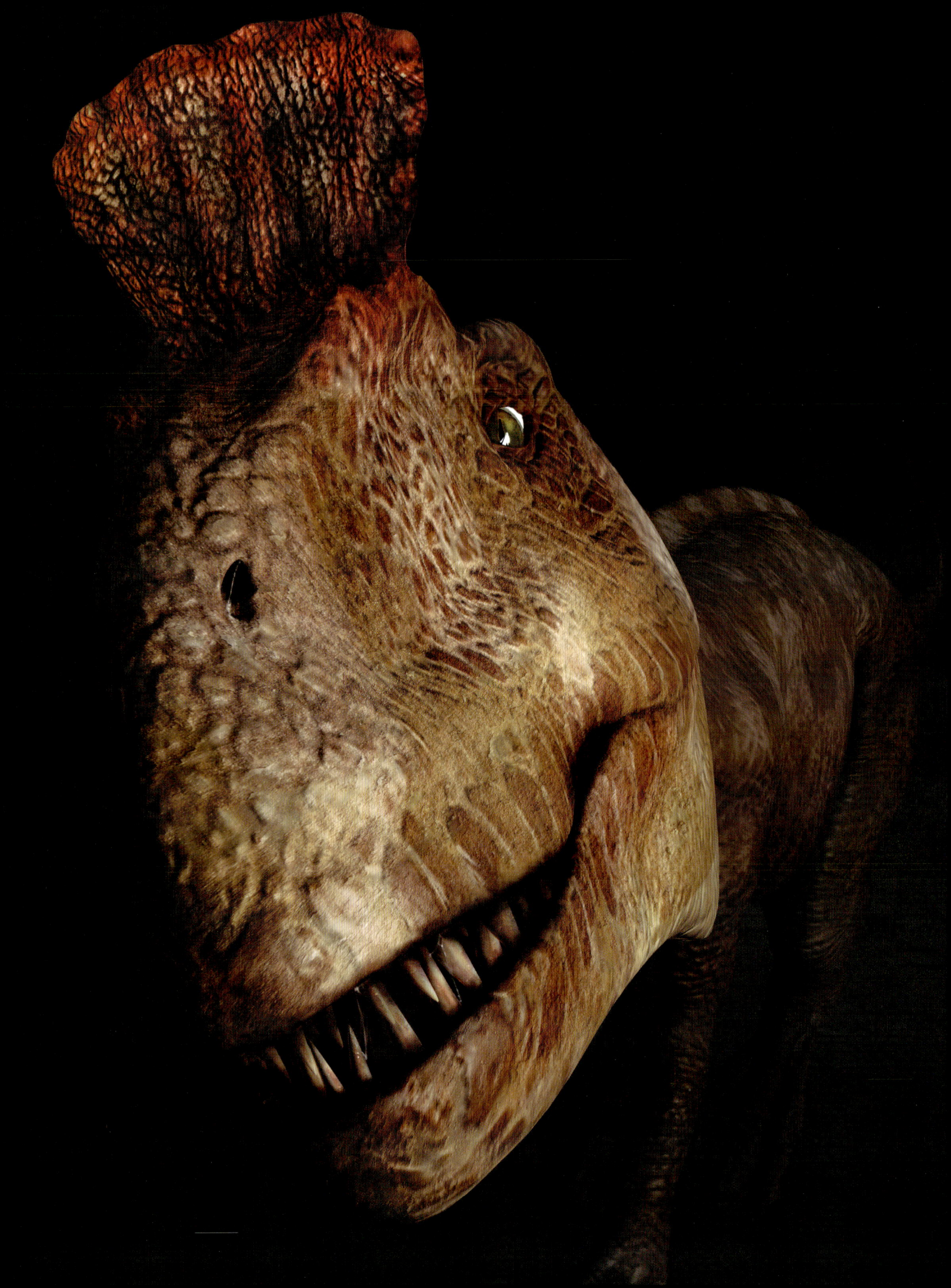

Cryolophosaurus
クリオフォサウルス

学名の由来：「冷たいトサカをもつトカゲ」

　恐竜化石の発掘と聞けば、長年にわたって風や熱による浸食作用を受けた結果、恐竜化石を含む岩盤がむきだしになった砂漠などの乾燥した土地を思い浮かべることだろう。だが、恐竜化石の産出地はサハラ砂漠やゴビ砂漠だけではない。最初の恐竜化石は、冷涼で霧がかかることの多いイギリスのミッドランド地方で発見された。また、海底から化石が発掘された例もある。さらに、地球上で最も寒く、地理的に隔絶された土地の1つである南極大陸でも数種の恐竜の化石が発見されている。

　南極産の恐竜として初めて命名されたのがクリオフォサウルス。ジュラ紀前期に生息していた原始的な大型獣脚類だ。この肉食恐竜の化石は、1991年にロス海沿岸部に近い極寒の山並みである南極横断山脈の奥深くで見つかった。海抜4000メートルを超える高所で、アメリカの古生物学者ウィリアム・ハマーをリーダーとする調査隊が数点の骨片を発見したのだ。削岩機を使ってさらに掘り進めたところ、いくつかの椎骨と頭骨の一部がでてきた——残念ながら、頭骨の前半分は氷河に削り取られてしまい、欠損していた。

　クリオフォサウルスは、ジュラ紀前期の岩石層から化石が発見された数少ない獣脚類の1つ。その骨格には、コエロフィシス科の恐竜に見られる原始的な獣脚類の特徴と、ジュラ紀中期〜後期の獣脚類に見られるより派生的な——つまり高等な——特徴が奇妙に混在している。最近行われた調査によれば、ディロフォサウルスや、南アフリカで化石が産出したドラコヴェナトルと近縁な動物のようであり、もしかすると南アメリカで化石が見つかったズパイサウルスとも近縁の可能性がある。これらの恐竜は、最初に進化を遂げた大型獣脚類グループであるディロフォサウルス科を構成している。

分類
動物
　脊索動物
　　竜弓類
　　　主竜類
　　　　恐竜類
　　　　　獣脚類
　　　　　　ディロフォサウルス科

化石発掘地

データファイル
生息地：	南極
生息年代：	ジュラ紀前期
体長：	6〜8メートル
体高：	2〜2.4メートル
体重：	400〜600キロ
捕食者：	なし
餌：	古竜脚類の恐竜 原始的な哺乳類

大きさの比較

テタヌラ類の恐竜

The Tetanuran Theropods

三畳紀後期とジュラ紀前期の獣脚類は、生息数が多く、世界中で優勢を誇っていたが、原始的な動物だった。ほとんどが小型で、のちに出現する多くの獣脚類グループのような特殊化した生体構造はもっていなかった。ディロフォサウルスやクリオロフォサウルスといった種は、頭骨に奇妙なトサカがあったが、骨格のそのほかの部分には、初期の恐竜および恐竜の近縁種と共通する原始的な特徴がたくさん見られる。

ジュラ紀中期により高等な獣脚類の一群が新たに出現した。これがテタヌラ類と呼ばれる獣脚類で、その名は堅い尾をもつことに由来する。古生物学者たちは、ジュラ紀と白亜紀に生息していた多くの獣脚類と、より原始的なコエロフィシス類、ディロフォサウルス類、ケラトサウルス類とを区別するために、このグループをテタヌラ類と名づけた。こうしたより高等な肉食恐竜には、スピノサウルス類、アロサウルス類、コエルロサウルス類などが含まれる。くわしくは後述するが、コエルロサウルス類には、ドロマエオサウルス類、オルニトミモサウルス類、トロオドン類といった鳥類に似たさまざまなグループや、鳥類そのものも含まれる。

テタヌラ類の獣脚類には多様な恐竜が含まれており、一見、奇妙な印象を受けるかもしれない。背中に帆のような突起があるスピノサウルス類や小型で敏捷なドロマエオサウルス類など、これらの動物の多くは外見が著しく異なる。しかし、テタヌラ類に分類される獣脚類はどれも、三畳紀後期～ジュラ紀前期に生息していたより原始的な種にはない派生的な——つまり、より高等な——特徴を多数共有している。そうした特徴のうち最も重要なものは、前眼窩窓（頭骨の眼窩の前方あいている穴）の前にもう1つの穴があること、顎に丈の短い歯がずらりと並んでおり、眼窩の前方で歯列が終わっていること、手の指が3本だけになっていることだ。

テタヌラ類は、ジュラ紀の前期か中期に初めて出現したと推定されている。このグループの最古の化石は、ひどく断片的なものだが、イギリスの1億7500万年前の岩石層で発見された。そのうち最もよく知られているのは、ドーセット州で頭骨と脊椎と後肢の骨の一部が見つかったマグノサウルスだ。より完全な骨格は、少しあとの時代のもので、中国で発見された。そのうち最も保存状態がよいのはモノロフォサウルスで、トサカのある頭骨は、恐竜のものとしてはこれまでに発見された最も完全な頭骨の1つとされている。ジュラ紀後期にはテタヌラ類の獣脚類が世界中に

獣脚類の1グループであるテタヌラ類に属するアロサウルスの頭骨。アロサウルスは最も有名で、最も研究が進んでいるテタヌラ類の1つ。北アメリカとヨーロッパのジュラ紀後期の岩石層から数千点の化石が産出している。アロサウルスにはテタヌラ類特有の2つの重要な特徴が見られる——後端部が眼窩前方に位置する歯列と、この写真では確認できないが、前眼窩窓の前方にあいているもう1つの穴

獣脚類の1グループであるテタヌラ類に属するアロサウルスの手（前足）。ヘレラサウルスやコエロフィシスといったより原始的な獣脚類の手が4本指あるいは5本指であるのに対して、テタヌラ類の手の指は3本だけになっている。アロサウルスの指の先端には強力な鉤爪がついており、獲物の肉を切り裂くのに使われたのだろう

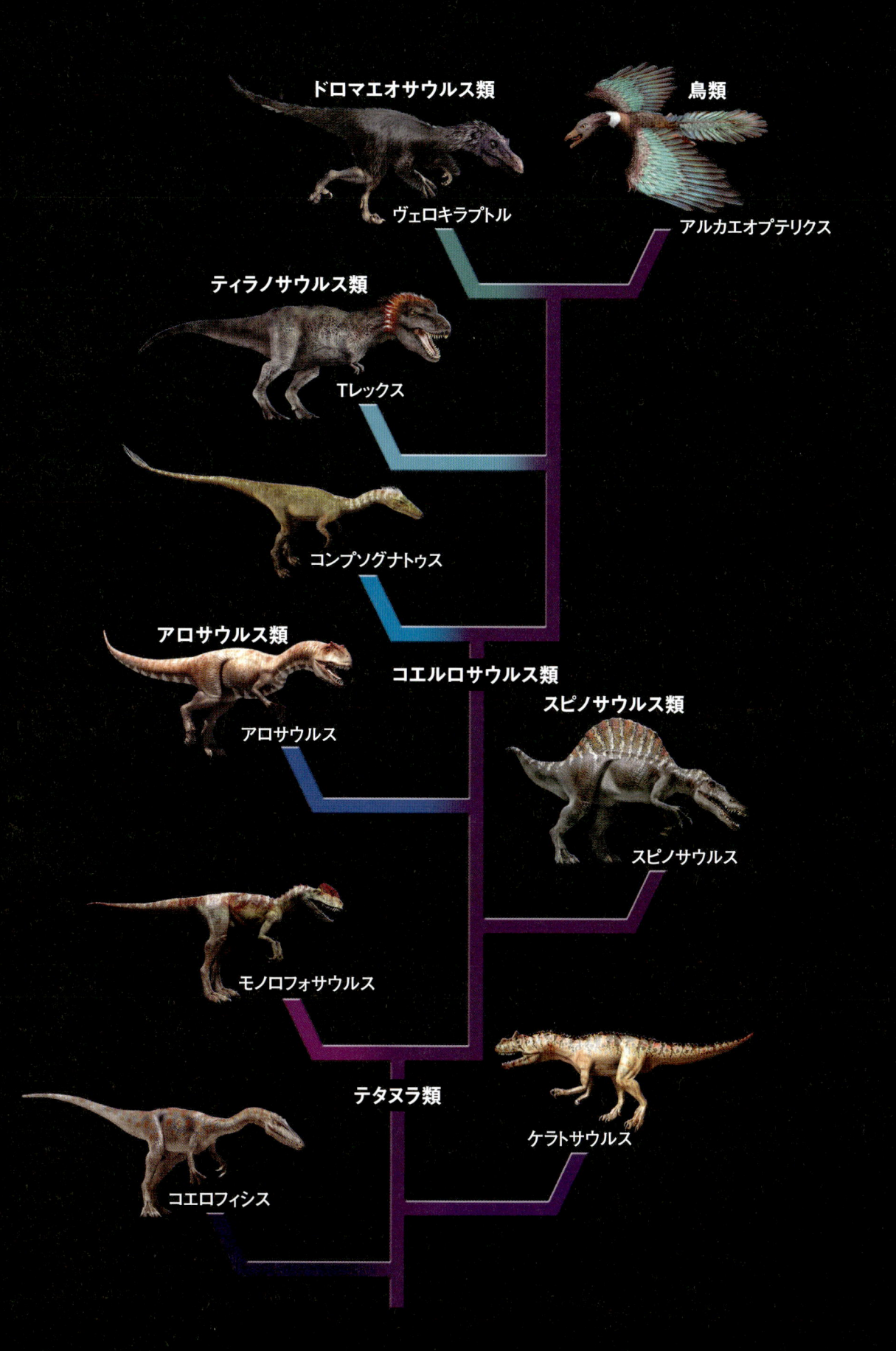

第3章 ジュラ紀前期—中期の恐竜 53

ドロマエオサウルス類
ヴェロキラプトル

鳥類
アルカエオプテリクス

ティラノサウルス類
Tレックス

コンプソグナトゥス

アロサウルス類
アロサウルス

コエルロサウルス類

スピノサウルス類
スピノサウルス

モノロフォサウルス

テタヌラ類

ケラトサウルス

コエロフィシス

Monolophosaurus
モノフォサウルス

学名の意味：「1枚のトサカをもつトカゲ」

　テタヌラ類の出現は、獣脚類の進化における重要な一歩となった。三畳紀後期とジュラ紀前期に生息していた原始的な獣脚類は、より高等な種に取って代わられつつあった。とはいえ、テタヌラ類は突如として姿を現したわけではない。進化の系統をゆっくりとたどりながら発達してきたのだ。

　中国産のテタヌラ類であるモノロフォサウルスは、古生物学者がこの長期にわたるゆっくりとした進化上の変遷を理解するのに役立つ。モノロフォサウルスは、テタヌラ類特有の形質をたくさんもっており、このグループに属することは明らかだ。しかし、ジュラ紀中期に生息していたこの恐竜には、コエロフィシス類やディロフォサウルス類との外見上の類似点も多数認められる——たとえば、長い頭骨にシート状の大きなトサカがついている。このことはテタヌラ類の進化がまさしく進行中だったことを示唆している。テタヌラ類はコエロフィシス類に似た祖先から進化を遂げたのであり、最古のテタヌラ類の1つが祖先に見られる多くの原始的特徴をもっていることは理にかなっている。テタヌラ類の進化はその後も続き、アロサウルス類やコエルロサウルス類といったより高等なグループでは、そうした原始的な特徴は失われた。

　モノロフォサウルスは、1981年に新疆ウイグル自治区のジュンガル盆地で発見された。新疆ウイグル自治区は、広大な土地で、中国のほかの地域とは違ってイスラム教の長い伝統を有する。調査のリーダーを務めたのは、多くの尊敬を集めている中国の古生物学者、趙喜進だ。趙は1950年代に恐竜化石の発掘調査を開始し、彼が成し遂げた多くの発見は、中国が恐竜研究の一大中心地としての評判を獲得するのに貢献した。

分類
動物
　脊索動物
　　竜弓類
　　　主竜類
　　　　恐竜類
　　　　　獣脚類
　　　　　　テタヌラ類

化石発掘地

データファイル
生息地：	アジア（中国）
生息年代：	ジュラ紀中期
体長：	5～6メートル
体高：	1.5～2メートル
体重：	400～600キロ
捕食者：	なし
餌：	竜脚類の恐竜 大型脊椎動物

大きさの比較

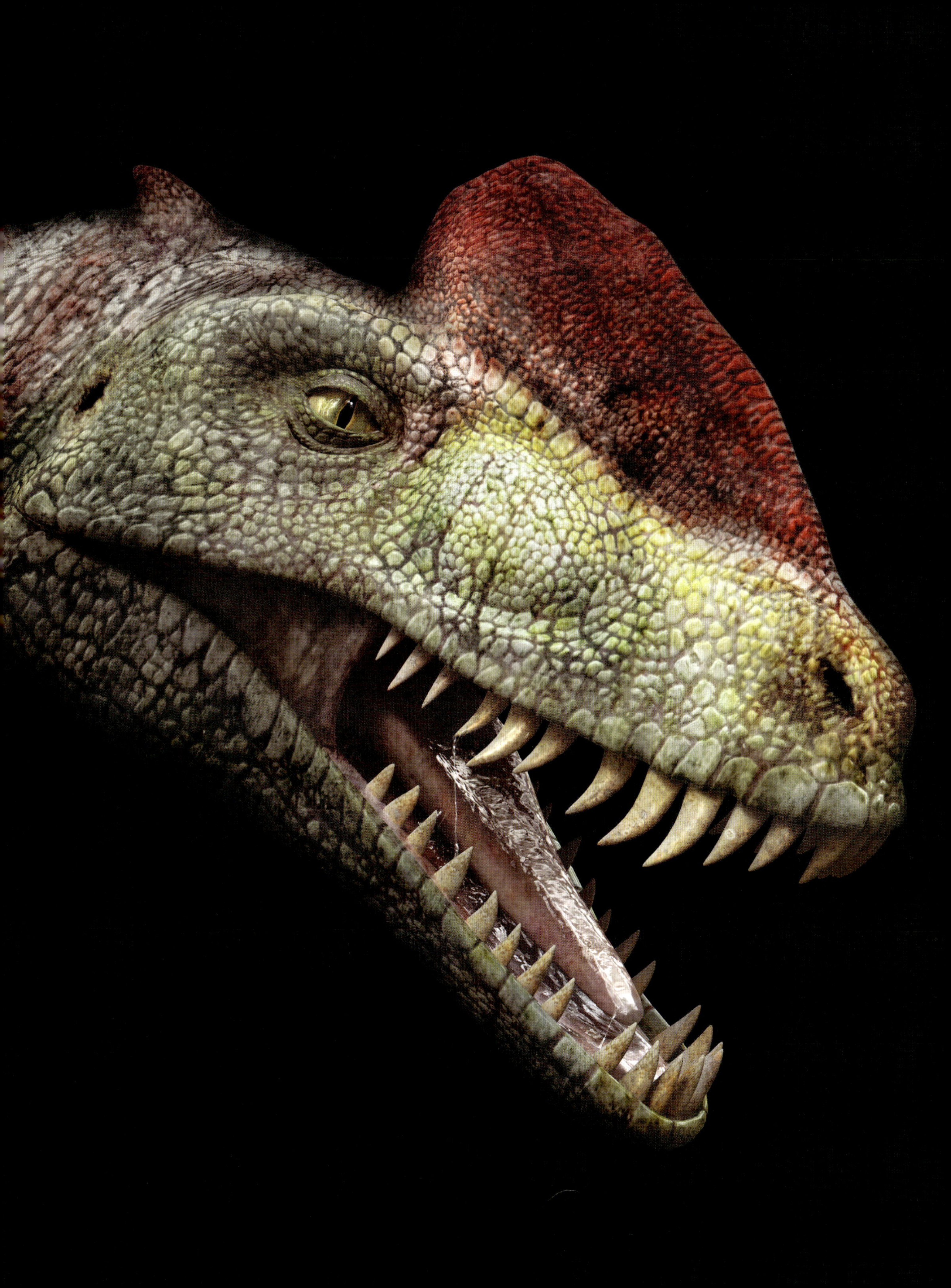

Megalosaurus
メガロサウルス

学名の意味：「巨大なトカゲ」

　いまから300年以上前の1676年に、イギリスのオックスフォードシャー州の石灰岩採石場で働く石切り工たちが不可解なものを発見した。見た目は骨のようだが、あまりにも大きいため本物の骨とは思えなかったのだ。この標本はオックスフォード大学教授のロバート・プロットのもとにもち込まれた。数年間にわたって頭を悩ませた末に、プロットはそれを大腿骨の骨端と判断した。しかし、動物のものにしては大きすぎるため、大昔のイギリスで人々を震えあがらせたといわれる神話上の巨人の骨と考えた。

　この標本の正体が明らかになるには150年近い歳月がかかった。古生物学ではよくあることだが、新たな標本の発見により新たな情報が得られたのだ。この折りには、イングランドのコッツウォルズ丘陵外縁に位置するストーンズフィールドという小さな町の粘板岩採石場で化石が見つかった。石切り工たちは、頭骨と脊椎と骨盤の破片など、明らかに骨と思われるものをいくつか掘りだした。これらの骨はオックスフォード大学教授のウィリアム・バックランドのもとへ送られ、バックランドは1824年にそれをメガロサウルスと命名した——巨人ではなく巨大な爬虫類として。

　その後まもなく、同様の化石がイングランドの各地で見つかるようになった。明らかに別の巨大爬虫類のものと思われる骨もあり、イグアノドン、ヒラエオサウルスといった学名がつけられた。1842年、リチャード・オーウェンはこれら3つの巨大な絶滅種を束ねる分類群を創設するべきだと唱えて、「恐ろしく大きなトカゲ」を意味するディノサウリアという分類名を考案した。こうして、バックランドのメガロサウルスは、世界で最初に命名された恐竜として歴史に残ることとなった。だが、皮肉にも命名第1号となったこの恐竜は、断片的な化石しか見つかっていないため、いまなお情報量が最も少ない獣脚類の1つでもある。おそらくきわめて原始的なテタヌラ類の仲間と思われる。

第3章 ジュラ紀前期―中期の恐竜 57

分類	化石発掘地	データファイル	大きさの比較
動物 　脊索動物 　　竜弓類 　　　主竜類 　　　　恐竜類 　　　　　獣脚類 　　　　　　テタヌラ類		生息地：　ヨーロッパ（イギリス） 生息年代：ジュラ紀中期 体長：　　5～6メートル 体高：　　1.5～2メートル 体重：　　400～600キロ 捕食者：　なし 餌：　　　植物食恐竜 　　　　　大小の脊椎動物	

Eustreptospondylus
エウストレプトスポンディルス

学名の意味：「よく曲がった脊椎」

　オリジナルの化石はひどく断片的なものにすぎないが、バックランドのメガロサウルスはたちまち抜群の知名度を誇る恐竜となった。ティラノサウルスの化石が発見されるずっと以前には、メガロサウルスが獣脚類の恐竜の典型例とされていた。肉食恐竜全般の基本形とみなされることが多く、ヴィクトリア朝時代のイギリスでは、一般大衆向けに書かれた何冊かの本で取り上げられたり、博物館に標本が展示されたりしたために有名になった。ロンドンのクリスタルパレス（水晶宮）にメガロサウルスの復元模型が展示されたことは、よく知られている。

　このように名声を博したことにはマイナス面もあった。メガロサウルスの人気があまりにも高かったため、新たに獣脚類の化石が見つかると、古生物学者がそれをメガロサウルス属に含めてしまいがちだったのだ。その結果、世界各地の三畳紀後期から白亜紀末までの岩石層で見つかった20あまりの異なる種がメガロサウルスの仲間として命名されることとなった。これは明らかに常軌を逸していた。1つの属がこれほど広範囲に分布し、長期にわたって存続することなどありえない。

　後世の古生物学者たちがこうした乱暴な分類の見直しに取りかかり、メガロサウルスのものとされていた化石の多くが、まったく新たな、そしてたいへん興味深い獣脚類グループに属していることが明らかになった。こうした化石の1つがオックスフォード近郊で見つかったほぼ完全な骨格で、いまではエウストレプトスポンディルスのものと判明している。

　この獣脚類がテタヌラ類の仲間であること、さらには異様で帆のような背中をもつスピノサウルス類と共通の特徴をいくつももっていることは疑いない。だが、エウストレプトスポンディルスは、最古のスピノサウルス類が化石記録に登場するより約4000万年も前のジュラ紀中期の恐竜だ。それにスピノサウルス類に見られる特殊な構造、背中に沿って伸びる帆や、魚類を捕食するのに使ったと思われる円錐状の歯が並ぶ細長い吻部など、こうしたものの多くをもっていないのである。長い間、そうとは理解されてこなかったが、このイギリス産の獣脚類は、初期のテタヌラ類と、テタヌラ類の最も奇妙なサブグループとをつなぐ進化的に重要なリンクなのである。

分類
動物
　脊索動物
　　竜弓類
　　　主竜類
　　　　恐竜類
　　　　　獣脚類
　　　　　　テタヌラ類
　　　　　　　スピノサウルス類

化石発掘地

データファイル
生息地：	ヨーロッパ（イギリス）
生息年代：	ジュラ紀中期
体長：	5〜7メートル
体高：	1.5〜2.1メートル
体重：	400〜600キロ
捕食者：	なし
餌：	大小の脊椎動物

大きさの比較

Gasosaurus
ガソサウルス

学名の由来：「ガスのトカゲ」

　ガソサウルスというのは、とても変わった学名だ。たいていの恐竜の学名には、その恐竜の特徴を表すラテン語もしくはギリシャ語の言葉が使われている。たとえば、巨大な肉食恐竜であるティラノサウルスは「暴君トカゲ」という意味であり、角と襟飾り（フリル）を特徴とするトリケラトプスは、「3本の角のある顔」という意味だ。ガソサウルスという学名は「ガスのトカゲ」を意味する英語に由来する。

　この獣脚類の化石は、中国西部にある四川省のガス工場建設現場で発見されたものがあるだけだ。この断片的な化石には脊椎と四肢の骨の一部が含まれており、1985年に中国の伝説的な古生物学者である董枝明によって記載された。残念ながら、頭骨は見つかっていない。恐竜を分類する際には頭骨の特徴が決め手となることが多いため、ガソサウルスの類縁関係はいまもよくわかっていない。

　ガソサウルスはテタヌラ類の原始的な仲間で、モノロフォサウルスとそっくりだった可能性が非常に高い。これらの恐竜はどちらも中国のジュラ紀中期の岩石層で化石が見つかっている。実のところ、この国は、ジュラ紀中期の獣脚類化石の数少ない宝庫の1つだ。そのころの中国は、北半球に広がっていたローラシア大陸から分離しつつあった。ローラシア大陸から完全に分離した段階で、中国には、地理的に隔絶した独特の環境下で進化した固有の恐竜グループが生息するようになった。

分類
動物
　脊索動物
　　竜弓類
　　　主竜類
　　　　恐竜類
　　　　　獣脚類
　　　　　　テタヌラ類

化石発掘地

データファイル
生息地：	アジア（中国）
生息年代：	ジュラ紀中期
体長：	3〜4メートル
体高：	1〜1.2メートル
体重：	100〜400キロ
捕食者：	なし
餌：	竜脚類の恐竜 大小の脊椎動物

大きさの比較

The Sauropod Dinosaurs
竜脚類の恐竜

長い首をもち、ドスンドスンと地響きを立てて歩いた竜脚類は、最もよく知られている恐竜グループの1つ。
昔から恐竜ファンの心を魅了してきた、途方もなく力の強い巨大動物という恐竜のイメージを
これほど忠実に体現しているグループはほかにない。
アルゼンチノサウルスやセイスモサウルスといった巨大な竜脚類は、
体長35メートル、体重70トンに達した可能性がある史上最大の陸生動物だ。
また、このグループほど完全に陸上生態系を支配した植物食動物も存在しない。
がっしりとした体型の竜脚類はトン単位の植物を食べたため、それらが通りすぎたあとは枝葉がすっかりなくなり、
景観が一変した。今日の世界には竜脚類に匹敵する動物はいない、実にユニークなグループであり、
くわしく取り上げる価値が十分にある恐竜たちだ。

　竜脚類が最盛期を迎えたジュラ紀後期には、北アメリカ西部の氾濫原でアパトサウルス、ブラキオサウルス、カマラサウルス、ディプロドクスといった有名な種が地響きを立てながら歩きまわっていた。白亜紀になると竜脚類は衰退し始めたが、南半球ではティタノサウルス類と呼ばれる特殊化したグループが繁栄を維持していた。ティタノサウルス類は最後に出現した竜脚類の一大グループで、白亜紀末の大量絶滅が起きた6500万年前まで存続した。
　こうした巨大恐竜はどのようにして進化を遂げたのだろうか。古生物学者たちは長らくこの疑問に頭を悩ませてきたが、最近の研究により新たな答えが見つかりつつあり、心を躍らせている。
　これまでに発見された最古の竜脚類のいくつかは、三畳紀－ジュラ紀境界の大量絶滅が起きた直後にあたるジュラ紀初めの岩石層から産出している。南アフリカで見つかったヴルカノドンやインドで発見されたコトサウルスなど、こうした初期の竜脚類は、のちにジュラ紀後期と白亜紀の世界を支配した種とたいへんよく似ている――長い首、小さな頭骨、長大な消化管をもち、4足歩行をした。しかし、これらの種は、祖先グループとのつながりを示す原始的な特徴をもっていない。古生物学者たちは、古竜脚類が竜脚類の祖先なのではないかと前々から考えてきたわけだが、この2つのグループをつなぐ中間的形態の化石は見つかっていなかった。
　しかし、最近行われたいくつかの研究によりこのギャップが埋められ、いまでは竜脚類が古竜脚類から進化したことを裏づける確かな証拠がある。南アフリカ産のアンテトニトルス、中国産のキンシャキアンゴサウルス、アルゼンチン産のレッセムサウルスなど、最初期の竜脚類数種の化石が、三畳紀後期およびジュラ紀前期の岩石層で発見されたのだ。これらの動物は、巨大な竜脚類とはあまり似ておらず、全体的な体のつくりは古竜脚類に近い。ところが、竜脚類と共通の特徴もたくさんもっており、このグループの初期のメンバーであることがわかる。こうした恐竜たちの存在が明らかになったことにより、竜脚類の進化に対する古生物学者たちの理解が深まった。
　古竜脚類は植物食恐竜だったが、おそらく昆虫や一部の動物の肉も食べていたのだろう。頭骨が長く、細い下顎にたくさんの歯が並んでいたのは、雑食性に適した特徴だ。4足歩行をする古竜脚類もわずかながら存在したが、大部分は2本足で歩いた。前肢は後肢より短く、親指の鉤爪が頑丈で大きくカーブしていたので、古竜脚類は、移動時にも、植物をむしり取るときにも手を使うことができた。
　竜脚類の食性と生態は、ほかの恐竜グループとは大きく異なる。竜脚類の恐竜は巨大な動物で、大量の植物を消費し、巨体をしっかり支えるためにいつも4本足で歩いた。頭骨は短くなり、一部の歯が消失し、下顎が幅広になったことは、いずれも竜脚類が餌を効率的に摂取し咀嚼するのに役立った。前肢がより長く頑丈になるとともに、手が幅広で丸みを帯びた構造物となり、もっぱら体を支えるのに用いられた。こうした変化は突然起きたわけではなく、竜脚類の多様化にともなって少しずつゆっくりと進行していった。竜脚類の初期の進化は、かつては謎だらけだったが、いまでは進化上の変遷が化石記録でしっかりと裏づけられており、注目に価する。

第3章 ジュラ紀前期—中期の恐竜 61

ディプロドクス　アパトサウルス　ブラキオサウルス　ティタノサウルス類　サルタサウルス

アマルガサウルス

カマラサウルス

ディプロドクス上科

マクロナリア類

新竜脚類

シュノサウルス

バラパサウルス

ヴルカノドン

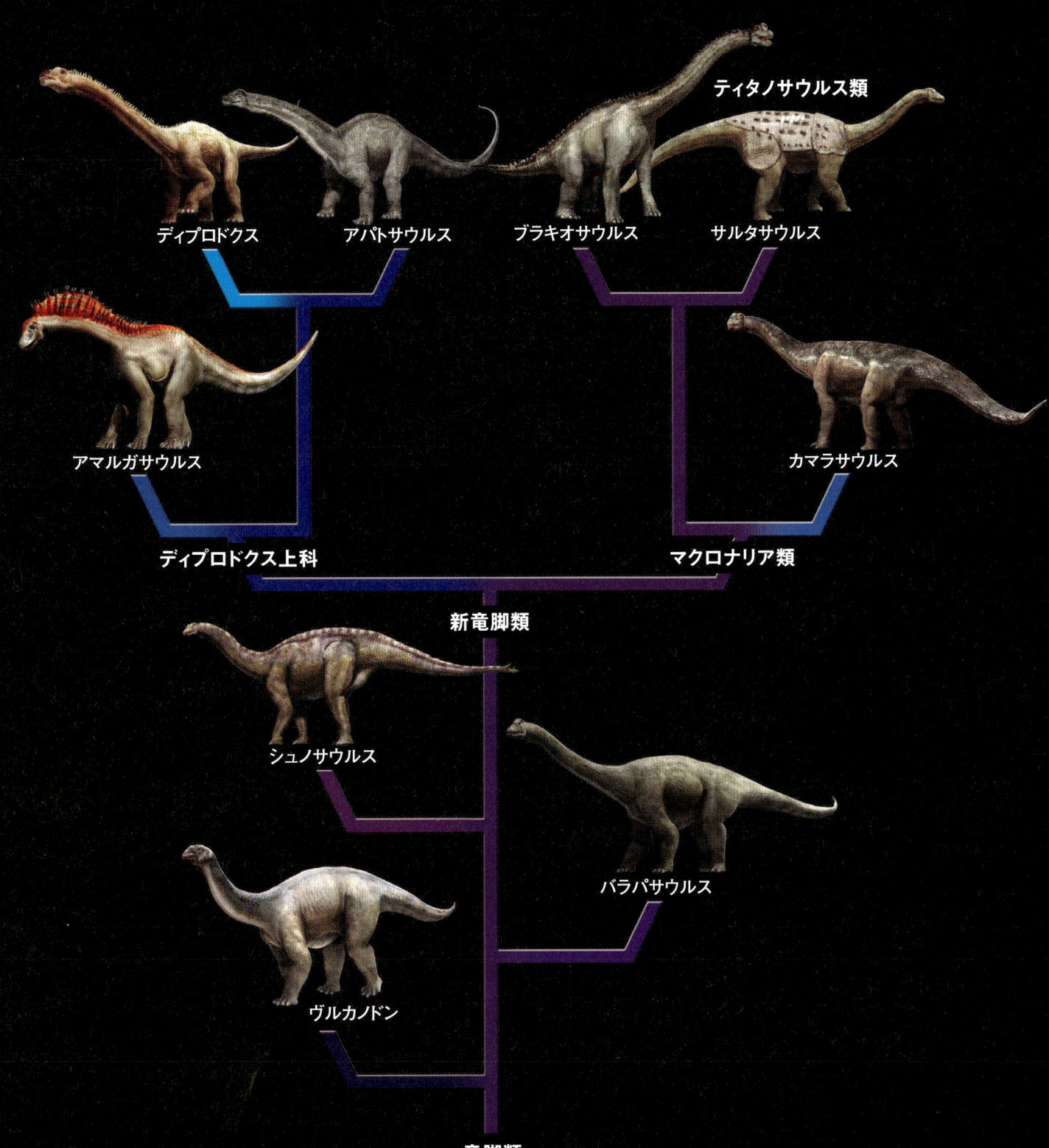

竜脚類

Vulcanodon
ヴルカノドン

学名の意味：「火山の歯」

　最近、原始的な竜脚類の新種が多数発見されたおかげで、このユニークなグループの進化に関する驚くべき新事実が明らかになった。とはいえ、それまでは原始的な竜脚類で化石が見つかっているのはヴルカノドンだけという時代が長く続いていた。そのため、この動物は、小型で2足歩行をする雑食性の古竜脚類から巨体を4本足で支える植物食性の竜脚類への進化を理解するうえで、きわめて重要な意味をもつ種であった。

　ヴルカノドンは竜脚類にしては小さく、体長はわずかに6メートル、体重はおよそ7トンしかなかった。原始的な竜脚類は、アルゼンチノサウルスなど、のちに出現する近縁種に比べると小さく、見劣りがするが、それでも体格はほとんどの古竜脚類とだいたい同じだった。したがってヴルカノドンは、竜脚類が当初より巨大な動物だったわけではなく、時間をかけて巨大化していったことを裏づける有力な証拠となっている。

　ヴルカノドンのものと確認されている化石は、1970年代初めにジンバブエで発見された部分骨格が1例知られているだけだ。この化石は、三畳紀末の大量絶滅の直後にあたるジュラ紀前期の最初期の地層から産出した。実際、ヴルカノドンは、大量絶滅のわずか数千年後に生息していた可能性がある。これほど古い岩石層に真の竜脚類の化石が存在するというのは予想外のことだったため、当初、古生物学者たちはヴルカノドンを見た目の変わった古竜脚類にすぎないと判断したほどだ。しかし、4足歩行の姿勢や円柱状の頑丈な四肢など、竜脚類と共通する特徴のほうが圧倒的に多い。今日では、古生物学者たちは、この大昔の動物を既知のものでは最も原始的な竜脚類と認めている。

第3章 ジュラ紀前期—中期の恐竜 63

分類

動物
　脊索動物
　　竜弓類
　　　主竜類
　　　　恐竜類
　　　　　竜脚形類
　　　　　　竜脚類

データファイル

生息地：	アフリカ（ジンバブエ）
生息年代：	ジュラ紀前期
体長：	6～7メートル
体高：	6メートル
体重：	5～7トン
捕食者：	獣脚類の恐竜
餌：	植物（針葉樹）

化石発掘地

大きさの比較

Barapasaurus
バラパサウルス

学名の意味：「大きな脚のトカゲ」

第3章 ジュラ紀前期―中期の恐竜 65

分類

動物
　脊索動物
　　竜弓類
　　　主竜類
　　　　恐竜類
　　　　　竜脚形類
　　　　　　竜脚類

化石発掘地

データファイル

生息地：	インド
生息年代：	ジュラ紀前期
体長：	15～18メートル
体高：	5～6メートル
体重：	50～55トン
捕食者：	獣脚類の恐竜
餌：	植物（針葉樹）

大きさの比較

　バラパサウルスという学名は「大きな脚のトカゲ」という意味で、この重要な竜脚類の恐竜にふさわしい。体長15～18メートルのバラパサウルスは、ジュラ紀前期に生息していた最大の陸生動物の1つ。のちに出現する竜脚類はさらに大型化したが、バラパサウルスは、竜脚類の系統に属する原始的な動物としては信じられないほど体が大きい。

　ヴルカノドンと同様に、バラパサウルスもこれまでに化石が発見された最古の、そして最も原始的な竜脚類の1つに数えられている。ヴルカノドンよりわずかに高等で、体を支えるための円柱状の四肢と円形の足など、竜脚類の特徴をいくつももっている。バラパサウルスは、竜脚類の系統で最初に巨大化した恐竜という点で重要である。つまり、ほとんどの初期竜脚類は、祖先にあたる古竜脚類と同じく中型の動物だったが、一部のきわめて原始的な種は巨大化しつつあったのだ。

　バラパサウルスが重要な種であるのは、原始的な竜脚類では最も完全な骨格が見つかっているからでもある。ヴルカノドンをはじめとする最初期の竜脚類のほとんどは、断片的な化石しか見つかっていないが、バラパサウルスは6個体の脊椎および四肢の骨が多数発見されている。残念ながら、頭骨の部分は歯しか見つかっていないため、バラパサウルスの食性と生態はいまのところよくわかっていない。

　古生物学者たちは、バラパサウルスがイギリスで発見されたケティオサウルスや南アメリカで発見されたパタゴサウルスと近縁な動物と考えている。いまでこそ遠く離れているが、三畳紀後期～ジュラ紀前期には、これらの土地は超大陸パンゲアの一部を構成しており、地続きだった。これら原始的な種族が世界中に広がり、生息域が広く多様性に富む最初の竜脚類グループとなったことは明らかだ。

Shunosaurus
シュノサウルス

学名の意味：「蜀のトカゲ」

　中国南西部の四川省自貢市の人口は、現在300万人を超えている。うだるような暑さで知られるこの都市は、2000年以上にわたって塩の売買の中心地として栄え、かつては多くの富裕層が暮らしていた。しかし、約1億7000万年前には、この地は繁栄を謳歌するさまざまな恐竜たちのすみかとなっていた。

　自貢で発見された化石には、ジュラ紀中期の恐竜化石としては世界でもほかに例がないほど完全なものが含まれている。たとえば、テタヌラ類に属する巨大獣脚類のガソサウルス、原始的な鳥盤類のシャオサウルス、長い首をもつ竜脚類数種など、さまざまな種からなる多様なグループの化石が見つかっているのだ。この地で化石が産出した竜脚類のうち最も研究が進んでいるのは、シュノサウルスと呼ばれる奇妙な動物で、多くの骨格と保存状態のよい頭骨が見つかっている数少ない竜脚類の1つだ。

　シュノサウルスは竜脚類としては小型で、ヴルカノドンなど、このグループに属する原始的な恐竜とほぼ同じ大きさだった。一方、体型はバラパサウルスとたいへんよく似ており、これら2つは類縁関係の近い最初期の竜脚類かもしれない。シュノサウルスとほかの竜脚類との違いは、尾に顕著な特徴が見られることだ。たいていの竜脚類は、先端に近づくにしたがって細くなる長い尾をもっているが、シュノサウルスの尾の先端にはいくつかの椎骨が癒合してできた球状の骨塊がついている。おそらくシュノサウルスは、この骨塊を打ち振ってガソサウルスなどの捕食者から身を守ったのだろう。

　シュノサウルスのもう1つの特徴は、短い首だ。古竜脚類から進化するにつれて、竜脚類の頸椎は次第に数を増していった。長い首は、高所にある枝葉を食べるうえで有利だったはずだ。ところが、シュノサウルスはこうした傾向から外れており、背丈の低い植物――低木や潅木――を常食としていたのかもしれない。このことは、シュノサウルスが首の長い竜脚類と共存共栄するのに役立つ重要な進化上の適応だった可能性がある。

分類
動物
　脊索動物
　　竜弓類
　　　主竜類
　　　　恐竜類
　　　　　竜脚形類
　　　　　　竜脚類

化石発掘地

データファイル
生息地：	アジア（中国）
生息年代：	ジュラ紀中期
体長：	9〜11メートル
体高：	4〜5メートル
体重：	10トン
捕食者：	獣脚類の恐竜
餌：	植物（針葉樹）

大きさの比較

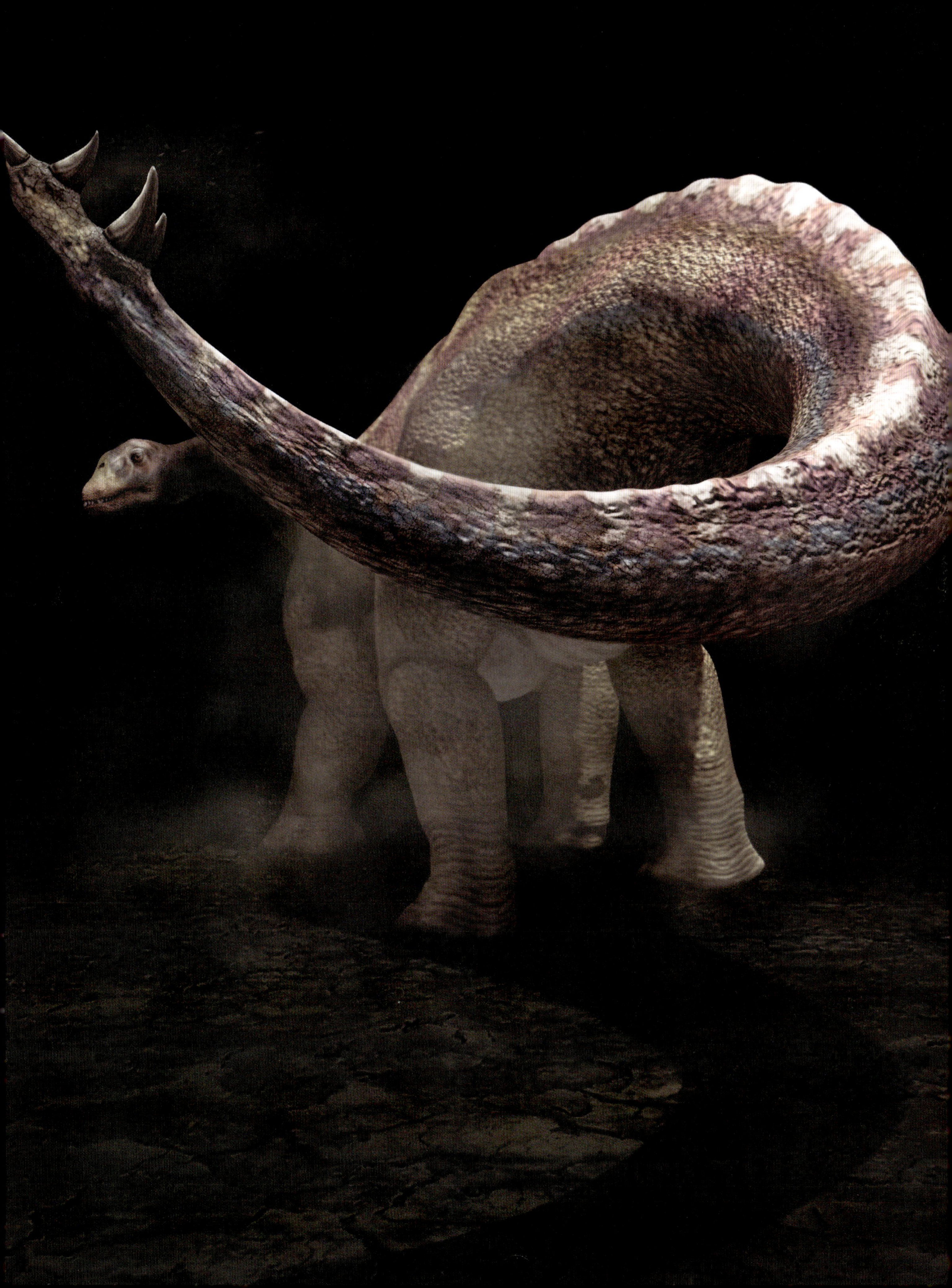

初期の鳥盤類の恐竜

恐竜は、獣脚類、竜脚形類、鳥盤類の三大グループに区分される。これらの起源は、三畳紀後期までさかのぼるが、獣脚類であるコエロフィシス類と、竜脚形類に属する古竜脚類が三畳紀後期の生態系を支配していたのに対して、鳥盤類は生息数が少なく、体も小柄なままで、分布域も南半球にかぎられていた。

曲竜類
アンキロサウルス

剣竜類
ステゴサウルス

スケリドサウルス

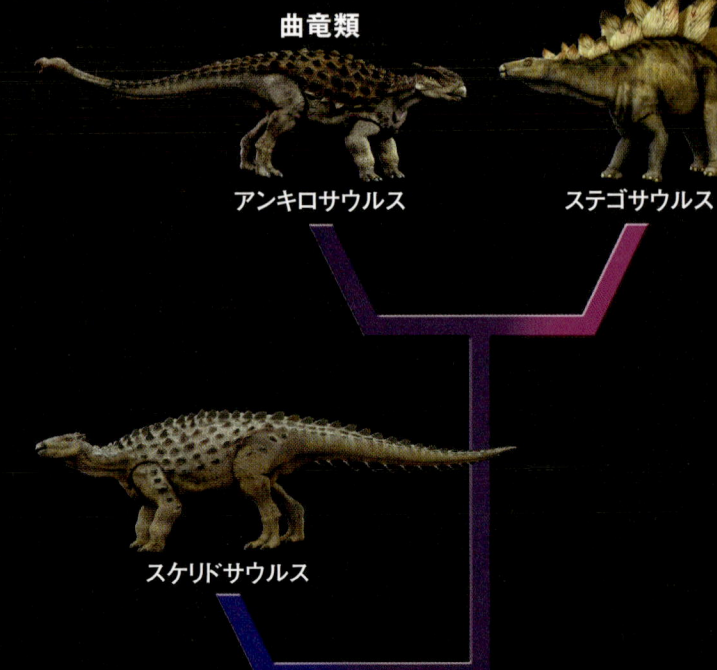

装盾類

常に恐竜の脅威にさらされながらひっそりと暮らしていた中生代の哺乳類と同様に、鳥盤類の恐竜も進化し、多様化するための機会を辛抱強く待った。そして、ついにジュラ紀前期〜中期に好機が到来し、白亜紀末の大量絶滅が起きる6500万年前まで1億年もの長きにわたって続く壮大な進化の物語が始まった。その過程で鳥盤類は多様化をはたし、曲竜類、剣竜類、堅頭竜類、角竜類、ハドロサウルス類(カモノハシ竜)といったおなじみのグループをはじめ、奇妙な姿をしたさまざまな恐竜が出現した。

ともに鳥盤類の仲間である鳥脚類のイグアノドンと曲竜類のヒラエオサウルスは、リチャード・オーウェンが初めてディノサウリアとして束ねた3種のうちの2種だ。しかし、剣竜類、ハドロサウルス類、角竜類といった動物たちが近縁であることに古生物学者たちが気づくのは、それから50年近くのちのことだ。1888年に、イギリスの古生物学者ハリー・ゴヴィア・シーリーが画期的な論文を発表し、鳥盤類というグループの概略を初めて明らかにした。シーリーは、このグループに属するさまざまな植物食恐竜が例外なく「鳥に似た」骨盤をもっていることに気づいた。共通の特徴として、現生鳥類と同じように、骨盤の前部についている恥骨が後方に伸びていたのだ。鳥類の場合、骨盤がこうした構造をとるのは、たぶん呼吸効率の向上と関係しているものと思われる。一方、鳥盤類の場合には、腸管を収めるスペースを拡大して大量の植物を消化できるようにするうえで有効だった。

いまのところ最古の鳥盤類はピサノサウルスだが、アルゼンチンの三畳紀後期の岩石層から断片的な化石が見つかっているだけなので、謎だらけの種だ。しかし、この動物が鳥盤類であることははっきりしている。骨盤の構造が鳥類のものに似ているうえに、下顎の前部に付加的な骨である前歯骨がある、口の側面に頬が存在する、歯と歯がぴったりとかみ合うなど、このグループに共通する派生形質が見られる。これらの特徴はどれも咀嚼効率の向上と関係している。ほとんどの恐竜は、食物をしっかりと咀嚼する習慣がなく、噛み切った食べ物を口の中で砕き、のみ込むことしかできなかったが、多くの鳥盤類は人間と同じように食べ物を噛むことができた。

三畳紀後期の地層から化石が産出した鳥盤類は、ほかには南アフリカで発見されたエオカーソル、南アメリカで発見されたヘテロドントサウルス科の恐竜など、ごくわずかしかいない。これらの動物はどれも小型で、成体の体長が2メートルに達することはめったになかった。これまでに発見された三畳紀の鳥盤類の化石は、すべて南半球で産出したもので、北アメリカ、ヨーロッパ、アジアでの標本の産出例はいまのところない。

鳥盤類はジュラ紀前期に多様化し始め、ジュラ紀中期には主要なサブグループのほとんどがでそろった。ジュラ紀前期に出現した装盾類(剣竜類と曲竜類)は、ヨーロッパと北アメリカで化石が見つかった最初の鳥盤類だ。アジア産の種はジュラ紀中期の最初期に出現し、鳥脚類、角竜類、堅頭竜類といった主要グループは、この時代の末近くに出現した。

ジュラ紀後期には、ほとんどの生態系で大型竜脚類が主たる植物食動物としての生態的地位を占めていたが、白亜紀前期に鳥盤類がこれに取って代わり、支配的な存在となった。この主役交代は恐竜の進化における重要な転換点となった。白亜紀末に絶滅する前には、ハドロサウルス類や角竜類といったグループが北半球の生態系で最も重要な植物食動物となっていた。

第3章 ジュラ紀前期―中期の恐竜 69

ハドロサウルス類

イグアノドン パラサウロロフス

堅頭竜類 **角竜類**

パキケファロサウルス トリケラトプス ヒプシロフォドン

周飾頭類 鳥脚類

ヘテロドントサウルス

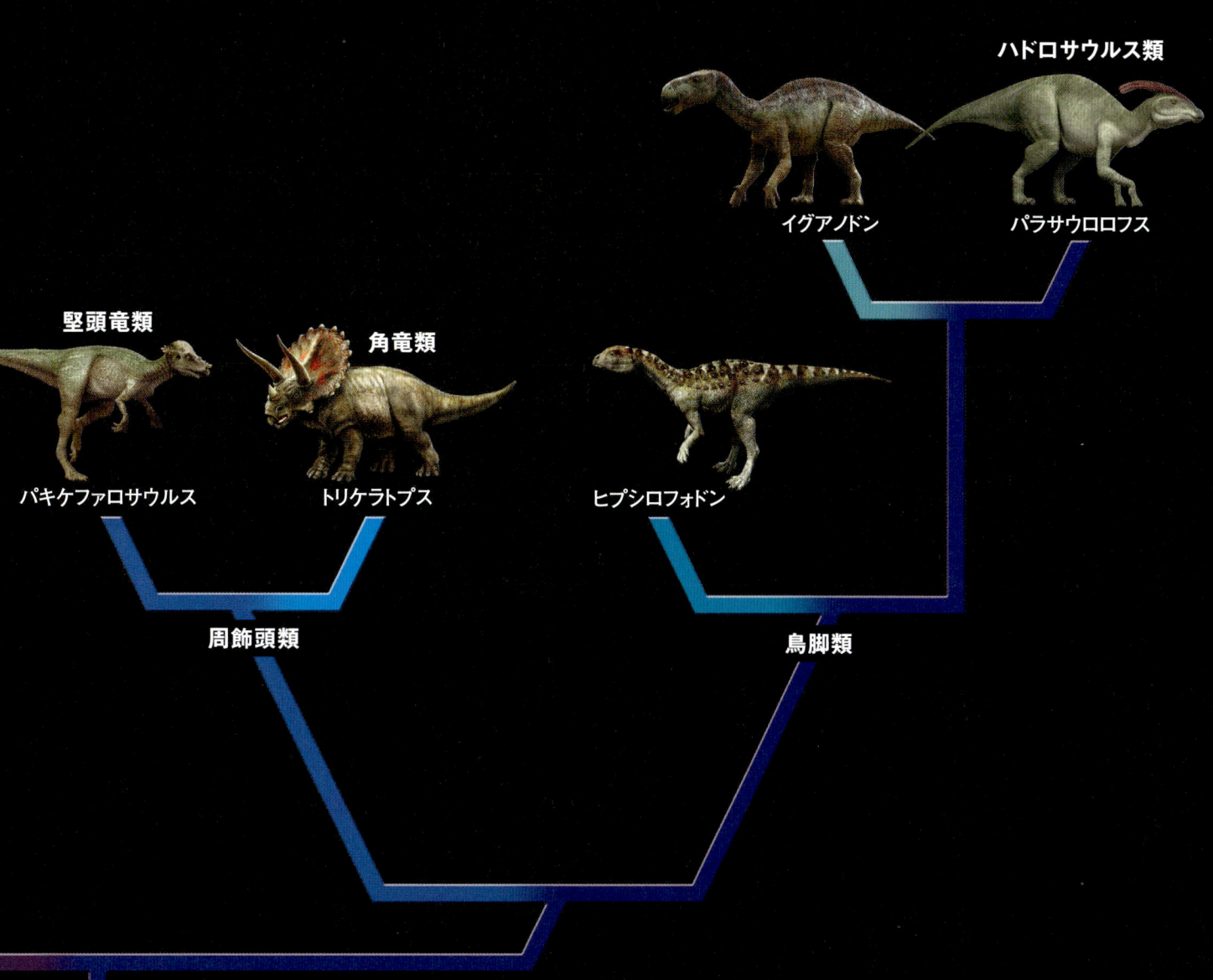

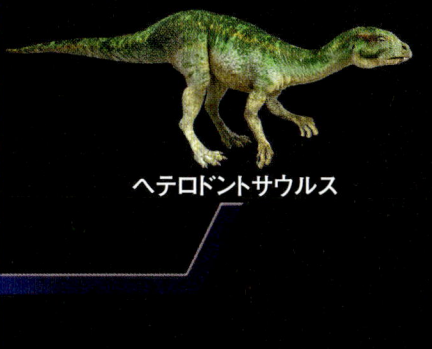

鳥盤類

Heterodontosaurus
ヘテロドントサウルス

学名の意味:「異なる歯をもつトカゲ」

　三畳紀後期とジュラ紀前期には、鳥盤類の生息数はきわめて少なかったが、世界の多くの地域に分布する小さなグループが1つだけあった。これがヘテロドントサウルス類と呼ばれるグループで、鳥盤類の最初の主要なサブグループとして進化した。いまのところヘテロドントサウルス類の最古の化石は、南アメリカの三畳紀後期の岩石層から産出したものだが、最もよく知られている種は、グループ名に学名が使われている南アフリカ産の小型動物であるヘテロドントサウルスだ。

　のちに出現した多くの大型鳥盤類とは違ってヘテロドントサウルスは小さく、体長は1.25メートル、体重は人間の幼児程度しかなかった。2本足で歩き、おそらく走るのが速かっただろう。奇妙なことに、足首と足の骨の多くが癒合している。そのため、骨の強度が増し、疾走するのに役立ったかもしれない。手はとても長く、指先に強力な鉤爪がついており、肉食だった可能性を示唆している。しかし歯の構造からは、ヘテロドントサウルスがおもに植物を食べていたことがうかがえる。

　歯は、ヘテロドントサウルスの最も顕著な特徴であり、学名の由来にもなっている。たいていの恐竜の歯は、形状や配列がシンプルで、どの歯もほぼ同じように見える。ところが、ヘテロドントサウルスは、植物をむしり取る嘴のほかに、3種類の異なる歯をもっている。嘴の直後には円錐形のシンプルで小さな歯が並んでいる。そうした一連の歯に続いて一対の牙があり、上顎と下顎の両脇に1本ずつ生えている。さらに、牙の後ろには人間の白歯に似た頑丈な長方形の歯が何本か並んでおり、この歯で植物を噛んだのだろう。牙がどのような役割をはたしていたのかは不明だが、交尾の相手を引きつけるのに役立ったかもしれないし、主食である植物を補う代用食とするために、地中の虫をほじりだすのに使われた可能性もある。

　ヘテロドントサウルス類に属するその他の恐竜には、南アフリカで化石が産出したアブリクトサウルスとリコリヌスや、南アメリカ、北アメリカ、ヨーロッパで見つかった未命名種が含まれる。これらの恐竜の生息年代は、三畳紀後期から白亜紀前期までと幅があり、ヘテロドントサウルス類がきわめて多様で、広範囲に分布する重要なグループだったことを示唆している。

分類
- 動物
  - 脊索動物
    - 竜弓類
      - 主竜類
        - 恐竜類
          - 鳥盤類
            - ヘテロドントサウルス科

化石発掘地

データファイル
生息地：	アフリカ（南アフリカ共和国）
生息年代：	ジュラ紀前期
体長：	1〜1.25メートル
体高：	0.5〜1メートル
体重：	20〜30キロ
捕食者：	獣脚類の恐竜
餌：	植物、小型脊椎動物、昆虫

大きさの比較

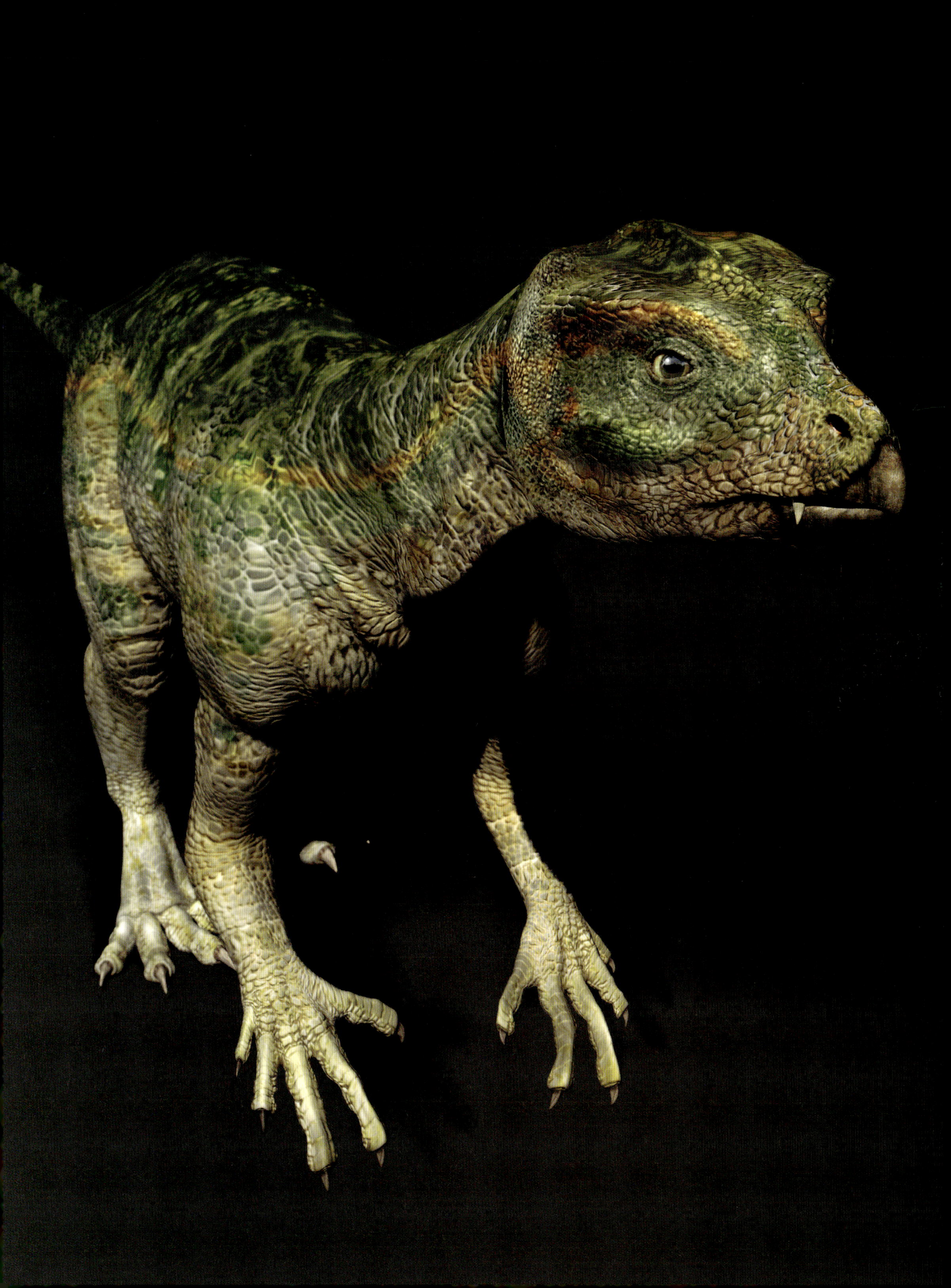

Scelidosaurus
スケリドサウルス

学名の意味：「手足トカゲ」

　剣竜類と曲竜類は、どちらも際立った特徴をもつ恐竜グループ。曲竜類が戦車のような外見を特徴とするのに対して、剣竜類は独特の骨板と尾のトゲをもつ。鳥盤類に含まれるこれら2つのサブグループは、体が装甲で覆われていることなど、共通の派生形質がいくつか見られるため、両者を「装盾類」というグループにまとめている。

　スケリドサウルスは、この装盾類に分類されている動物の1つ。ジュラ紀に生息していた植物食恐竜で、イギリスで化石が見つかっている。スケリドサウルスの化石は、1850年代の初めにドーセット州で初めて発見され、その後1860年にリチャード・オーウェンによって命名された。保存状態のよい、ほぼ完全な恐竜の骨格が見つかった初のケースである。いまでは、装甲で守りを固めたこの小型種の骨格標本は数点あり、そのなかにはこれまでに発見された最も美しく、みごとな恐竜化石とされているものもある。

　こうした化石が発見されたおかげで、古生物学者はスケリドサウルスの解剖学的構造と生態に関する多くの知識を得ることができた。スケリドサウルスは、体長が約4メートル。木の葉型の小さな歯をもっているので、植物食性だったと思われる。だが、鳥盤類に分類されているほかの多くの鳥盤類とは異なり、おそらくスケリドサウルスは食べ物を十分に咀嚼していなかった。シンプルな構造の顎は上下に動くだけで、食べ物をすりつぶすのに必要な横の動きはできなかった。スケリドサウルスとほかの装盾類を結びつける最大の特徴は、体の大部分が装甲板で覆われていたことだ。平行に並んだ何列もの鱗甲が背面を覆い、左右の側面は1列、尾は4列の鱗甲で守られていた。こうした装甲板のほとんどは楕円形だったが、頭骨の後ろの左右には3つの突起をもつ独特の装甲板もあった。

　多くの化石が見つかっているにもかかわらず、スケリドサウルスの正確な分類については古生物学者の意見がいまだに一致していない。装盾類であることは間違いないのだが、剣竜類の仲間とみなす専門家もいれば、曲竜類とする専門家もいる。スケリドサウルスは、いずれのグループの特殊化した形質ももっていないので、剣竜類と曲竜類に分化する前に出現した原始的な装盾類である可能性がきわめて高い。

分類
- 動物
  - 脊索動物
    - 竜弓類
      - 主竜類
        - 恐竜類
          - 鳥盤類
            - 装盾類

化石発掘地

データファイル
生息地：	ヨーロッパ（イギリス）
生息年代：	ジュラ紀前期
体長：	3.5～4.5メートル
体高：	0.5～1メートル
体重：	250～300キロ
捕食者：	獣脚類の恐竜
餌：	植物（低い潅木）

大きさの比較

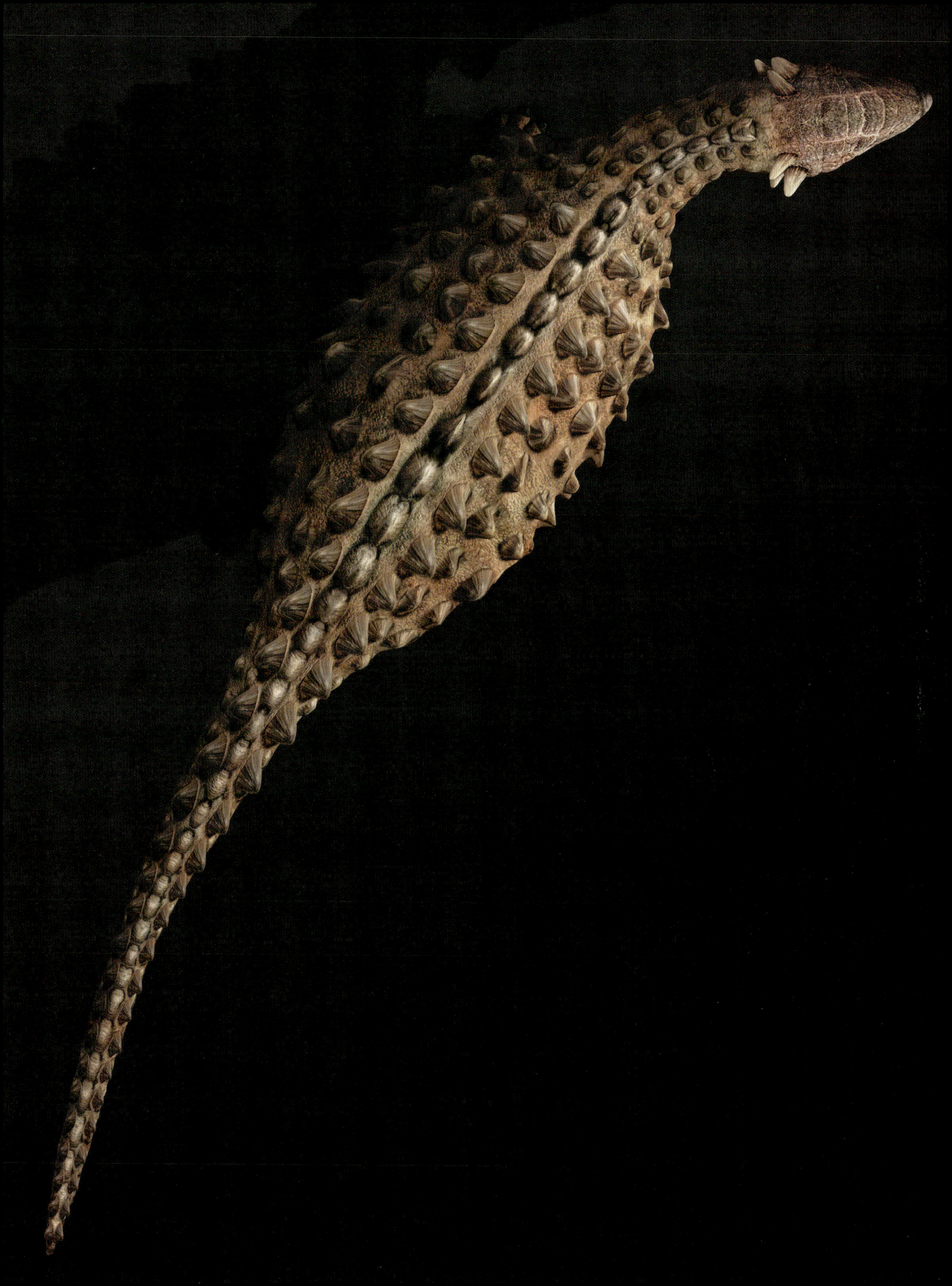

三畳紀前期			三畳紀中期			三畳紀後期			ジュラ紀前期						ジュラ紀中期				ジュラ紀後期		
2億5100万年前〜2億4590万年前			2億4590万年前〜2億2870万年前			2億2870万年前〜1億9960万年前			1億9960万年前〜1億7560万年前						1億7560万年前〜1億6120万年前				1億6120万年前〜1億4550万年前		
インドゥアン 2億5100万年前〜2億4950万年前	オレネキアン 2億4950万年前〜2億4590万年前	アニシアン 2億4590万年前〜2億3700万年前	ラディニアン 2億3700万年前〜2億2870万年前	カーニアン 2億2870万年前〜2億1650万年前	ノーリアン 2億1650万年前〜2億360万年前	レーティアン 2億360万年前〜1億9960万年前	ヘッタンギアン 1億9960万年前〜1億9650万年前	シネムーリアン 1億9650万年前〜1億8960万年前	プリーンスバッキアン 1億8960万年前〜1億8300万年前	トアルシアン 1億8300万年前〜1億7560万年前	アーレニアン 1億7560万年前〜1億7160万年前	バジョシアン 1億7160万年前〜1億6770万年前	バトニアン 1億6770万年前〜1億6470万年前	カロビアン 1億6470万年前〜1億6120万年前	オックスフォーディアン 1億6120万年前〜1億5560万年前	キンメリッジアン 1億5560万年前〜1億5080万年前	ティトニアン 1億5080万年前〜1億4550万年前

三畳紀　2億5100万年前〜1億9960万年前　　**ジュラ紀　1億9960万年前〜1億4550万年前**

第4章 Dinosaurs of the Late Jurassic

ジュラ紀後期の恐竜

ベリアシアン 1億4550万年前〜1億4020万年前	バランギニアン 1億4020万年前〜1億3390万年前	オーテリビアン 1億3390万年前〜1億3000万年前	バレミアン 1億3000万年前〜1億2500万年前	アプチアン 1億2500万年前〜1億1200万年前	アルビアン 1億1200万年前〜9960万年前	セノマニアン 9960万年前〜9360万年前	チューロニアン 9360万年前〜8860万年前	コニアシアン 8860万年前〜8580万年前	サントニアン 8580万年前〜8350万年前	カンパニアン 8350万年前〜7060万年前	マーストリヒシアン 7060万年前〜6550万年前

白亜紀前・中期
1億4550万年前〜
9960万年前

白亜紀後期
9960万年前〜
6550万年前

白亜紀　1億4550万年前〜6550万年前

The Morrison Formation
モリソン層

アメリカ西部の広大な荒野には世界で最も重要な恐竜化石の発掘地がいくつかある。
この地域は、現在は乾燥した砂漠のような土地で、人跡もまれだが、約1億5000万年前のジュラ紀後期には
植物が青々と生い茂っていた。この地に生息していた恐竜は、アロサウルスなどの巨大な捕食動物、
ドスンドスンと地響きを立てて歩くアパトサウルスなどの竜脚類、
ステゴサウルスのような鳥盤類など、少なくとも30種にのぼる。
今日では、モリソン層と呼ばれる分厚い岩石層群でこうした恐竜の化石が見つかる。

モリソン層で初めて化石が発見されたのは1877年のことであり、それから1年足らずのうちに、この恐竜化石の宝庫は、かつてのアメリカ古生物学界の両雄エドワード・D・コープとオスニエル・C・マーシュの間で繰り広げられた「骨戦争(ボーン・ウォー)」といわれる熾烈な化石発掘競争の主戦場となった。マーシュとコープはともに化石研究の第一人者となることを目指しており、彼らのライバル心はやがて激しい憎悪へと変わっていった。化石の横取り、足の引っ張り合い、暴力沙汰が日常茶飯事となった。それぞれが大きくて保存状態のよい貴重な化石を見つけようとして、プロの化石ハンターの一団を雇い入れた。こうした「傭兵」たちがコロラド州とワイオミング州に広がるモリソン層に展開し、恐竜化石の発掘作業にあたったのだ。

現在、最も多くのことがわかっており、一般の人たちの間での知名度も高い恐竜には、マーシュとコープの部下によって化石が発見されたものも多い。アロサウルス、ステゴサウルス、カマラサウルス、アパトサウルス、ディプロドクスは、どれも両陣営の対立の産物だ。そして、骨戦争から約130年が経過したいまも、モリソン層では新種の恐竜の発見が相次いでいる。このようにモリソン層で多くの化石が発見されたおかげで、恐竜が地球を支配していた時代であり、恐竜の進化を考えるうえできわめて重要な時代でもあるジュラ紀後期の世界を垣間見ることができるようになった。

ジュラ紀後期には、恐竜の主要グループのほとんどがでそろっていた。コエロフィシス類や古竜脚類などの原始的なグループは、すでに絶滅して久しかった。より高等なテタヌラ類の獣脚類と大型竜脚類が世界中に広がり、ほとんどの生態系で重要な地位を占めていた。三畳紀後期とジュラ紀前期の大半を通じて生息数が少なかった鳥盤類も多様化し始め、恐竜生態系においてより重要な地位を獲得しつつあった。超大陸パンゲアの存在はすでに遠い過去のこととなっていたが、分裂した陸塊はその後も移動し続け、大陸の配置が次第に現在の姿に近づいていった。

ジュラ紀後期は竜脚類の時代だった。この長い首をもつ植物食動物がこれほど増え、多様化した時代はない。モリソン層だけでも、これまでに25種の竜脚類の化石が発見されている。そのほかにアフリカ、中国、ポルトガルにある有名な化石産出地でも、ジュラ紀後期の岩石層から多くの竜脚類の化石が見つかっている。おそらくこうした種の大部分は、ジュラ紀後期の温暖で乾燥した大地に生い茂っていた針葉樹を食べていたのだろう。ディプロドクスのように比較的首の短い種は、こうした環境に適応するうちに、丈の低い潅木やシダ類を食べることに特化したのかもしれない。食習慣の違いにより、餌の奪い合いが回避され、数種の異なる竜脚類が共存できたのだろう。

だが、竜脚類の優位は、長くは続かなかった。モリソンの竜脚類と同時代に生息していたのは、カムプトサウルスやドリオサウルスといった鳥盤類に属する中型の植物食恐竜だった。こうした初期の鳥脚類は、竜脚類に比べて生息数が少なかったが、その子孫は勢力を増し、白亜紀にはとりわけ北半球の多くの生態系で主要な植物食動物となった。モリソン層の鳥脚類は、植物食恐竜の主役交代が進行しつつあったことを示す最初の兆候であり、その後の8500万年にわたる恐竜進化の道筋を変えた。

大型獣脚類のアロサウルスは、ジュラ紀後期に生息していた最も有名な恐竜の1つ。アメリカ西部のモリソン層では数千点にのぼるアロサウルスの骨が見つかっている

アメリカ西部のモリソン層は、世界でも指折りの恐竜化石の宝庫。この岩石層では、アロサウルス、ステゴサウルス、ディプロドクス、アパトサウルスといった有名どころを含む30種以上の恐竜が発見されている。今日では、モリソン層はワイオミング州やコロラド州などの乾燥した悪地で露頭を形成している。このページの写真に写っているのは、竜脚類ディプロドクスの骨格の発掘作業に取り組む古生物学専攻の学生たち。

Ceratosaurus
ケラトサウルス

学名の意味:「角のあるトカゲ」

　獣脚類のなかでも高等なテタヌラ類は、ジュラ紀後期の王者だった。アロサウルスなどの大型テタヌラ類は、ジュラ紀後期のほとんどの生態系でキーストーン捕食者(中枢捕食者)としての地位を占めており、より小型でしなやかな体をもつコエルロサウルス類は、多様化を開始したばかりだった。一方、きわめて原始的な獣脚類も高等なテタヌラ類と共存していた。いまもって謎の多いグループであるケラトサウルス類がそれで、獣脚類の系統からの分岐時期は、同じく原始的なコエロフィシス類よりはあとだが、テタヌラ類よりも前だった。

　ケラトサウルス類は、アメリカ西部のモリソン層でしばしば化石が見つかる獣脚類の1つであるケラトサウルス属からその名をとったものである。最近、ヨーロッパでもこの獣脚類の化石が発見された。また、不確かな点もあるが、アフリカで産出した標本も知られている。ケラトサウルスは大型の獣脚類で、体長は9メートル近くあり、体重は1トンに達していた可能性がある。しかし、同じくモリソン層で化石が見つかる同時代の恐竜アロサウルスやトルヴォサウルスよりは小さい。巨大な竜脚類ではなく、比較的小さな鳥脚類を捕食していたのかもしれない。

　ケラトサウルスは、悪名高い「骨戦争」のさなかに発見され、1884年にオスニエル・C・マーシュによって命名された。「角のあるトカゲ」という意味の学名は、頭骨にある3カ所の突起に由来する。吻部の鼻孔の上に低い突起が1つあり、円形のより分厚い突起が左右の目の上にある。これらの突起は、捕食者を撃退したり、餌にする死骸を奪い合ったりするための武器として使われた可能性もあるが、交尾の相手を引きつけるディスプレイの役目をはたしていた可能性のほうが高い。骨格に認められるその他のめずらしい特徴には、獣脚類ではなくむしろ鳥盤類にしばしば見られる背中に並んだ骨板や、骨癒合の進んだ骨盤などがある。

　長らくケラトサウルスは、かなりあとまで生き延びたコエロフィシス類とみなされ、もしかすると、三畳紀後期〜ジュラ紀前期に生息していたこの系統の最後のメンバーの可能性もあると考えられていた。しかし、最近の研究により、ケラトサウルスはコエロフィシス類より派生的──つまり、進化的により高等──であり、獣脚類に属する独自のグループのメンバーであることがわかっている。ケラトサウルスの仲間には、白亜紀中期〜後期の南半球で生息数が増えたアベリサウルス科と呼ばれるサブグループのほか、アフリカで化石が産出したより細身の属であるエラフロサウルスやスピノストロフェウスなどがいる。

分類
動物
　脊索動物
　　竜弓類
　　　主竜類
　　　　恐竜類
　　　　　獣脚類
　　　　　　ケラトサウルス類

化石発掘地

データファイル
生息地:	北アメリカ(アメリカ合衆国)
生息年代:	ジュラ紀後期
体長:	6〜8メートル
体高:	2〜2.5メートル
体重:	500〜1000キロ
捕食者:	なし
餌:	竜脚類と鳥盤類の恐竜

大きさの比較

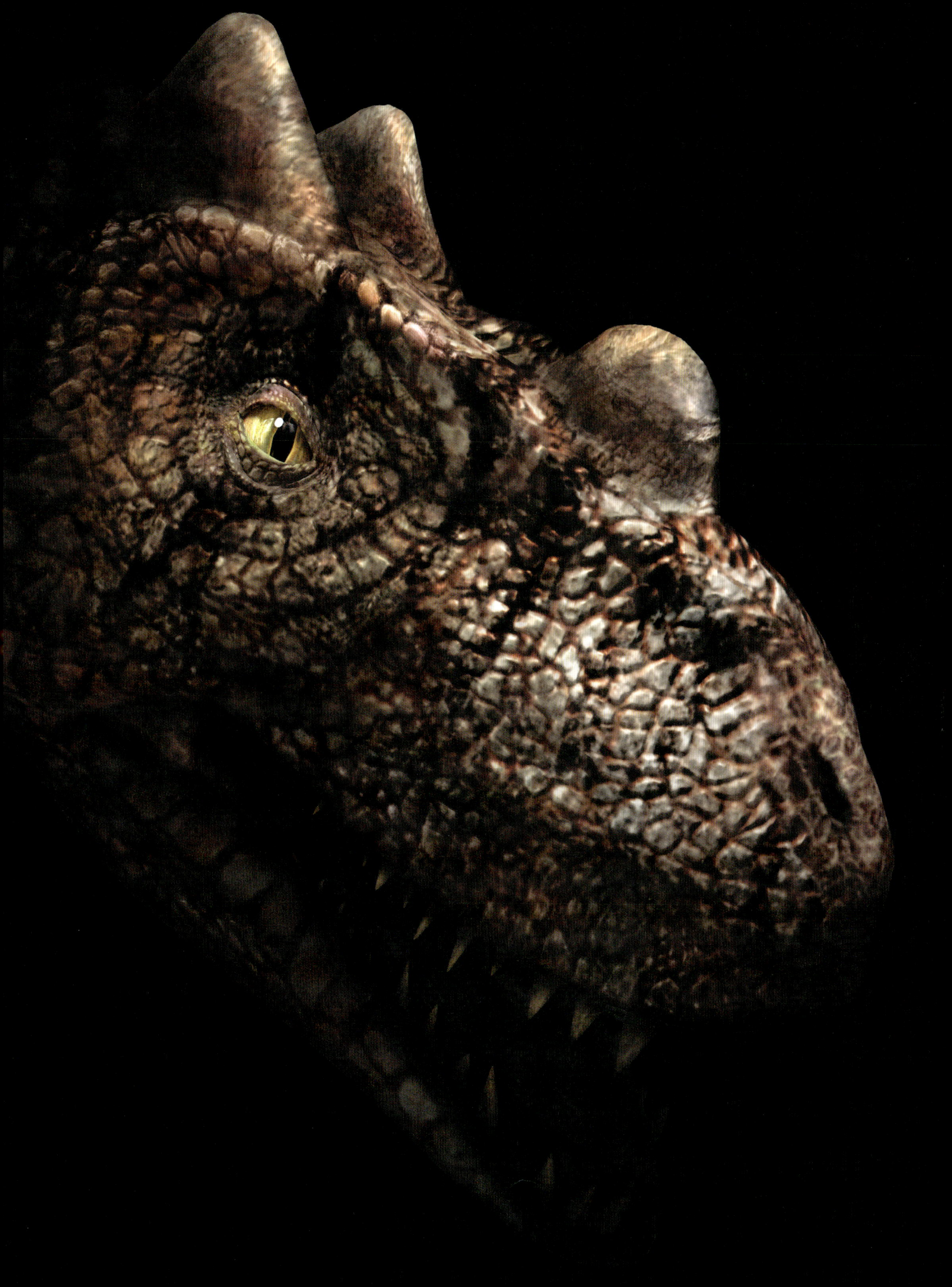

Elaphrosaurus
エラフロサウルス

学名の意味：「軽いトカゲ」

　テンダグルでの恐竜化石発掘の記録は、ハリウッド映画の台本のようだ。古生物学史上、規模と費用と危険の点で20世紀初めに行われたこの発掘調査に匹敵する例は見あたらない。東アフリカに位置するタンザニアの一角での発掘調査は、1906年に骨片が見つかったのを機に始まった。それから1年と経たないうちに、ベルリンからやってきた古生物学者たちが大がかりな発掘作業を開始し、6年間で約250トンもの恐竜化石が収集された。

　発掘調査の最盛期には、500人の作業員が雇われ、手作業で化石を掘りだし、荷造りをして運んだ。作業員の大部分は現地のアフリカ人であり、ドイツの植民地政府によってただ同然の安い賃金で徴募された。灼熱の太陽が照りつける暑い日中の長時間労働に加えて、作業員たちは、かんばつ、モンスーン、マラリアや、ライオンによる襲撃にも耐えなければならなかった。そして、いよいよ発掘調査が終わり、化石をドイツに発送する際には、作業員たちは長い隊列をなし、数百個の木箱を徒歩で運んだ。発掘現場から港までは160キロ以上の距離があり、この困難な輸送には1週間近くかかった。

　今日では、テンダグル産の化石は、モリソン層で産出した化石コレクションを除けば、ジュラ紀後期の恐竜化石の最良のコレクションとみなされているが、多大な成果が上がったのは、こうした現地作業員の血のにじむような努力によるところが大きい。これらの標本をもとに多くの竜脚類と獣脚類が記載された。その1つはしなやかな体型の肉食恐竜で、古生物学者たちはこの恐竜の進化上の類縁関係をめぐって長い間頭を悩ませた。これが、疾走するのに適した細身の体をもつエラフロサウルスだ。エラフロサウルスの骨格は1体しか見つかっていない。頭骨は欠損しているが、そのほかの部分はほぼ完全に残っている。長い後肢と筋肉の付着面となる骨盤の大きなくぼみは、足の速い肉食恐竜に見られる顕著な特徴だ。現在では、エラフロサウルスはケラトサウルス類に属する恐竜で、ケラトサウルスと近縁関係にあるというのが古生物学者たちの統一見解となっている。

分類
動物
　脊索動物
　　竜弓類
　　　主竜類
　　　　恐竜類
　　　　　獣脚類
　　　　　　ケラトサウルス類

化石発掘地

データファイル
生息地：　アフリカ（タンザニア）
生息年代：ジュラ紀後期
体長：　　4.5〜6.5メートル
体高：　　1.25〜1.5メートル
体重：　　200〜250キロ
捕食者：　なし
餌：　　　竜脚類と鳥盤類の恐竜

大きさの比較

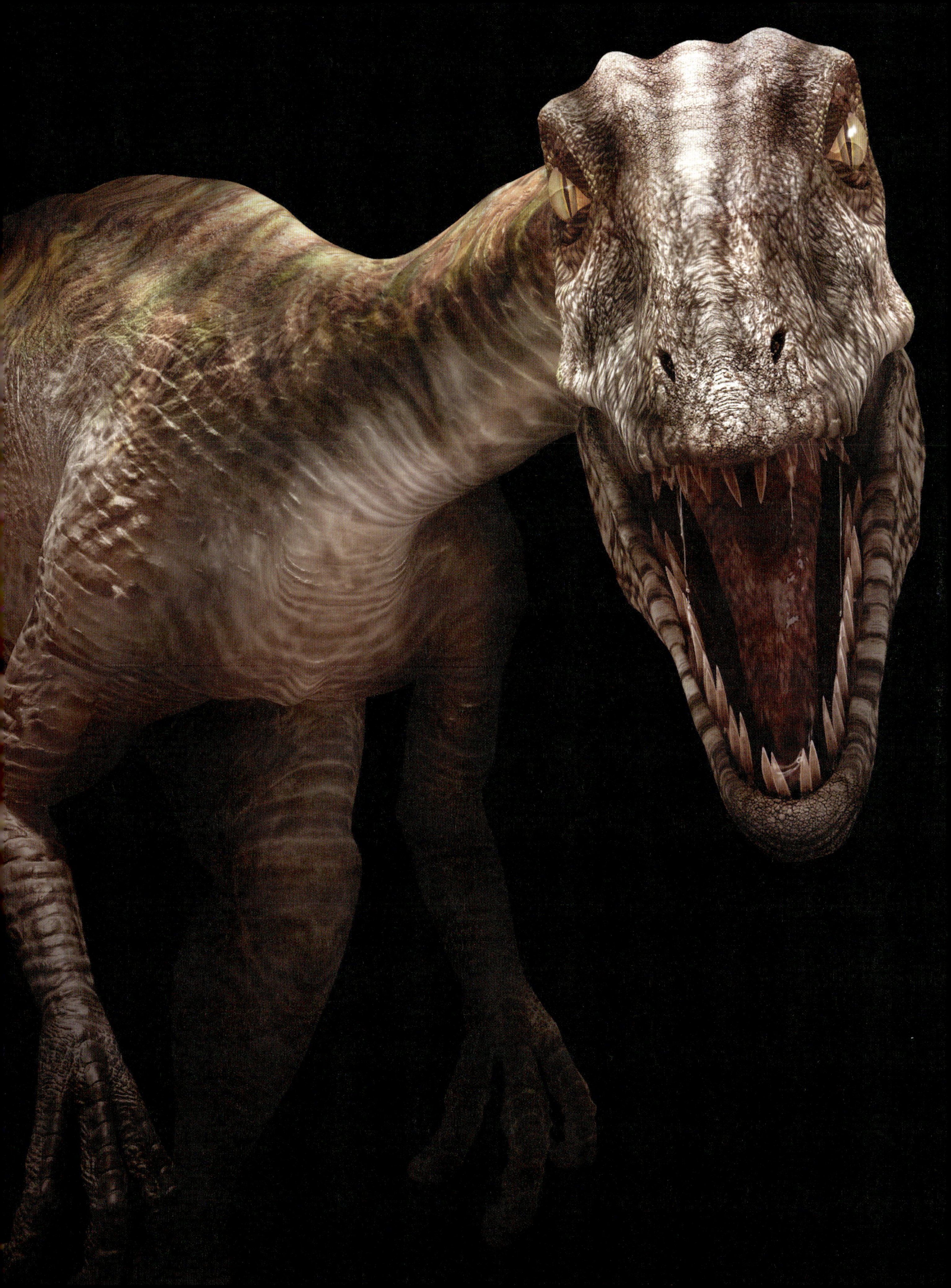

Allosaurus
アロサウルス

学名の意味：「異なるトカゲ」

　アロサウルスほど古生物学者たちが詳細な知識をもつ恐竜は、おそらくほかに例がない。ジュラ紀後期に生息していたこの獣脚類の標本は、幼体のものから、かなりの老齢まで生き延びた巨大な成体のものまで数百体も発見されており、完全骨格もいくつか含まれている。専門家たちは、アロサウルスの骨や筋肉だけでなく、脳についても詳細に記載している。最近では、この獣脚類を代表する恐竜の成長過程、狩猟方法、社会的習慣に焦点を合わせた研究も行われた。

　それだけに、アロサウルスが長らく断片的な化石でしか知られていなかったというのは意外な感じがする。こうした化石片が最初に見つかったのは1869年のことで、場所はコロラド州のモリソン層だった。ほぼ完全な骨格が初めて見つかるのは、それから30年以上もあとのことだが、その後は驚異的なペースで新たな標本の発見が続いた。発掘地の1つであるユタ州のクリーブランド－ロイド採石場では、1960年の操業開始以来、40個体以上のアロサウルスの骨格が産出している。

　アロサウルスは大型の獣脚類で、平均体長は9メートルに達し

分類

動物
　脊索動物
　　竜弓類
　　　主竜類
　　　　恐竜類
　　　　　獣脚類
　　　　　　アロサウルス上科

化石発掘地

データファイル

生息地：	北アメリカ（アメリカ合衆国）とヨーロッパ
生息年代：	ジュラ紀後期
体長：	7.5〜12メートル
体高：	2メートル
体重：	1〜1.8トン
捕食者：	なし
餌：	竜脚類と鳥盤類の恐竜

大きさの比較

ていた。ティラノサウルスなどの巨大な獣脚類よりは小さいが、ケラトサウルスやトルヴォサウルスなど、モリソン層で化石が産出するほかの獣脚類よりもずっと大きかった。アロサウルスがモリソンの生態系におけるキーストーン捕食者（中枢捕食者）だったことは明らかで、おそらく大型竜脚類を含むさまざまな獲物を捕食していたのだろう。丈夫で鋭い歯と頑丈な頭骨など、体の構造は肉食性に適していた。コンピューター・シミュレーションによれば、獲物に食らいついたアロサウルスは、頭骨を斧のように激しく振って肉を切り裂いたようだ。左右の目の上にある小さな突起は、獲物を襲うときの武器として使われた可能性もあるが、ディスプレイ的な装飾物にすぎなかったのだろう。

　アロサウルスは、少数の原始的なテタヌラ類の恐竜からなるアロサウルス上科というグループに分類されている。このサブグループのほかのメンバーには、中国に生息していた肉食恐竜のシンラプトルとヤンチュアノサウルスや、白亜紀中期〜後期の南アメリカとアフリカに多数生息していたカルカロドントサウルス科の巨大肉食恐竜などがいる。

Yangchuanosaurus
ヤンチュアノサウルス

学名の意味:「永川のトカゲ」

アロサウルスが北アメリカのモリソンの大地をうろついていたのに対して、中国ではその近縁種が支配的な力をもっていた。アロサウルス上科に属する獣脚類のヤンチュアノサウルスがそれで、知名度の高い親類よりわずかに体が小さい。とはいえ、ヤンチュアノサウルスは決しておとなしい動物ではなかった。体長が9メートルで、体重は約1トンあり、餌食にしていた竜脚類と剣竜類が多数暮らす生態系で最大の肉食動物だった。

ヤンチュアノサウルスの化石は2点あり、それぞれが別種として記載されている。どちらも、恐竜化石が産出することで古くから知られている中国四川省の沙渓廟層で見つかったものだ。ダム建設に従事していた作業員が1976年に最初の骨格を発見した。この骨格は3年後に記載され、発見地である永川(ヤンチュアン)県にちなんだ学名がつけられた。その後まもなく、長さ1メートル以上の頭骨を含むもう1つの標本が発見された。

この恐竜の最大の特徴は、頭骨が驚くほど軽いことだ。頭骨は長いが、多くの骨に空洞がある——おそらく空気が満たされていたのだろう。特に吻の前部は、骨の表面にたくさんの穴があいている。こうした穴は空洞の部分とつながっていたので、嗅覚機能や呼吸効率の向上に役立っていた可能性がある。あるいは、大きな頭骨の軽量化に役立っていただけかもしれないが。

中国で発見されたもう1つの獣脚類シンラプトルは、ヤンチュアノサウルスにとてもよく似ている。これらの肉食恐竜はどちらもアロサウルス上科に属しており、軽量化された頭骨を共通の特徴とする。だが、シンラプトルのほうがヤンチュアノサウルスより数百万年古く、ジュラ紀中期の後半に生息していた。古生物学者はこれら2つの獣脚類をシンラプトル科としてまとめている。シンラプトル科の恐竜は、アジアの生態系で数百万年にわたり最強の捕食者として君臨していたようだ。

分類

動物
　脊索動物
　　竜弓類
　　　主竜類
　　　　恐竜類
　　　　　獣脚類
　　　　　　アロサウルス上科
　　　　　　　シンラプトル科

化石発掘地

データファイル

生息地:	アジア(中国)
生息年代:	ジュラ紀後期
体長:	7.5～9.75メートル
体高:	2メートル
体重:	900～1000キロ
捕食者:	なし
餌:	竜脚類と鳥盤類の恐竜

大きさの比較

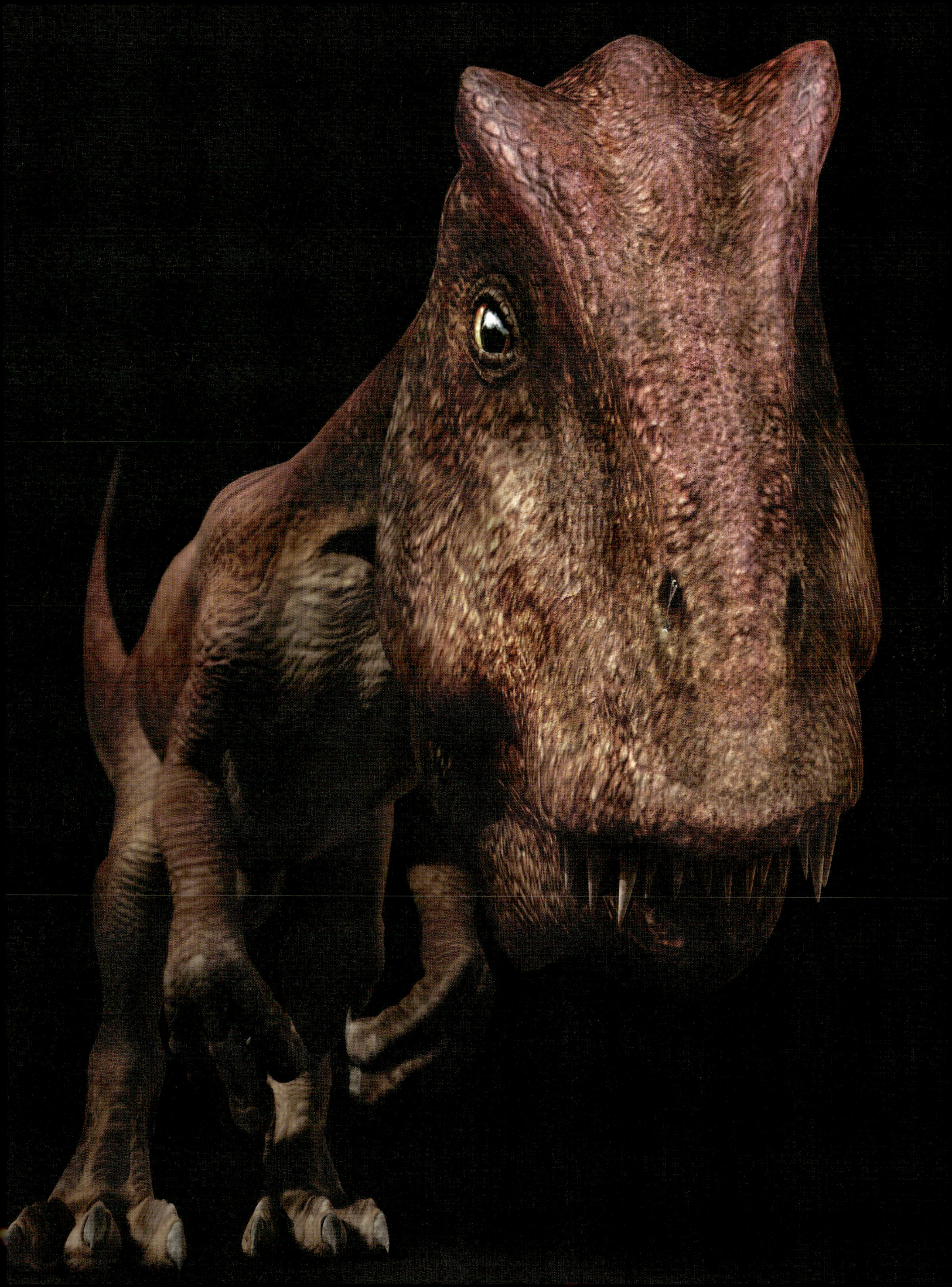

The Coelurosaurian Theropods

コエルロサウルス類

恐竜の歴史は進化と変遷の物語だ。
ある恐竜グループが出現し、多様化をはたし、生態系における支配的存在となる。
しかし、やがてそのグループが絶滅へと向かって衰退し、別のグループが勢力を増して、取って代わった。
獣脚類の恐竜は、このパターンをたどった典型例だ。最初に出現した獣脚類は、
原始的なコエロフィシス類で、三畳紀後期〜ジュラ紀前期に生息数が増え、繁栄した。
コエロフィシス類が次第に衰退し、絶滅すると、ジュラ紀中期〜後期には
より高等なケラトサウルス類とテタヌラ類が生態系を支配した。
だが、さらなる変化が待ち受けていた。新たなグループが出現し、進化上の大躍進を開始したのだ。

ジュラ紀後期は、獣脚類がその進化過程において次なる大きな一歩——すなわち、鳥類に似たコエルロサウルス類の多様化——を踏みだすための準備期間であった。コエルロサウルス類は、テタヌラ類のサブグループの1つで、ジュラ紀中期〜後期に多数生息していたアロサウルス上科の恐竜やその他の原始的なテタヌラ類よりも高等だった。さまざまな獣脚類グループがコエルロサウルス類に分類されている。そのほとんどは、ドロマエオサウルス類やトロオドン類といった小型で機敏な肉食恐竜だ。ほかにオルニトミモサウルス類やオヴィラプトロサウルス類のような、飛翔能力をもたない大型鳥類に似たものもいる。さらに、ナマケモノに似たテリジノサウルス類や、地虫を食べたアルヴァレスサウルス類など、かなり奇妙な恐竜もいた。モンスターのようなティラノサウルスとその仲間たちもコエルロサウルス類に属している。

古生物学者がコエルロサウルス類の研究に強い関心を抱くのは、現生鳥類がこのグループから進化を遂げたからだ。小型で、樹上生活を送っていた可能性もあるコエルロサウルス類から鳥類が進化したことを裏づける確かな証拠は多い。なかでもドロマエオサウルス類とトロオドン類が鳥類と最も近縁であることは広く認められており、同じコエルロサウルス類でもその他のグループは、鳥類の遠縁にすぎない。しかし、最近、古生物学者たちは、ほかのコエルロサウルス類にも驚くほど鳥に似た特徴が多数見られることを突きとめた。おそらく、すべてのコエルロサウルス類が羽毛をもち、なかには飛べるものもいただろう。鳥と同じように成長し、繁殖し、眠るコエルロサウルス類が存在したことを示唆する新たな証拠も見つかっている。

コエルロサウルス類は、白亜紀の多くの生態系で食物連鎖の頂点に立つ捕食者だった。それらは進化の過程で驚くほどの多様化をはたし、その子孫である鳥類はいまなお空を支配している。

だが、地球上に出現した当初の2000〜3000万年間は、小型で生息数も少なく、ほとんどの生態系でも取るに足らない役割しかはたしていなかった。よく知られている最古のコエルロサウルス類は、イギリスのジュラ紀中期の岩石層で発見された非常に小さな捕食動物であるプロケラトサウルスで、頭骨に角があるため、実際より獰猛に見える。そのほかに、ジュラ紀中期の岩石層からもコエルロサウルス類の断片的な化石が産出しており、巨大なアロサウルス科やケラトサウルス類の恐竜が君臨する世界で、これらの動物が小さな末っ子的存在だったことがわかる。

しかし、コエルロサウルス類は進化し続け、次第に大型化するとともに多様化し、恐竜生態系のより有力なメンバーにのし上がっていった。コエルロサウルス類の進化において最も重要な意味をもった時代がジュラ紀後期だ。この時代に、鳥類も含めてコエルロサウルス類の主要グループがすべてでそろった。こうしたグループのほとんどは生息数がきわめて少ないままだったが、一部のコエルロサウルス類は最強の捕食者となった。たとえば、コンプソグナトゥス類はジュラ紀後期のヨーロッパに多数生息しており、その後、白亜紀前期には世界中に広がっていった。コエルルスやオルニトレステスなど、モリソンの生態系の重要な構成要素となり、アロサウルスの陰に隠れて中型の捕食者としての生態的地位を確保していたと思われる恐竜もいた。ティラノサウルス上科に属する最古の恐竜の化石もジュラ紀後期の岩石層で見つかっている。史上最も繁栄した恐竜グループの先駆者である。

ジュラ紀末には、コエルロサウルス類の進化革命はかなり進行していた。鳥類はすでに空を飛んでいたし、コンプソグナトゥス類は世界中に広がりつつあり、ティラノサウルス類の恐竜は支配者への道を歩み始めていた。鳥に似た獣脚類が白亜紀の世界を支配するためのお膳立てがすっかり整った。

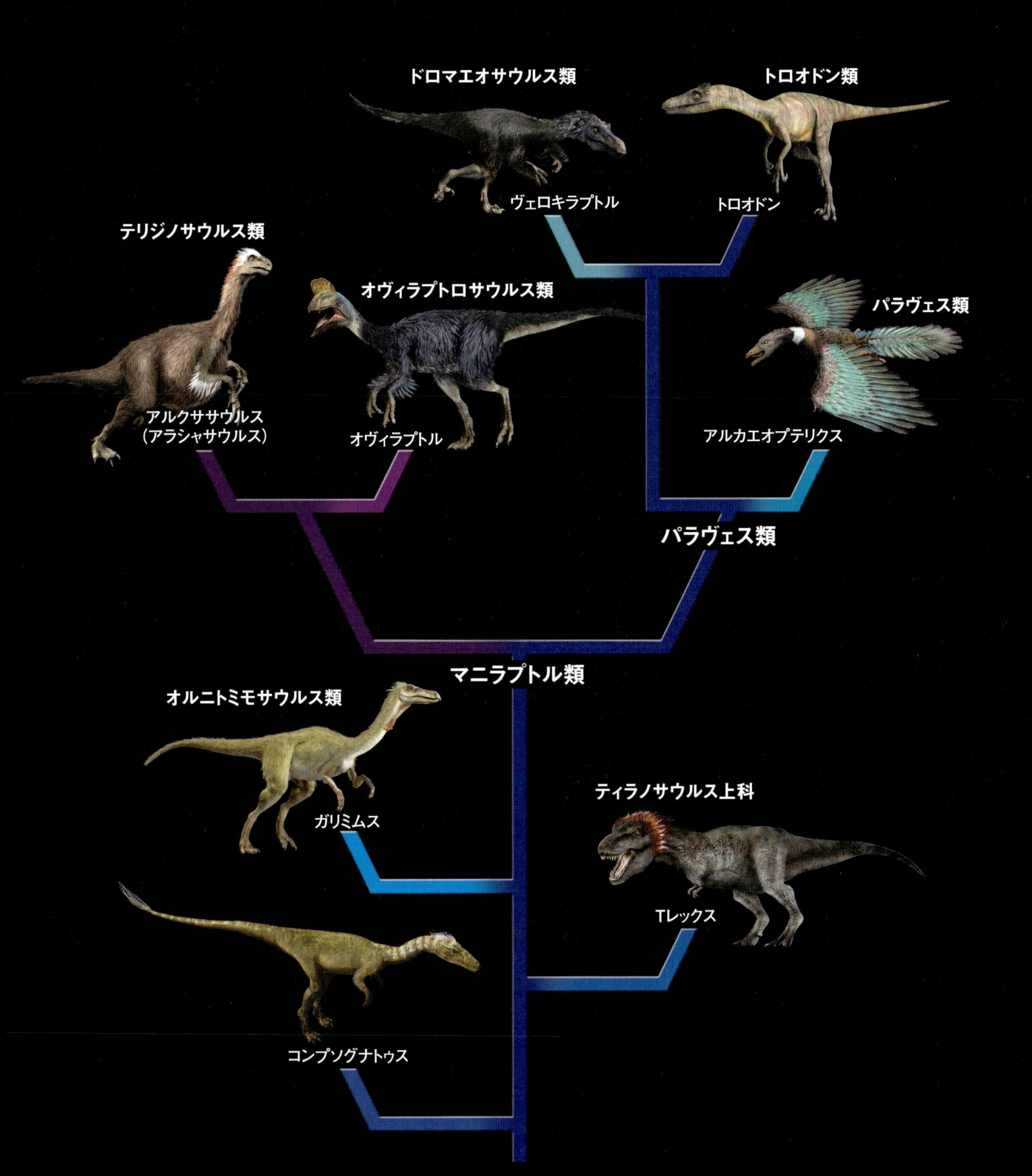

第4章 ジュラ紀後期の恐竜 87

ドロマエオサウルス類
ヴェロキラプトル

トロオドン類
トロオドン

テリジノサウルス類
アルクササウルス
（アラシャサウルス）

オヴィラプトロサウルス類
オヴィラプトル

パラヴェス類
アルカエオプテリクス

パラヴェス類

マニラプトル類

オルニトミモサウルス類
ガリミムス

ティラノサウルス上科
Tレックス

コンプソグナトゥス

コエルロサウルス類

Compsognathus
コンプソグナトゥス

学名の意味：「優美な顎」

　最初に出現したコエルロサウルス類——このグループ全体の共通祖先——は、小型でしなやかな体をもち、足の速い恐竜だった可能性が高い。この共通祖先は、ジュラ紀後期の恐竜コンプソグナトゥスがヨーロッパの島々を跳ねるようにして歩きまわっていたときより数百万年前にあたる、ジュラ紀中期に生息していたのだろう。だがよく知られているように、ジュラ紀中期の化石記録は貧弱であり、コンプソグナトゥスほど多くの情報が得られている原始的コエルロサウルス類はいまのところ存在しない。

　最近、中国で極小のドロマエオサウルス類の化石が見つかるまでは、コンプソグナトゥスが最小の恐竜だった。体重は子犬くらいしかなかったが、軽量で頑丈なつくりの体は小さな植物食動物の狩りにはうってつけだった。腹部にトカゲの骨格が残る標本が1体見つかっている。コンプソグナトゥスの標本は2体知られており、小さなほうの骨格はドイツのバイエルンで、大きなほうの標本はフランスで見つかった。どちらも、ヨーロッパの大部分が水没していて、陸地といえば小島しかなかったジュラ紀後期の地層から産出した。

　バイエルン産の標本は、1850年代に初期鳥類であるアルカエオプテリクスが見つかったのと同じ岩石層——有名なゾルンホーフェンの石灰岩層——で発見された。コンプソグナトゥスは、鳥類と共通の特徴をたくさんもっていることが明らかになり、すぐに恐竜と鳥類の進化上のつながりを裏づける証拠の1つとされた。近年、世界中で多くの近縁種が発見され、その一部は羽毛で覆われていた。これらの獣脚類は、コンプソグナトゥス科に分類されており、中国産の羽毛恐竜として名高いシノサウロプテリクスやドイツ産の化石にもとづいて新たに記載されたジュラヴェナトルが含まれる。

分類
動物
　脊索動物
　　竜弓類
　　　主竜類
　　　　恐竜類
　　　　　獣脚類
　　　　　　コエルロサウルス類
　　　　　　　コンプソグナトゥス科

化石発掘地

データファイル
生息地：	ヨーロッパ（フランス、ドイツ）
生息年代：	ジュラ紀後期
体長：	1〜1.5メートル
体高：	25〜60センチ
体重：	5〜10キロ
捕食者：	大きな獣脚類の恐竜
餌：	小型哺乳類、昆虫

大きさの比較

Ornitholestes
オルニトレステス

学名の意味:「鳥泥棒」

　モリソン層を支配していたのは、アロサウルス、ケラトサウルス、トルヴォサウルスといった巨大な捕食動物だ。これら3種のうち最大かつ最強だったアロサウルスは、おそらく巨大な竜脚類や剣竜類などの大物を狙ったのだろう。やや体が小さく細身だったケラトサウルスとトルヴォサウルスは、鳥脚類などもっと扱いやすい獲物を追いかけたのかもしれない。だが、モリソンの生態系で暮らしていた獣脚類は、こうした大型の捕食動物だけではなかった。見落とされがちだが、アロサウルスをはじめとするジュラ紀後期の巨大恐竜と共存する小型獣脚類がたくさんいたのだ。

　オルニトレステスは、モリソンに生息していた小型獣脚類で最もよく知られているものの1つ。コンプソグナトゥスより少しだけ大きい原始的なコエルロサウルス類だ。おそらくなんでも屋的な捕食者で、小さな脊椎動物、恐竜の幼体のほか、昆虫も食べていたかもしれない。細身だが足はとても速く、肉食恐竜の特徴である鋭い歯と鉤爪をもっていた。これらは獲物を捕えるのに有効だっただけでなく、アロサウルスなどの大型獣脚類に捕食されないようにするための防御用の武器としても役立った。

　オルニトレステスの化石は、1900年にワイオミング州のコモ・ブラフで発見されたほぼ完全な骨格が1点あるのみ。ワイオミング州南部の荒涼たる平原にはモリソン層の露頭が広がっている。コモ・ブラフはその一角を占める低い尾根で、世界で最も有名な恐竜発掘地の1つ。そこはもともと、「骨戦争」のさなかにオスニエル・C・マーシュが雇った化石ハンターたちによって発掘作業が行われた場所であり、その後はアメリカ自然史博物館の調査隊によって発掘が続けられた。コモ・ブラフでは、同じく原始的なコエルロサウルス類の1つであるコエルルスという細身の捕食動物を含めて、これまでに20種の恐竜が発見されている。

分類
動物
　脊索動物
　　竜弓類
　　　主竜類
　　　　恐竜類
　　　　　獣脚類
　　　　　　コエルロサウルス類

化石発掘地
北アメリカ

データファイル
生息地：	北アメリカ（アメリカ合衆国）
生息年代：	ジュラ紀後期
体長：	2メートル
体高：	0.5〜1メートル
体重：	15〜20キロ
捕食者：	大きな獣脚類の恐竜
餌：	トカゲ、小型哺乳類、昆虫

大きさの比較

The Origin and Evolution of Birds
鳥類の起源と進化

近代古生物学における最大の発見の1つは、
鳥類が肉食恐竜の小型獣脚類から進化したという事実が明らかにされたことだ。
鳥類恐竜起源説を最初に唱えたのは伝説的な生物学者であるトマス・ヘンリー・ハックスリーで、
原始的な鳥類のアルカエオプテリクスの化石がドイツで発見されてから数年後の1860年代のことだった。
ハックスリーは、アルカエオプテリクスと、同じ岩石層から化石が産出した
獣脚類のコンプソグナトゥスとの間にうまく説明のつかない類似性を認めた。
これら2つの動物の骨格に見られる大きな違いは、アルカエオプテリクスの体が羽毛で覆われていることだけだった。
ハックスリーは、鳥類は獣脚類の恐竜から進化したに違いないという、単純だが革新的な結論に到達した。

　過去150年間にわたり、古生物学者たちはハックスリーの仮説をめぐって白熱した議論を展開してきた。彼の説を一顧の価値もないと切り捨てる専門家も多かった。そのおもな理由は、初期鳥類の化石記録がひどく乏しいため、さまざまな解釈ができることだった。しかし、この40年間で古生物学者たちは、動かしようのない事実を裏づける驚くほど多くの証拠をかき集めた——ハックスリーの見立てどおり、鳥類は恐竜から進化したのだった。つまり、今日の世界には恐竜の多様な子孫たちが生きているということだ。

　その後、鳥類の起源に関する近代的な研究が行われるようになり、示唆に富む化石がアメリカ西部の悪地で見つかった。1964年に、ジョン・オストロムが率いる調査隊がモンタナ州南部で小型獣脚類のほぼ完全な骨格を偶然発見したのだ。のちにデイノニクスと命名された、このドロマエオサウルス科の恐竜は、全身の解剖学的構造が驚くほど鳥に似ており、手首と腕に現生鳥類にしか見られない独特の特徴がいくつかあった。その後の20年間でさらに多くの化石が見つかったおかげで、鳥類との類似性を裏づける新たな証拠が少しずつ増え、1980年代半ばには、ほとんどの古生物学者が、鳥類は恐竜から進化したと確信するに至った。中空の骨、叉骨、可動範囲が広く内側に折りたためる手首など、長らく鳥類独特の特徴とされていた形質が獣脚類の化石にも認められることが明らかになったのだ。

　恐竜と鳥類の類縁関係を裏づける最も驚くべき証拠のいくつかは、ここ10年ほどの間に見つかった。そのなかで最も注目を集めたのは、中国で発見された羽毛をもつ獣脚類だ。しかも、こうした羽毛恐竜には、ドロマエオサウルス科のような鳥類ときわめて近縁な恐竜だけでなく、コンプソグナトゥス科などのより原始的なコエルロサウルス類まで含まれていた。飛翔能力をもつものは1例もなかったので、この恐竜たちは、鳥類が空を飛ぶようになるはるか以前に、別の目的のために羽毛を進化させたようだ。これらの羽毛恐竜のなかには、体が小さく、おそらく樹上生活をしていたと思われるものも含まれる。こうした動物たちを、陸上を走る大型肉食動物が大半を占めていたコエルロサウルス類と、もっとはるかに体が小さく、空を飛んでいるとき以外はほとんどいつも樹上生活を送っている真の鳥類とをつなぐ中間的形態とみなすことは理にかなっている。

　これまでに化石が見つかっている最古の鳥はアルカエオプテリクスであり、ジュラ紀後期にあたる約1億5000万年前に、ヨーロッパの島々をねぐらにしていた。ジュラ紀に生息していた鳥類はこれ以外に知られていないが、白亜紀前期には原始的な鳥類が世界各地に分布していた。中国では、有名な羽毛恐竜とともに何千もの鳥類化石が発見されてきた。そうした1つであるコンフシオルニス（孔子鳥）は、数百体もの完全骨格が見つかっており、これまでに化石が発見された脊椎動物としては最も数が多いものの1つだ。中国で見つかったそのほかの種は、原始的な鳥類のさまざまなサブグループに属しており、鳥類がその進化の歴史の早い段階で、驚くほど多様化していたことがわかる。

　より重要度の高いサブグループの1つが、「反鳥類」とも呼ばれるエナンティオルニス類だ。その分類群名は、足と肩に見られる現生鳥類とは異なる特徴に由来している。エナンティオルニス類と最も類縁関係が近いのは真鳥類と呼ばれるグループで、現生種のすべてを含む鳥類の一大グループだ。これら2つのグループがジュラ紀後期か白亜紀前期のいずれかの時点で出現し、それぞれ独自の進化の道を歩んでいった。エナンティオルニス類はたちまち多様化して世界中に広がり、白亜紀の空を支配するに至ったが、白亜紀と第三紀の境界期に絶滅した。一方、真鳥類は、白亜紀には生息数がはるかに少なかった。最初の現生鳥類は、白亜紀後期の岩石層から化石が見つかるが、それらが爆発的に多様化するのは、反鳥類の絶滅後だ。いったん多様化が始まると、その動きは速く、恐竜が死に絶えてからわずか数百万年後には現生鳥類のおもなグループがすべてでそろった。今日では、手のひらサイズのハチドリから飛べない巨鳥であるダチョウまで、約1万種の鳥が生息している。

第4章 ジュラ紀後期の恐竜 91

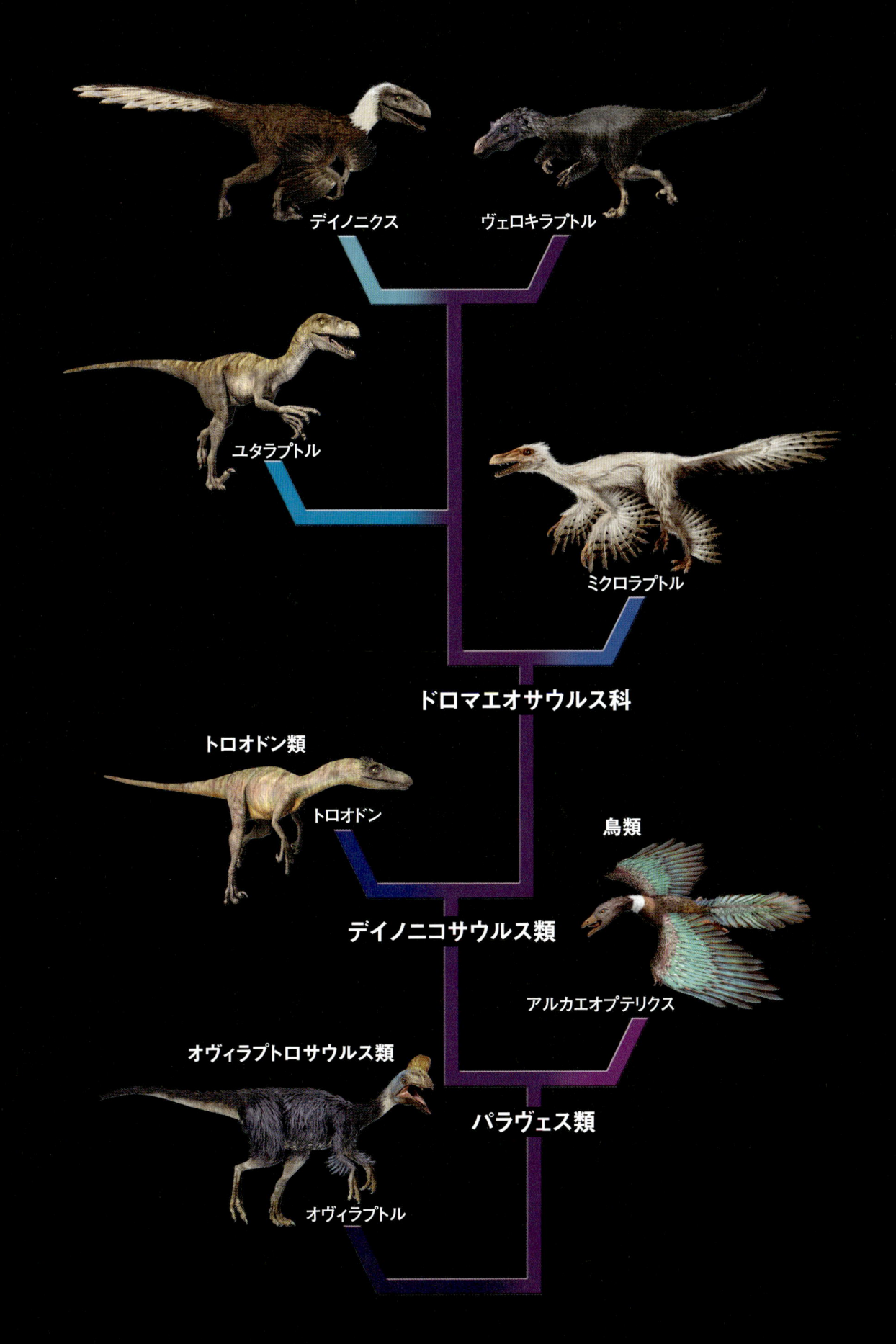

デイノニクス　ヴェロキラプトル

ユタラプトル

ミクロラプトル

ドロマエオサウルス科

トロオドン類
トロオドン

鳥類
アルカエオプテリクス

デイノニコサウルス類

オヴィラプトロサウルス類

パラヴェス類

オヴィラプトル

Archaeopteryx
アルカエオプテリクス

学名の意味：「古代の翼」

これまでに発見された最古の、そして最も原始的な鳥であるアルカエオプテリクスは、恐竜界の正真正銘のセレブである。これほど有名で、これほど議論の的にされ、これほど念入りな調査が行われてきた中生代の化石はほかにない。進化生物学の分野で繰り広げられてきた最も激しい論争の多くは、アルカエオプテリクスをめぐるものだった。いまでは、恐竜と鳥類の類縁関係を裏づける有力な証拠の1つとみなされており、鳥類の起源と初期の進化を研究する古生物学者からは宝物のように扱われている。

アルカエオプテリクスの1枚の羽根が発見されたのは、1860年のことだ。その1年後には、第1標本となる骨格が有名なバイエルンのゾルンホーフェン石灰岩採石場で発掘された。羽を広げた状態で長く地中に埋もれていたこの動物は、胴体がつぶれており、外見は爬虫類と鳥類の合の子のようだった。骨の通った長い尾と歯は爬虫類のものに似ているが、驚くほど保存状態のよい羽と軽い中空の骨は鳥類にしか見られない特徴だ。

運命のいたずらにより、アルカエオプテリクスは、チャールズ・ダーウィンが進化論を発表してからわずか2年後に発見された。彼の説に当惑した人々は、実際に進化が起きていることを裏づける明確な証拠を提示するよう求めた。なかば鳥で、なかば爬虫類のアルカエオプテリクスは、これら2グループをつなぐ中間的形態としてまったく申し分なく、恐竜から鳥類への進化における移行型であることは疑問の余地がなかった。優美な羽とおおむね爬虫類的な体をもつこの小さな化石を公開することにより、初めて一般の人たちに進化の現場を自分の目で見てもらうことができた。アルカエオプテリクスは、生物の進化が虚構ではなく事実であることを証明するのにおおいに貢献した。

アルカエオプテリクスの化石は、1861年に発見された第1標本のほかに9点発見されており、そのすべてがドイツの同じ採石場から産出した。大きな翼と発達した脳をもっており、空を飛べることは飛べたが、胸骨と上腕部に強力な筋肉が付着していた痕跡はなく、ほとんどの現生鳥類ほどじょうずには飛べなかったようだ。また、おおかたの現生鳥類とは違って、アルカエオプテリクスの足は、木の枝に止まるのに適した構造にはなっていなかった。大半の時間を地上で過ごし、餌にする小さな脊椎動物や昆虫を追いかけていたのかもしれない。また、たいていの現生鳥類の手が短く、骨癒合が起きているのに対して、アルカエオプテリクスの手は、近縁関係にあるコエルロサウルス類の手に似てとても大きく、指先には鋭い鉤爪がついていた。アルカエオプテリクスの前肢は、飛翔と狩りの両方に用いられた可能性があるが、現生鳥類の前肢はほぼ飛翔のためだけに用いられる。

アルカエオプテリクスのベルリン標本は、ドイツのアイヒシュタット近郊で1876年か1877年に発見された。見た目はなかば恐竜で、なかば鳥のようであり、進化の現場を押さえられた化石と呼ばれる。世界で最も有名な化石の1つで、ベルリンのフンボルト自然史博物館に展示されている

分類

動物
　脊索動物
　　竜弓類
　　　主竜類
　　　　恐竜類
　　　　　獣脚類
　　　　　　コエルロサウルス類
　　　　　　　鳥類

化石発掘地

データファイル

生息地：	ヨーロッパ（ドイツ）
生息年代：	ジュラ紀後期
体長：	30～46センチ
体高：	15センチ
体重：	1～3キロ
捕食者：	獣脚類の大型恐竜
餌：	トカゲ、小型哺乳類、昆虫

大きさの比較

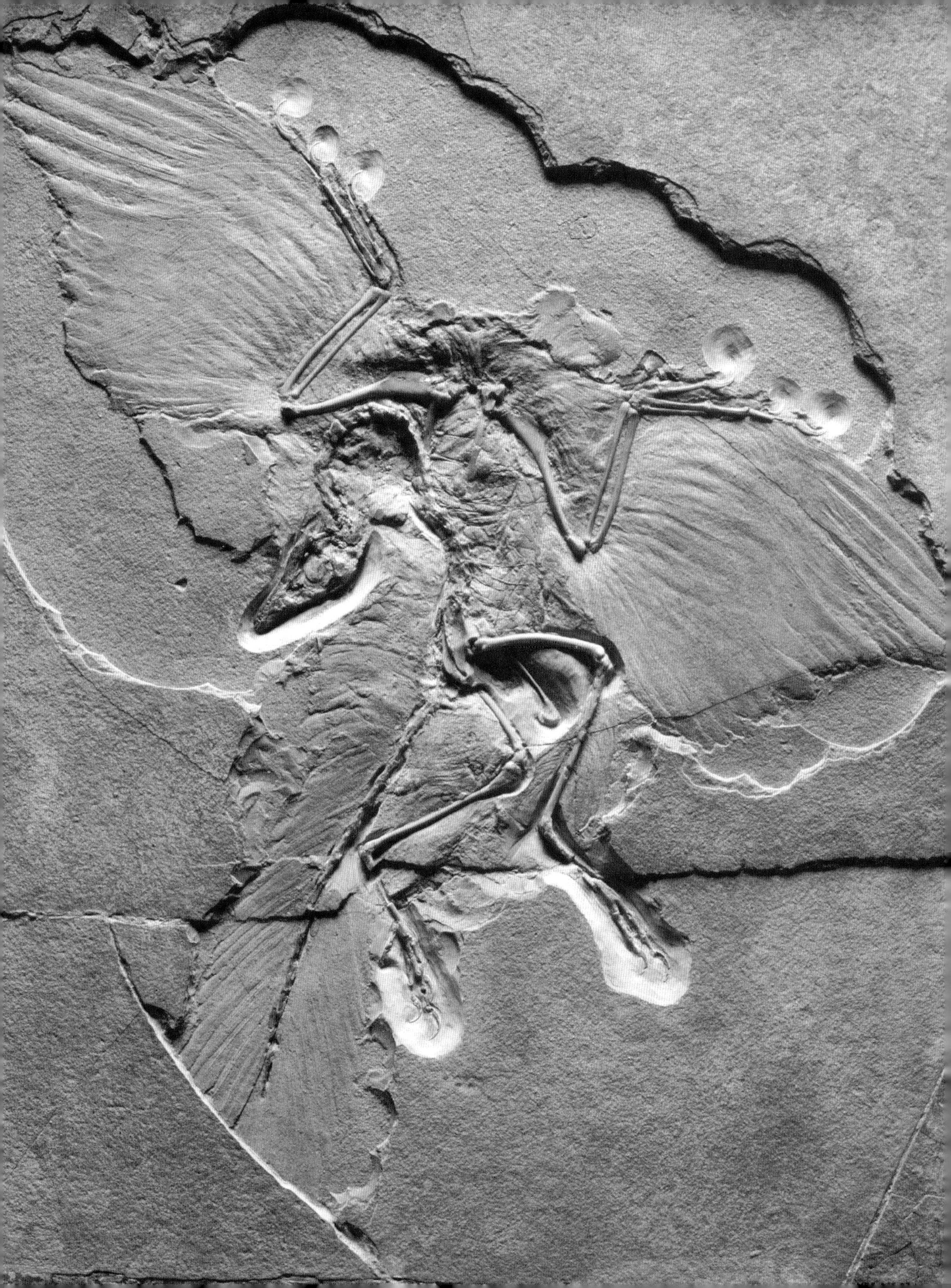

94　第4章　ジュラ紀後期の恐竜

第4章 ジュラ紀後期の恐竜 95

アルカエオプテリクス

Mamenchisaurus
マメンキサウルス
(マメンチサウルス)

学名の由来：中国の発見地にちなんで命名された

　ジュラ紀後期の竜脚類マメンキサウルスは、最高記録保持者だ。既知の恐竜でこれほど長い首をもっていたものはいない。ヘビのように細い首は、長さが12メートル近くあり、この動物の全長の2分の1を超えていた。実のところ、地球の過去の歴史を振り返っても、中国で発見されたこのモンスターのような植物食恐竜ほど長い首をもつ陸生動物が存在した例はない。

　マメンキサウルスは、これまでに発見された最大の竜脚類の1つで、ジュラ紀後期のアジアでは飛び抜けて大きな動物だった。体長が最大25メートルに達する個体もいたほどで、アルゼンチノサウルスなど現時点で最大とされている竜脚類よりわずかに小さいだけだ。マメンキサウルスは、竜脚類のなかでもとりわけ異様な動物だった。竜脚類の頭部は、決して大きくはないが、マメンキサウルスの頭部は、首が麺類のように細長いためいっそう小さく見える。そして、極端に首が長いせいで、前のめりの姿勢になる。マメンキサウルスは、いまにもごろんとひっくり返りそうだ。

　マメンキサウルスは、7種が命名されており、そのほとんどが中国四川省の同じ岩石層で見つかっている。第1標本は、1952年に道路の建設現場で発見され、中国における古生物学の父と評されている楊鐘健（C.C.Young）によってのちに命名された。最近、新たに大量の化石が見つかり、完全骨格も多数含まれていた。

　こうした化石をくわしく調査したところ、マメンキサウルスが、

第4章 ジュラ紀後期の恐竜 97

ヴルカノドンなどのジュラ紀前期の竜脚類や、それより少しあとに出現したシュノサウルスなどのジュラ紀中期の属より高等な動物であることがわかった。マメンキサウルスは、ディプロドクス、アパトサウルス、ブラキオサウルス、ティタノサウルス類などが含まれる新竜脚類——竜脚類のサブグループの1つ——と近縁な動物のようだ。マメンキサウルスが地響きを立てながらアジアの大地を歩きまわっていたのと同じころ、北アメリカとアフリカでは、多くの新竜脚類が生態系を支配し始めていた。

分類

動物
　脊索動物
　　竜弓類
　　　主竜類
　　　　恐竜類
　　　　　竜脚形類
　　　　　　竜脚類

化石発掘地

データファイル

生息地	アジア（中国）
生息年代	ジュラ紀後期
体長	20～25メートル
体高	5～6メートル
体重	20～25トン
捕食者	獣脚類の恐竜
餌	植物（針葉樹）

大きさの比較

Brachiosaurus
ブラキオサウルス

学名の意味：「腕のトカゲ」

　ブラキオサウルスほど幅広い人気を誇る恐竜は少ない。ジュラ紀後期に生息していたこの竜脚類は、長年にわたり史上最大の恐竜とされていた。最近になって、アルゼンチノサウルスやセイスモサウルスといったより大きな新種が発見されたため、その記録保持者としての地位を追われたが、ブラキオサウルスがかつて地球上を徘徊した最も巨大な動物の1つであることはいまも変わらない。

　ブラキオサウルスの体長は、ほぼマメンキサウルス並みの25メートル。しかし、体の構造はブラキオサウルスのほうがはるかに頑丈で、体重は50トンに達していた可能性がある。ブラキオサウルスの頭骨は、竜脚類のものとしてはめずらしく、頭頂部がドーム状に盛り上がっていた。この部分には、仲間と連絡を取り合うための音をだす反響室があったのかもしれない。幅の広いへらのような形状の歯は、ジュラ紀後期に繁茂していた針葉樹などの堅い植物を食べるのに適していた。

　ブラキオサウルスの最もユニークな特徴は、後肢より前肢のほうが長かったことだろう。恐竜も含めて、ほとんどの陸生動物は、たとえわずかな差ではあっても前肢より後肢のほうが長い。後方に向かって傾斜する奇妙な体型だったため、ブラキオサウルスは頭部を高くもち上げて、高所にある枝葉を容易に食べることができたのだろう。これは生存にかかわる重要な適応だったのかもしれない。というのも、ブラキオサウルスは、ジュラ紀の大地でほかの竜脚類数種と共存しており、餌を奪い合っていた可能性がきわめて高いからだ。

　ブラキオサウルスの化石はごくわずかしか見つかっておらず、そのうちの2点はアメリカ西部のモリソン層で産出した部分骨格だ。そのほかにアフリカのテンダグル層でも、頭骨を含むいくつかの標本が獣脚類のエラフロサウルスといっしょに見つかっている。ジュラ紀後期の北アメリカとアフリカには似たような恐竜コミュニティが成立していたようだ。最近、北アメリカの白亜紀前期の地層でブラキオサウルスの近縁種が発見された。このサウロポセイドンとケダロサウルスといった動物たちは、ジュラ紀後期に最盛期を迎えたブラキオサウルス類がその後も長く存続したことを示している。

分類
動物
　脊索動物
　　竜弓類
　　　主竜類
　　　　恐竜類
　　　　　竜脚形類
　　　　　　竜脚類
　　　　　　　ブラキオサウルス科

化石発掘地

データファイル
生息地：	北アメリカ（アメリカ合衆国）アフリカ（タンザニア）
生息年代：	ジュラ紀後期
体長：	20～25メートル
体高：	5～6メートル
体重：	30～50トン
捕食者：	獣脚類の恐竜
餌：	植物（針葉樹）

大きさの比較

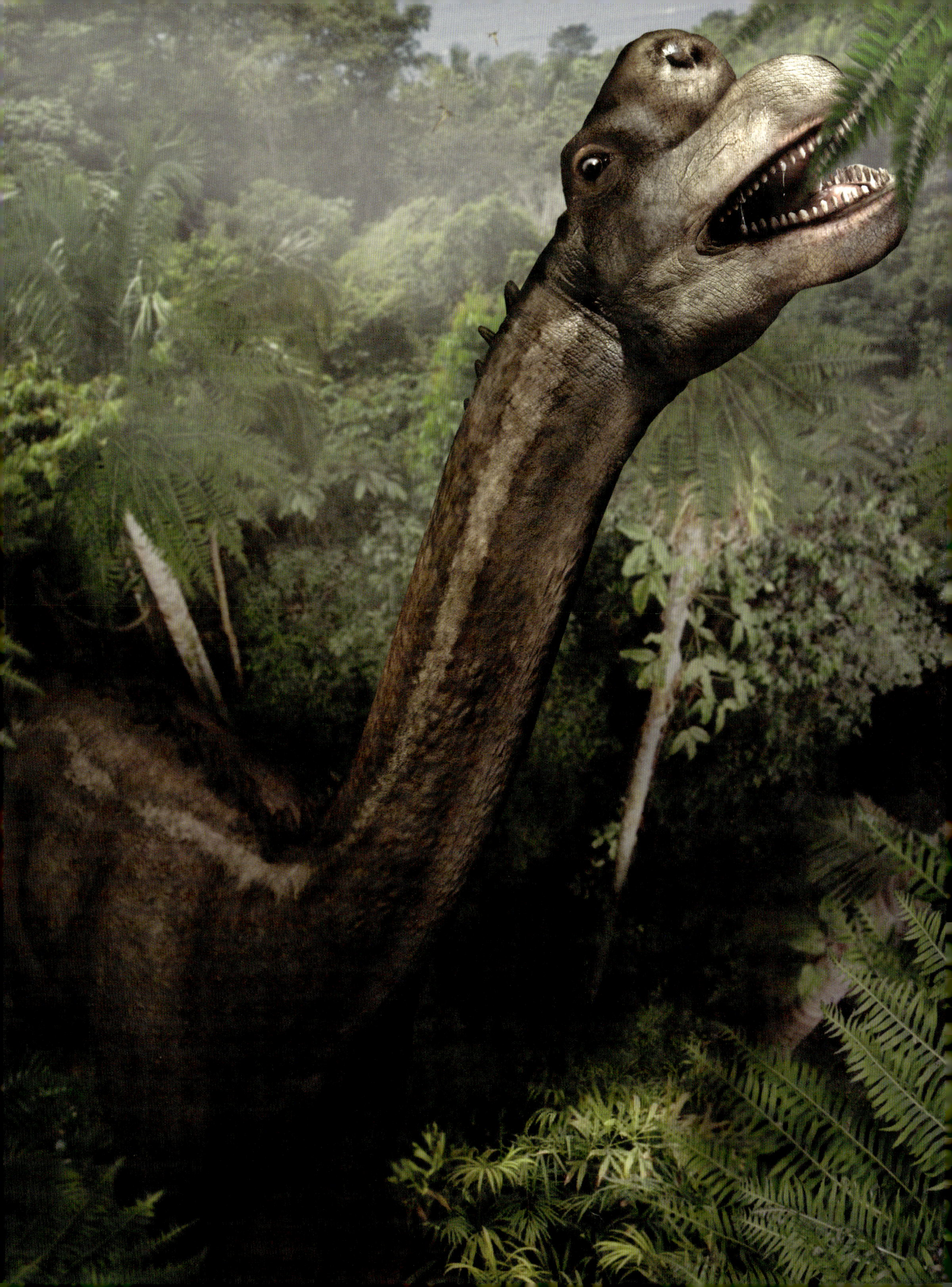

Diplodocus
ディプロドクス

学名の意味：「2本の梁」

　1890年代が終わろうとするころ、アメリカの大物実業家アンドリュー・カーネギーは、上機嫌で気前がよかった。彼が経営する鉄鋼会社は世界一収益の高い企業に成長し、この自認「産業界の将帥」は、より壮大な活動に関心を向けた。カーネギーは、たんなる金もうけでは飽き足らず、歴史に残る偉業を達成したかった。一世代前に一大産業を徹底的に改革したのと同じように、人類による発見とその想像力の限界を押し広げたかったのだ。そこで、カーネギーは最も優秀な部下数名をアメリカ西部の荒野へ送り込んだ。その目的はただ1つ、過去に地球上を歩いた最大の生物を見つけるという単純明快なものだった。

　その結果、発見されたのが、最も大きく恐ろしげな恐竜の1つであるディプロドクスだ。実をいえば、この植物食恐竜の断片的な化石は、1870年代にワイオミング州のコモ・ブラフで発見ずみだった。しかし、竜脚類の全身骨格を初めて目にする機会を古生物学者たちに提供したのは、ジェイコブ・ワートマンがカーネギーの命令に従って発掘した、このほぼ完全な骨格だ。カーネギーはこの恐竜を大変誇りに思い、骨格のレプリカを世界中に配った。こうした復元模型が遠く離れたヨーロッパの博物館にも展示されており、多くの一般市民を奇妙な恐竜の世界へといざなった。

　カーネギーの野心的な夢は、さほど見当違いなものではなかった。

発見当時、ディプロドクスはそれまでに見つかった最大の恐竜の1つであり、いまなお巨大恐竜ランキングの上位に入る。ディプロドクスは、ブラキオサウルスやアパトサウルスといったほかの恐竜とともにモリソンの生態系で暮らしていた。体長はブラキオサウルスを少し上回るが、体重では遠くおよばない。これら2つの竜脚類は、おそらく異なる植物を食べていたのだろう。ブラキオサウルスは頑丈な歯をもっていたため、より堅い植物を食べることができた。一方、ディプロドクスは、シダなどの比較的やわらかい植物を食べるのに適した鉛筆状の小ぶりな歯をもっていた。

ディプロドクスの首は、ほかのほとんどの竜脚類より長かったが、マメンキサウルスにはおよばなかった。ディプロドクスは長い首を伸ばして木々の梢付近の枝葉を食べることができたとの見方がかつては主流だったが、最近の研究により、長い首を掃除機のホースのように使って、シダ類や潅木といった丈の低い植物を貪るように食べていたことがわかった。

ディプロドクスの尾は並外れて長かった。たいていの竜脚類の尾椎骨は40個程度だが、ディプロドクスの尾には80個以上の椎骨があった。尾の末端部は約30個の至ってシンプルな管状の椎骨でできており、捕食者を追い払うための鞭として使われた可能性がある。アロサウルスなどの巨大肉食恐竜がうろつく環境では、こうした防御用の武器はかなり有効だったかもしれない。

分類

動物
　脊索動物
　　竜弓類
　　　主竜類
　　　　恐竜類
　　　　　竜脚形類
　　　　　　竜脚類
　　　　　　　カマラサウルス科

化石発掘地

データファイル

生息地：	北アメリカ（アメリカ合衆国）
生息年代：	ジュラ紀後期
体長：	25〜29メートル
体高：	3〜4メートル
体重：	12〜16トン
捕食者：	獣脚類の恐竜
餌：	植物（低木とシダ類）

大きさの比較

Apatosaurus
アパトサウルス

学名の意味：「あざむくトカゲ」

アパトサウルスもモリソン層から化石が産出した竜脚類で、かつてはブロントサウルスという学名でも知られていた。学名をめぐる混乱が生じたのは、「骨戦争」の当事者であるオスニエル・C・マーシュとエドワード・D・コープが相手より一歩先んじたい一心で、断片的な化石が見つかるたびに新種として命名したためだ。もともとマーシュは、1877年に数個の化石片をもとにアパトサウルスと命名したのだが、その2年後に、もっとはるかに良質な標本をブロントサウルスとして記載した。ブロントサウルスは、歩くと雷鳴のような地響きがしたという意味でまさしく「雷トカゲ」であり、最も人気の高い恐竜の1つとなった。ところが、その後の研究により、アパトサウルスとブロントサウルスが実際には同一種であることが判明した。先につけられた学名を正式名称にするというルールに従って、ブロントサウルスという学名は歴史のくずかごに捨てられることとなった。

アパトサウルスは、最も多くのことがわかっている竜脚類の1つ。アメリカ西部の悪地で少なくとも10個体のほぼ完全な骨格が発見されている。これらの骨格は3つの別種に区分されている。アパトサウルスの骨格はディプロドクスのものによく似ているが、体高ではアパトサウルスのほうが少し上回る。一方、体長ではディプロドクスのほうがわずかにまさる。古生物学者は、ディプロドクスとアパトサウルスを、バロサウルスとともにディプロドクス上科に分類している。ジュラ紀後期の竜脚類のなかでは最も繁栄した重要なグループの1つで、近縁種は白亜紀前期まで生き延びた。

最近、古生物学者たちは、アパトサウルスの成長過程をよりくわしく知るために、この巨大竜脚類の膨大な化石コレクションを再調査した。以前は多くの研究者が、竜脚類は生涯を通じてゆっくりと成長し、寿命は数百年に達したと推測していた。ところが、最近行われた調査でまったく違った答えがでた。アパトサウルスは生後約13年で成体となった。つまり、幼体のときの成長率は桁外れに速く、体重が1日に15キロ増えた可能性がある！　これほどの急成長を実現するには、膨大な量の植物を食べなければならなかっただろう。また、このように成長スピードの速い竜脚類は、温血動物だった可能性がきわめて高い。

分類

動物
　脊索動物
　　竜弓類
　　　主竜類
　　　　恐竜類
　　　　　竜脚形類
　　　　　　竜脚類
　　　　　　　ディプロドクス上科

化石発掘地

データファイル

生息地：	北アメリカ（アメリカ合衆国）
生息年代：	ジュラ紀後期
体長：	19〜25メートル
体高：	3〜5メートル
体重：	25〜28トン
捕食者：	獣脚類の恐竜
餌：	植物（針葉樹）

大きさの比較

Camarasaurus
カマラサウルス

学名の意味：「空洞のあるトカゲ」

　カマラサウルスが最もよく知られている竜脚類であることは間違いない。このずんぐり体型の植物食恐竜は、モリソン層で20個体以上の標本が発見されている。そのなかにはほぼ完全な骨格がいくつも含まれており、頭骨がいっしょに見つかったものも数例ある。一方、これ以外の竜脚類の頭骨が産出した例はきわめて少ない。おそらく、竜脚類の頭骨は小さく軽量で、体としっかりつながっていたわけではないからだろう。竜脚類の頭蓋の解剖学的構造に関する知識の多くは、カマラサウルスの頭骨を丹念に調べることによって得られたものだ。

　カマラサウルスの骨格は、ジュラ紀後期に生息していたほかのほとんどの竜脚類より短く、がっしりしている。とりわけ首は短く、約3メートルしかなかった。これは、カマラサウルスの餌の取り方が、もっと首の長いブラキオサウルス、ディプロドクス、アパトサウルスとは違っていたことを示唆しているのかもしれない。ブラキオサウルスの首はカマラサウルスの首の2倍の長さがあったが、どちらも似たような歯と頭骨をもっていた。したがって、これら2つの竜脚類は同種の植物――おそらく針葉樹――を食べていた可能性があるが、カマラサウルスがもっぱら低木を餌としたのに対して、ブラキオサウルスは高木の枝葉を食べていたのだろう。

　カマラサウルスの化石は、1877年に初めて発見されたが、この竜脚類についてはいまなお新たな研究が集中的に行われている。最近、カマラサウルスの脳に関する調査結果が論文に記載されたが、あまりの小ささに驚いてしまう。脳の長さは約13センチしかなく、骨格の全長の約200分の1にすぎない！　脳全体が小さいだけでなく、嗅索も脳容量に比例してきわめて小さい。このことから、カマラサウルスはおそらくものを考えることがあまり得意ではなく、嗅覚もさほどすぐれていなかったと思われる。先ごろ、成長過程における骨格の変化に焦点を合わせた調査も行われた。幼体と成体の骨格を比較したこの調査により、カマラサウルスが成長するにつれて首が長くなる一方で、骨は細くなっていったことがわかった。たぶん、幼体と成体では、餌にする植物が少し違っていたのだろう。

分類

動物
　脊索動物
　　竜弓類
　　　主竜類
　　　　恐竜類
　　　　　竜脚形類
　　　　　　竜脚類
　　　　　　　ディプロドクス上科

化石発掘地

データファイル

生息地：	北アメリカ（アメリカ合衆国）
生息年代：	ジュラ紀後期
体長：	18〜21メートル
体高：	3〜5メートル
体重：	15〜20トン
捕食者：	獣脚類の恐竜
餌：	植物（針葉樹）

大きさの比較

Huayangosaurus
ファヤンゴサウルス

学名の意味：「華陽（ファヤン）のトカゲ」

　剣竜類は鳥盤類のサブグループの1つ。このグループには装甲で守りを固めたさまざまな植物食恐竜が含まれる。生息年代は、ジュラ紀中期〜白亜紀前期。背中に骨板がずらりと並び、尾にはスパイクが何本もあり、4足歩行をした。こうした独特の特徴をもつ剣竜類の仲間はひと目でわかる。

　最古の、そして最も原始的な剣竜類は、中国のジュラ紀中期の地層から化石が産出したファヤンゴサウルス。古生物学者たちは、この属を丹念に調査することにより、剣竜類の初期の歴史を理解するとともに、剣竜類を鳥盤類の系統図の中へ組み入れ、位置づけることができた。ファヤンゴサウルスは、幸いにも保存状態のよい頭骨を含む完全骨格が1体見つかっている。骨格には、腸管の拡張に役立つ長く伸びた脊椎や背中に並ぶ骨板など、ほかの剣竜類と共通する特徴が見られる。しかし、ステゴサウルスの薄く幅の広い骨板とは違って、ファヤンゴサウルスのそれは先が尖っており、スパイクに近い。

　のちに出現する剣竜類の頭骨は細長く、上から見ると信じられないほど横幅が狭かったが、ほかの多くの鳥盤類は、もっと幅の広い、箱型の頭骨をもっていた。注目すべきは、ファヤンゴサウルスの頭骨が横幅の広い頑丈なつくりで、曲竜類やスケリドサウルスの頭骨にとてもよく似ていることだ。そのため、いまではこれらの動物すべてを束ねる分類群として装盾類が設けられている。ファヤンゴサウルスの頭骨の形状からは、原始的な剣竜類の外見が近縁種と酷似していたことがうかがえる。そのうえ、たいていの剣竜類は顎の前歯が消失して、その代わり嘴で植物をむしり取っていたが、ファヤンゴサウルスにはこうした歯がまだ残っていた。このことからも、原始的な剣竜類が鳥盤類に属するほかのグループの恐竜によく似ていたことがわかる。

　この重要な初期剣竜類の化石は、1982年に初めて発見され、その後さらに数個体の骨格が見つかったと報告されている。中国のジュラ紀中期の地層で見つかった恐竜としては、最もくわしく知られているものの1つで、ガソサウルスなどの獰猛な捕食者と共存していた。腰の上の大きなスパイクは、ガソサウルスをはじめとする大型獣脚類に襲撃を思いとどまらせる抑止力になっていたといわれている。

分類

動物
　脊索動物
　　竜弓類
　　　主竜類
　　　　恐竜類
　　　　　鳥盤類
　　　　　　装盾類
　　　　　　　剣竜類

化石発掘地

データファイル

生息地：	アジア（中国）
生息年代：	ジュラ紀中期
体長：	4.5メートル
体高：	1.5メートル
体重：	900〜1000キロ
捕食者：	獣脚類の恐竜
餌：	植物（低い潅木、シダ類）

大きさの比較

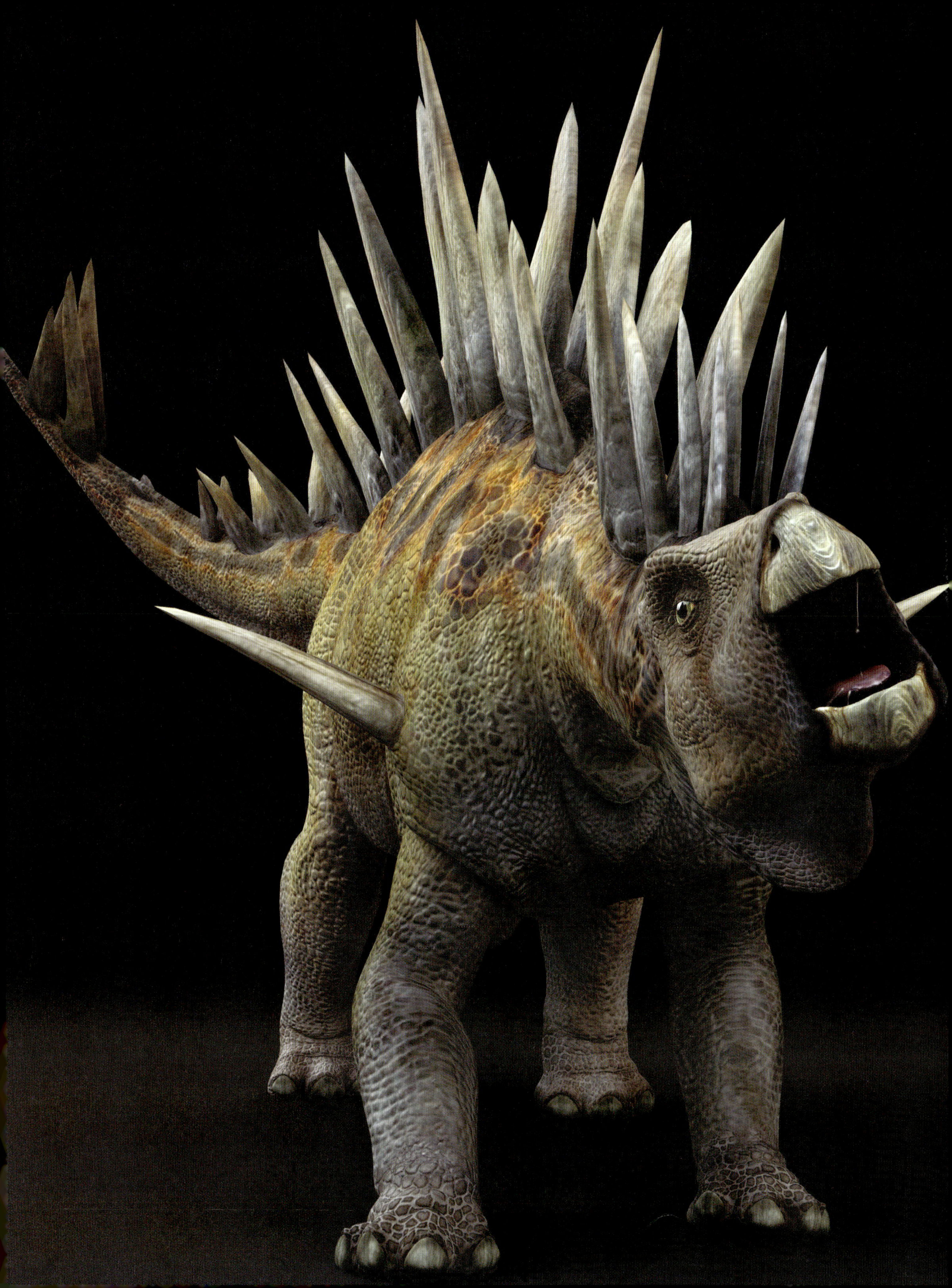

Stegosaurus
ステゴサウルス

学名の意味:「屋根のあるトカゲ」

　ステゴサウルスをほかの恐竜と見間違えることなど絶対にありえない。背中に骨板が並ぶこの植物食恐竜は、ティラノサウルス、トリケラトプス、ブラキオサウルスとともに、最も知名度の高い恐竜の1つ。そのいちじるしく奇妙なボディプランは、現生種か絶滅種かを問わず、ほかのいかなる動物のボディプランとも異なる。小さな頭部、低い位置にある肩、アーチ型に盛り上がった背中、背面から突きでた皿状の骨板、恐ろしげな尾のスパイクをもつ巨大な植物食恐竜は、植物が青々と繁茂したジュラ紀後期の大地でひときわ目立っていたことだろう。

　ステゴサウルスには奇妙な特徴がたくさんある。体のほかの部分に比べて頭骨が小さく、とりわけ脳は小さかった。前肢が後肢よりはるかに短く、背骨がアーチ状に曲がっていたため、ステゴサウルスは猫背のような姿勢をとった。この姿勢だと、頭骨が地面にかなり近い位置にくるので、丈の低い植物を食べやすかった。丈が低すぎて巨大竜脚類の餌にはならない植物もあったので、ステゴサウルスは独自の食料源を確保できた。このことは、ジュラ紀後期に生息していたその他多くの植物食動物との競争において有利に働いた。

　しかし、ステゴサウルスの最も奇抜な特徴といえば、もちろん背中の骨板と尾のスパイクだ。三角形の薄い骨板は、この動物の背中に交互2列に並んでいた。腰の上の骨板が最大で、縦0.5メートル、横0.5メートルと、小さなテーブルくらいの大きさだった。尾の先端には、長さが1メートル近くある恐ろしげなスパイクが4本生えていた。尾のスパイクがアロサウルスなどの巨大な捕食動物に対する護身用の武器として使われたことは疑問の余地がない。表面に衝撃による傷跡が残っているスパイクの化石は多数発見されているし、ステゴサウルスのスパイクの形状とぴったり一致する深い穴のあいたアロサウルスの脊椎の化石も1点ある。一方、骨板の役割については諸説ある。防御用の武器だったのかもしれないが、交尾の相手を引きつけるディスプレイか、放熱して体を冷やすための体温調節器として使われた可能性もある。

　ステゴサウルスの化石はモリソン層で多数産出しているほか、より断片的な標本はポルトガルでも見つかっている。ステゴサウルスは、両地域で化石が発見されたいくつかの恐竜の1つにすぎず、ジュラ紀後期には北アメリカとヨーロッパに同じような恐竜コミュニティが成立していたことがうかがえる。

第4章 ジュラ紀後期の恐竜 107

分類

動物
　脊索動物
　　竜弓類
　　　主竜類
　　　　恐竜類
　　　　　鳥盤類
　　　　　　装盾類
　　　　　　　剣竜類

化石発掘地

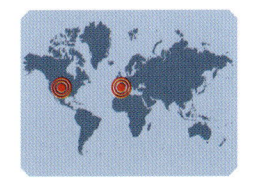

データファイル

生息地：	北アメリカ（アメリカ合衆国）ヨーロッパ（ポルトガル）
生息年代：	ジュラ紀後期
体長：	9メートル
体高：	2.5メートル
体重：	3〜3.5トン
捕食者：	獣脚類の恐竜
餌：	植物（低い潅木、シダ類）

大きさの比較

Dacentrurus
ダケントルルス

学名の意味：「とても鋭い尾」

　剣竜類で最初に化石が発見されたのはダケントルルスで、ジュラ紀後期のヨーロッパに生息していた。本種の骨は1870年代に初めて発掘され、1875年にリチャード・オーウェンによって命名された。前肢がいちじるしく短かったため、当初、彼はこの恐竜を「前肢トカゲ」という意味のオモサウルスと呼んだ。しかし、この学名はすでにほかの恐竜に使われていたので、ダケントルルスと改名された。

　ダケントルルスという名称は、尾についている縁がカミソリの刃のように鋭利なスパイクを表現したものだ。このスパイクは、ほかの剣竜類のものよりはるかに鋭く、おそらくメガロサウルスなどのテタヌラ類の大型肉食恐竜から身を守るための武器だったのだろう。ダケントルルスは、剣竜類としては小型の部類とみなされており、おそらく体長4.5～7メートルの個体がほとんどを占めていた。しかし、もっと大きくなることもあったようで、体長がステゴサウルスに近い個体の化石もいくつか見つかっている。

　ダケントルルスの化石は最初にイングランドで発見され、ドーセット州、ウィルトシャー州、ケンブリッジシャー州でも断片的な化石がたくさん見つかっている。そのほかにフランス、ポルトガル、スペインでも保存状態のよい化石が発見されているので、ダケントルルスがジュラ紀後期のヨーロッパ全域で繁栄していたことは間違いない。だが、ヨーロッパ大陸以外での化石産出例はない。一方、北アメリカで優勢だったステゴサウルスは、ヨーロッパへの進出もはたしていた。剣竜類のなかにはほかの種より生息域の広いものがいたようだ。ステゴサウルスとダケントルルスが共存していたかどうかは不明だが、それぞれが暮らす生態系ではどちらも主要な植物食動物としての地位を占めていたと思われる。

分類

動物
　脊索動物
　　竜弓類
　　　主竜類
　　　　恐竜類
　　　　　鳥盤類
　　　　　　装盾類
　　　　　　　剣竜類

化石発掘地

データファイル

生息地：	ヨーロッパ（イギリス、フランス、ポルトガル、スペイン）
生息年代：	ジュラ紀後期
体長：	4.5～10メートル
体高：	2メートル
体重：	1.4～2トン
捕食者：	獣脚類の恐竜
餌：	植物（低い潅木、シダ類）

大きさの比較

Kentrosaurus
ケントロサウルス

学名の意味：「尖ったトカゲ」

　剣竜類のすべてが巨大なステゴサウルス並みの大きさだったわけではない。たとえば、ジュラ紀後期のアフリカに生息していたケントロサウルスは、かなり小型で軽量だった。実のところ、ケントロサウルスの平均体長は4.5メートルであり、アメリカにいたより知名度の高い近縁種のおよそ半分にすぎなかった。

　ケントロサウルスは、タンザニアのテンダグルで伝説的な発掘調査が行われた際に見つかった数百点にのぼる骨で知られている。これらの標本の多くは、ドイツの博物館に収蔵されていた。第二次世界大戦中に博物館が空爆され、標本は灰燼（かいじん）に帰したが、幸いにもこの恐竜について記載した論文が多数残されていた。

　ケントロサウルスの装甲は、剣竜類のなかではめずらしいもので、ステゴサウルスなどの装甲よりはるかにシンプルだ。首には薄く小ぶりな骨板が対をなして並んでいる——ステゴサウルスのテーブルのような骨板とは大違いだ。こうした骨板が背中ではヒレ状のトゲに変わり、尾にはより鋭利で頑丈なスパイクが対になって並んでいた。そのほかに、左右の体側からも頑丈なスパイクが水平に伸びていた。これらがテンダグルに生息していたエラフロサウルスなどの肉食恐竜から身を守るための武器だったことは間違いない。

　ほとんどの剣竜類は、歯状突起と呼ばれる先の尖った突起がいくつもある歯をもっており、この歯で植物を噛み切った。しかし、ケントロサウルスの歯は、もっとシンプルで、7つの歯状突起しかなかった。たぶんケントロサウルスは、やわらかい植物を食べていたのだろう。

分類

動物
　脊索動物
　　竜弓類
　　　主竜類
　　　　恐竜類
　　　　　鳥盤類
　　　　　　装盾類
　　　　　　　剣竜類

化石発掘地

データファイル

生息地：	アフリカ（テンダグル）
生息年代：	ジュラ紀後期
体長：	4〜5メートル
体高：	1.5メートル
体重：	1〜1.5トン
捕食者：	獣脚類の恐竜
餌：	植物（低い灌木、シダ類）

大きさの比較

Gargoyleosaurus
ガルゴイレオサウルス
（ガーゴイロサウルス）

学名の意味：「ガーゴイル・トカゲ」

　重戦車のような植物食恐竜で、博物館の展示でおなじみの曲竜類も特徴的な恐竜グループの1つ。この重い足取りで歩くアルマジロに似た動物は、白亜紀中期〜後期にとりわけ生息数が増え、北アメリカとアジアの多くの生態系で支配的な植物食恐竜となった。これまでにアフリカを除くすべての大陸で化石が見つかっており、多くの種が記載されている。白亜紀と第三紀の境界で起きた大量絶滅の折りに曲竜類も地球上から姿を消した。

　たいていの恐竜グループと同様に、曲竜類も当初は生息数がきわめて少なかったが、その後、勢力を増し、世界中に広がっていった。最古の、そして最も原始的な曲竜類は、ジュラ紀後期のワイオミング州に生息していた奇妙な姿の動物だ。この恐竜は、見た目があまりにもおぞましいため、中世の教会の屋根に設置されたガーゴイルと呼ばれるグロテスクな石像にちなんでガルゴイレオサウルスと命名された。

　ガルゴイレオサウルスは最も小さな曲竜類の1つ。骨格の長さはわずか3メートルほどで、アンキロサウルスなど、白亜紀後期の巨大種の3分の1にすぎない。箱型の頭骨も長さ30センチ足らずの小ぶりなものだが、ほかの曲竜類の頭骨にも見られる重要な特徴を備えている。たとえば、頭骨で骨癒合が起きており、隆起した装甲板で骨が覆われている。また、ほかの恐竜グループの頭蓋にあいている多くの穴がない。（眼窩の前にある）前眼窩窓や下顎の下顎窓などの穴は、ガルゴイレオサウルスの頭骨をよりコンパクトで頑丈なものにするために閉じられた可能性が高い。ガルゴイレオサウルスの歯は、ほかの曲竜類の歯と同じようにシンプルな円錐状で、やわらかい植物を嚙み砕くのではなく、たぶん嚙み切るのに使われたのだろう。

　古生物学者は、ガルゴイレオサウルスをきわめて原始的な曲竜類とみなしているが、曲竜類のサブグループの1つであるアンキロサウルス科の最も原始的なメンバーの可能性もある。このグループには、尾の先端に骨質のクラブ（棍棒）がついていたアンキロサウルスやエウオプロケファルスといった巨大な動物が含まれる。ガルゴイレオサウルスの頭骨は、剣竜類のファヤンゴサウルスの頭骨ともたいへんよく似ており、曲竜類と剣竜類が近縁群であることを裏づける1つの証拠となっている。

分類

動物
　脊索動物
　　竜弓類
　　　主竜類
　　　　恐竜類
　　　　　鳥盤類
　　　　　　装盾類
　　　　　　　曲竜類

化石発掘地

データファイル

生息地：	北アメリカ（アメリカ合衆国）
生息年代：	ジュラ紀後期
体長：	3メートル
体高：	1メートル
体重：	900〜1100キロ
捕食者：	獣脚類の恐竜
餌：	植物（低い潅木、シダ類）

大きさの比較

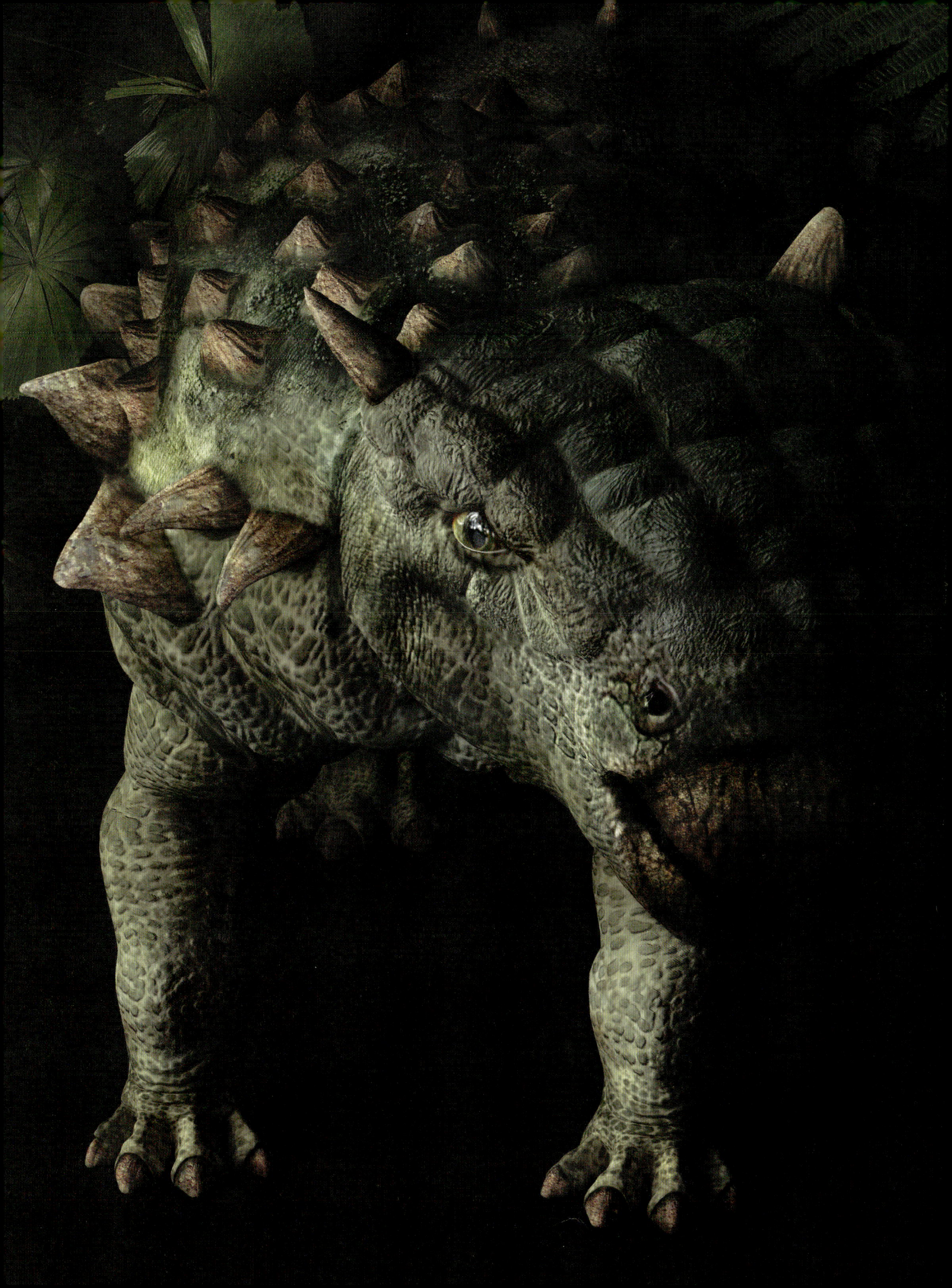

Camptosaurus
カムプトサウルス

学名の意味：「曲がったトカゲ」

　ジュラ紀後期には、鳥盤類のおもなサブグループはすべてでそろっていた。剣竜類のように、世界の多くの地域で生息数が増え、植物食動物として重要な地位を占めるようになった鳥盤類のグループも存在した。曲竜類など、多様化し始めたばかりのグループもあった。イグアノドン、ヒプシロフォドン科、ハドロサウルス科（カモノハシ竜類）などの大型植物食恐竜を含む鳥盤類の1グループである鳥脚類も同様だった。

　ずんぐり体型のカムプトサウルスは、既知のものでは最古の鳥脚類の1つ。中国のもう少し古い岩石層で、さらに小さな鳥脚類の断片的な化石が数点見つかっているが、これらは巨大なイグアノドン科やハドロサウルス科の恐竜とはあまり似ていない。一方、大型植物食恐竜のカムプトサウルスが、白亜紀に一気に生息域を広げたより派生的な——つまり進化的に高等な——グループと近縁な動物であることは明らかだ。

　カムプトサウルスは巨大な植物食恐竜だった。頭骨には、植物をむしり取るのに最適な木の葉型の歯が何本かあり、すべての鳥脚類と同様に、摂食中に上顎を前後左右に動かすことができたため、噛む力が増し、食物を十分に咀嚼することができた。こうした適応のおかげで、カムプトサウルスは、栄養分がより豊富な植物を少量食べるだけで生きていけた可能性がある。一方、同時代に生息していた竜脚類や剣竜類は、食物を咀嚼できなかったため、栄養分に乏しい植物を大量に摂取し、消化しなければならなかった。当初は、ほかとは異なる摂食戦略のおかげで、カムプトサウルスなどの鳥脚類はほかの植物食恐竜と共存できたのだろう。しかし、長期的に見れば、鳥脚類が白亜紀の主要な植物食恐竜として竜脚類をしのぐ存在となれたのは、高度な咀嚼能力をもっていたからだろう。

　カムプトサウルスは大きな動物で、体格はより高等な近縁群であるハドロサウルス科の恐竜とほぼ同じだった。ほとんどいつも2本足で歩いていたと思われ、摂食中に上体を起こし、高所の枝葉を食べることができたかもしれない。しかし、前肢は長いうえに太く、前足も頑丈で骨癒合が見られるなど、明らかに体重を支えられる構造になっているので、4足歩行の姿勢をとることもできただろう。休息時には4本足で体を支え、餌を取るときや走るときは後肢のみで立ち上がった可能性もある。

分類
動物
　脊索動物
　　竜弓類
　　　主竜類
　　　　恐竜類
　　　　　鳥盤類
　　　　　　鳥脚類

化石発掘地

データファイル
生息地：	北アメリカ（アメリカ合衆国）ヨーロッパ（イギリス）
生息年代：	ジュラ紀後期
体長：	5〜7.5メートル
体高：	1.5〜2.5メートル
体重：	400〜900キロ
捕食者：	獣脚類の恐竜
餌：	植物（針葉樹、潅木）

大きさの比較

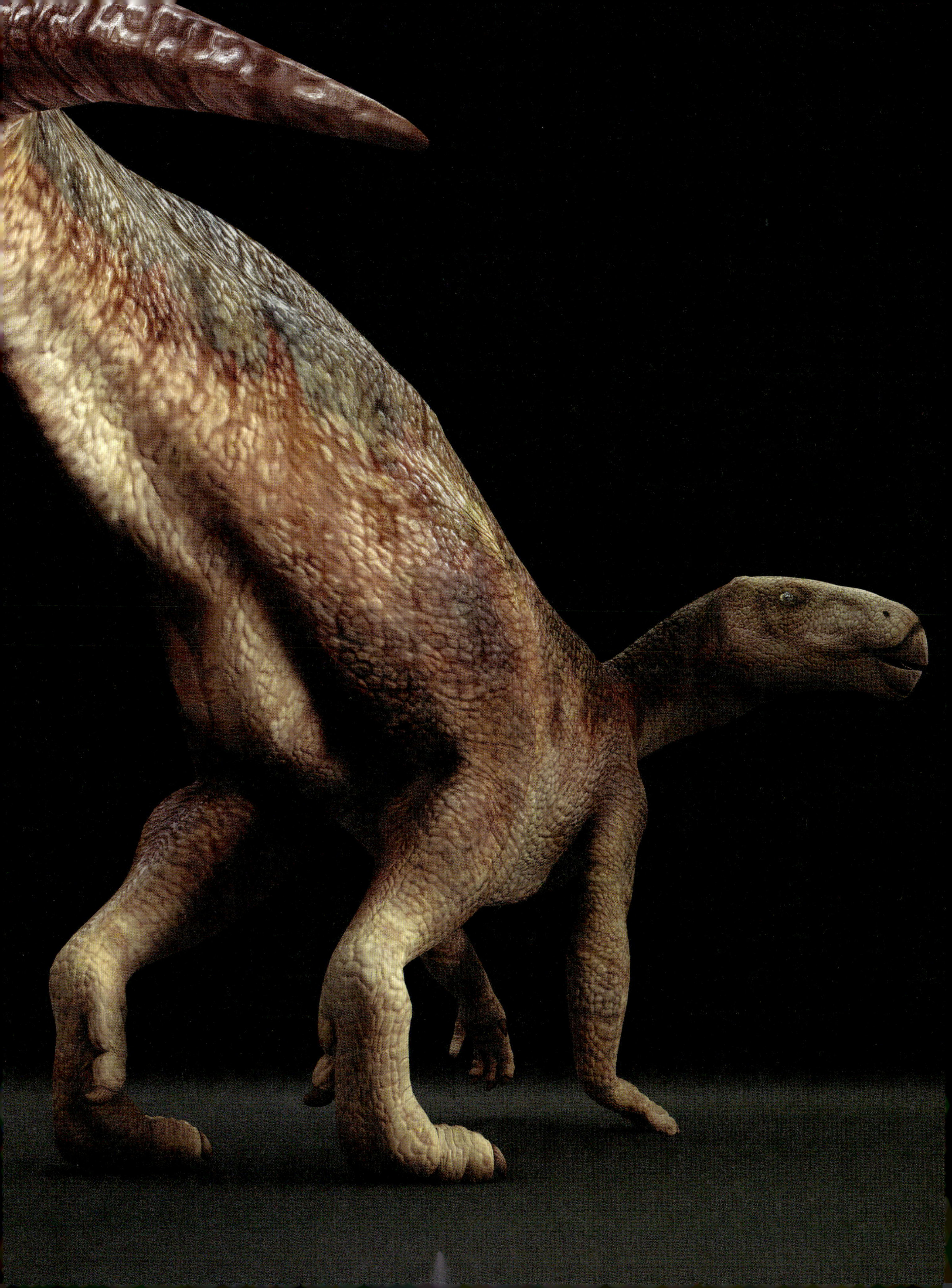

Dryosaurus
ドリオサウルス

学名の意味：「オーク（樫）のトカゲ」

　ほとんどの鳥脚類は大型でずんぐりとした植物食恐竜であり、4本足で歩いた。後肢のみで立ち上がれる種もいるにはいたが、たぶん餌にする枝葉を取るときにかぎられていたのだろう。重い足取りでゆっくりと歩くこの動物たちは、大きな群れをつくることによって捕食者から身を守っていたようだ。

　しかし、このグループの最も原始的なメンバーのなかには、体の構造と姿勢がほかとは大きく異なるものもいた。北アメリカとアフリカのジュラ紀後期の地層から化石が産出するドリオサウルスは、最もよく知られている原始的鳥脚類の1つ。この小さな植物食恐竜は、体型的にはハドロサウルス科ではなく、むしろ獣脚類のようだ。軽量かつ細身で、走るのが速かっただろう。前肢がとても短く、2足歩行しかできなかった。一方、頭骨はほかの鳥脚類のものと似ていた——顎の先に嘴があり、植物をすりつぶすのに適した構造の歯をもっていた。

　ドリオサウルスは、北アメリカのモリソンの生態系でカムプトサウルスと共存していた。体はカムプトサウルスのほうが大きく、体長はドリオサウルスの2倍、体重は10倍もあったので、おそらく異なるライフスタイルをもっていたのだろう。タンザニアのテンダグル層でも、ドリオサウルスの部分骨が数百点見つかっている。しかしアフリカでは、いまのところカムプトサウルスの化石産出例はない。モリソンとテンダグルには、アロサウルス、ケラトサウルス、エラフロサウルスといった巨大な捕食動物が多数生息していたので、ドリオサウルスがすぐれた疾走能力をもっていたことは当然の適応といえる。

分類
動物
　脊索動物
　　竜弓類
　　　主竜類
　　　　恐竜類
　　　　　鳥盤類
　　　　　　鳥脚類

化石発掘地

データファイル
生息地：	北アメリカ（アメリカ合衆国）アフリカ（タンザニア）
生息年代：	ジュラ紀後期
体長：	2.5～4.3メートル
体高：	1.5メートル
体重：	80～90キロ
捕食者：	獣脚類の恐竜
餌：	植物（針葉樹、低い潅木）

大きさの比較

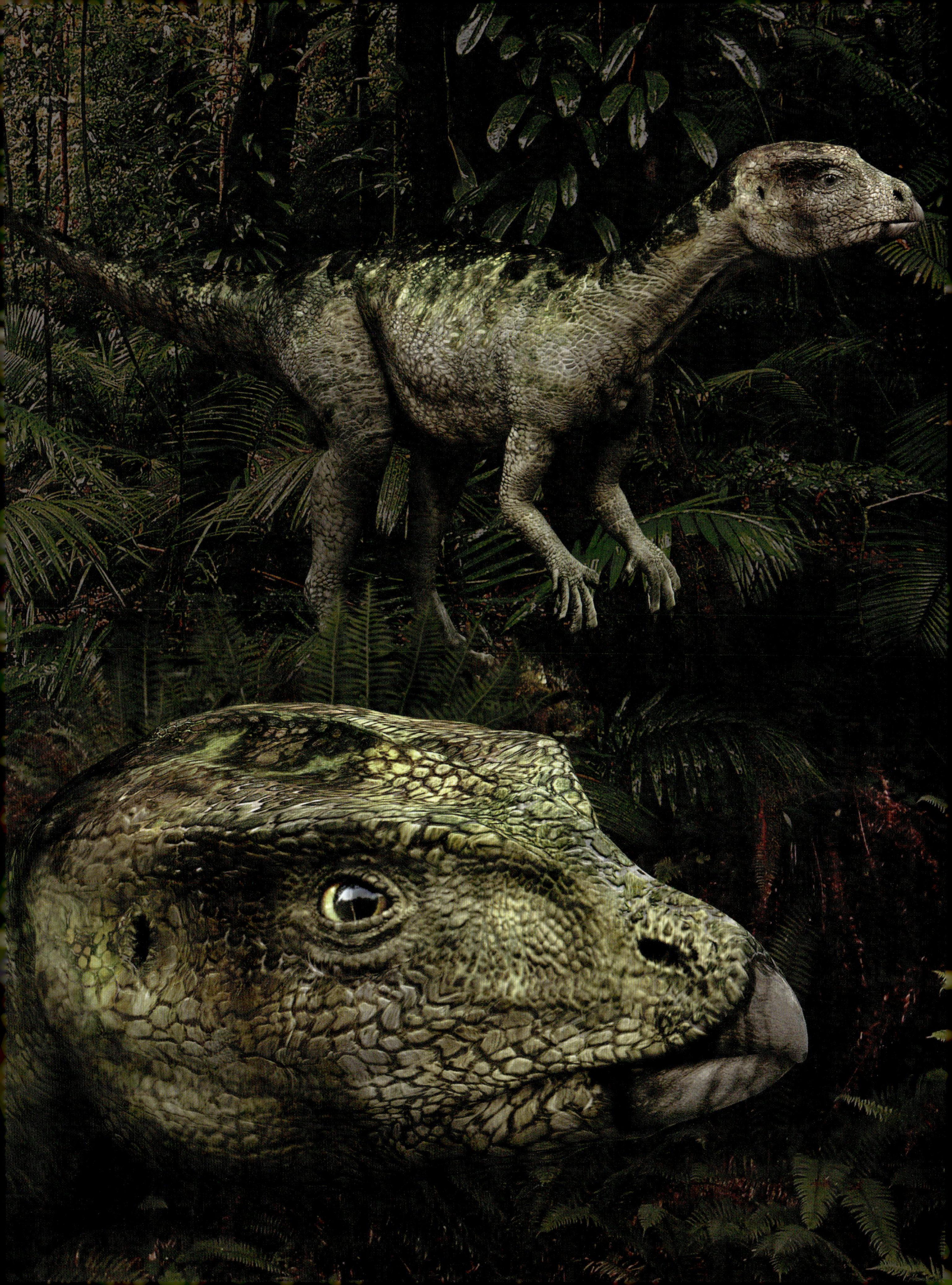

三畳紀前期	三畳紀中期	三畳紀後期	ジュラ紀前期	ジュラ紀中期	ジュラ紀後期
2億5100万年前〜2億4590万年前	2億4590万年前〜2億2870万年前	2億2870万年前〜1億9960万年前	1億9960万年前〜1億7560万年前	1億7560万年前〜1億6120万年前	1億6120万年前〜1億4550万年前

三畳紀　2億5100万年前〜1億9960万年前　　　**ジュラ紀　1億9960万年前〜1億4550万年前**

第5章 Dinosaurs of the Early-middle Cretaceous

白亜紀前期 ——中期の恐竜

ベリアシアン 1億4550万年前〜1億4020万年前	バランギニアン 1億4020万年前〜1億3390万年前	オーテリビアン 1億3390万年前〜1億3000万年前	バレミアン 1億3000万年前〜1億2500万年前	アプチアン 1億2500万年前〜1億1200万年前	アルビアン 1億1200万年前〜9960万年前	セノマニアン 9960万年前〜9360万年前	チューロニアン 9360万年前〜8860万年前	コニアシアン 8860万年前〜8580万年前	サントニアン 8580万年前〜8350万年前	カンパニアン 8350万年前〜7060万年前	マーストリヒシアン 7060万年前〜6550万年前
白亜紀前期・中期 1億4550万年前〜9960万年前						白亜紀後期 9960万年前〜6550万年前					

白亜紀　1億4550万年前〜6550万年前

The Cretaceous World
白亜紀の世界

白亜紀は恐竜の全盛期だった。
恐竜がその歴史において、これほど多様化し、生息数が増え、支配的な動物となった時代はほかにない。
白亜紀には、恐竜が今日の人類と同じように世界のすみずみにまで分布していた。
この巨大動物が足跡を残さない場所などなかった
——北極圏内に位置するアラスカの高地や南極の棚氷でも恐竜の化石が見つかっている。
初期の哺乳類も、三畳紀後期に出現して以来、相変わらず多様性は低かったが進化し続けていた。
恐竜以外の爬虫類や、恐竜の子孫にあたる鳥類も同様に進化を遂げていた。
しかし、やはり白亜紀は恐竜の時代だった。

白亜紀には、地球史上きわめて重要な出来事が頻発した。世界中の陸地が結びついて超大陸パンゲアが形成されていたのは、もはや遠い昔のことで、白亜紀中期には北アメリカとヨーロッパが分離し、南のゴンドワナ大陸も分裂し始めた。おもな陸塊が海洋によって隔てられたため、動植物が簡単に生息域を広げることはできなくなった。その結果、各大陸で固有の生物コミュニティが形成され、恐竜の生態系も大陸ごとに異なる様相を呈するようになった。

白亜紀は地表の気温が最も上昇した時代の1つで、白亜紀の世界は、さながら温室のようだった。アラスカやグリーンランドにも熱帯性植物が生い茂り、温暖な浅海が大陸を水浸しにした。北アメリカ大陸は、内海が形成されたため、ほぼ真っぷたつに分断された。海洋ではプレシオサウルス類、モササウルス類、イクチオサウルス類が繁栄し、沿岸部には多くの恐竜が生息していた。ノドサウルス科の曲竜類やハドロサウルス科の一部は、水辺での暮らしにとりわけうまく適応していたようだ。浅海が内陸部に入り込み、陸塊を多くの地域に分割したため、恐竜の多様化が進み、新たに多くの種が出現した。

とはいえ、白亜紀の生態系に最も大きな影響をおよぼした出来事は、被子植物が進化したことだ。被子植物は、カシやモクレンから草本類や庭園用の花まで、きわめて多様性に富むが、その起源は白亜紀前期〜中期にまでさかのぼる。それまでは、針葉樹やソテツ類といったより原始的な植物が繁栄しており、巨大な竜脚類や剣竜類にとっての無尽蔵の食料源となっていた。栄養分が豊富な被子植物は、まもなくハドロサウルス科、角竜類、堅頭竜類といった新たな植物食恐竜グループによって利用されるようになった。

そして角竜類などのまったく新しい恐竜グループが出現した。

白亜紀中期〜後期の環境の復元画像。白亜紀には、花をつけるため顕花植物と呼ばれることもある被子植物が出現し、景観が一変した。潅木、花、さらには原始的な草本の新種が多数出現し、常緑針葉樹に代わって主要な植物となった。角竜類やハドロサウルス類といった新たな植物食恐竜グループは、この新しい食料源を利用することで個体数を増やすことができたのかもしれない

コエルロサウルス類など、もっと早期に出現していた系統は、爆発的な多様化を遂げた。ケラトサウルス類、アロサウルス上科、竜脚類など、かなり古いグループも、南半球で新たな繁栄を謳歌した。北半球のコミュニティを支配したのは、ティラノサウルス科の巨大な肉食恐竜と、被子植物の摂食にうまく適応したハドロサウルス科と角竜類を中心とする巨大植物食恐竜だった。地理的に隔絶された南半球のコミュニティでは、様子が違っていた。ティラノサウルス科の恐竜はいなかったため、アロサウルス上科とケラトサウルス類が巨大化し、ほとんどの生態系を支配した。角竜類はまったく生息しておらず、鳥脚類も生息数がきわめて少なかったので、竜脚類の固有の系統が主たる植物食恐竜としての地位を占めていた。とはいえ、この程度の説明ではまだまだ単純化のしすぎだ。大陸ごとに独特の恐竜相が形成されており、世界にはそっくりに見える場所など2つとなかったのだから。

白亜紀後期の地球。超大陸パンゲアが形成されていたのは遠い昔のこととなり、大陸の配置が現在の姿に近づきつつあった。アフリカ、南アメリカ、アジア、ヨーロッパ、北アメリカといった主要な大陸に分裂し、恐竜たちが世界中を容易に移動することはできなくなった。そのため、各大陸で独特の恐竜コミュニティが形成された

Spinosaurus
スピノサウルス

学名の意味：「棘トカゲ」

　1910年、ドイツの貴族エルンスト・シュトローマーがエジプトに向かう蒸気船に乗り込んだ。シュトローマーは、父親がニュルンベルク市長を務めたほどの名家の出身だったが、それからの数カ月間はヨーロッパでの快適な暮らしから離れ、北アフリカの危険な砂漠へ足を踏み入れようとしていたのだ。その当時、アフリカの化石記録については、ほとんどなにもわかっていなかった。しかしシュトローマーは、そのアフリカで恐竜の化石を発見しようと心に決めていた。

　シュトローマーの遠征は大成功を収める。彼は助手とともにさまざまな化石を発掘し、そのなかには恐竜の新種も多数含まれていた。その1つが巨大獣脚類のスピノサウルスで、それまでに化石が見つかっていたどの恐竜にも似ていなかった。頭骨の断片から、この動物の頭蓋が細長く、ワニのものによく似ていることがわかった。最大の特徴は、脊椎から上方へ高く伸びた棘突起で、皮膚膜に覆われた帆のような構造物を形成していた。また、この動物が巨大な恐竜だったこともすぐにわかった。断片的な遺骸はどれもみな、ほかの肉食恐竜の骨よりはるかに大きかったのだ。

　スピノサウルスの興味深い化石は、ミュンヘン博物館の呼び物として展示された。しかし、この博物館はナチス司令部の近くにあり、1944年の連合国軍による空爆で建物が破壊されてしまう。たった1つしかなかったスピノサウルスの化石は灰燼に帰し、古生物学者たちの手元には、シュトローマーの記載論文と論文に掲載されたイラストだけが残った。

　最近、スピノサウルスの化石が新たに数点発見されたが、そのほとんどは断片的なもので、全身の完全骨格はもちろん、中程度の骨格化石すら見つかっていない。しかし、新たに発見されたこれらの化石により、スピノサウルスが奇妙な姿をした恐竜だったことは確認されている。地球上に出現した最大の肉食動物だった可能性もある。新たに見つかった頭骨は、長さが2メートルあり、獣脚類のものとしては最も大きい。この頭骨やそのほかの化石をもとに、古生物学者はスピノサウルスの体長を10～18メートルと推定した。一方、ティラノサウルスは、最大の個体でも体長が12メートルを超えることはまずない。スピノサウルスの推定体重にもある程度の幅があるが、多くの竜脚類を上回る20トンに達していた可能性がある。最も、この数値はやや大げさで、スピノサウルスの体重は6～9トンだった可能性のほうが高いが、それでも肉食恐竜としてはかなりの重量だ。

分類

動物
　脊索動物
　　竜弓類
　　　主竜類
　　　　恐竜類
　　　　　獣脚類
　　　　　　テタヌラ類
　　　　　　　スピノサウルス上科

化石発掘地

データファイル

生息地：	アフリカ（エジプト、モロッコ、ニジェール）
生息年代：	白亜紀前期～中期
体長：	10～18メートル
体高：	2.5～3メートル
体重：	6～9トン
捕食者：	なし
餌：	魚類、鳥盤類、竜脚類の恐竜

大きさの比較

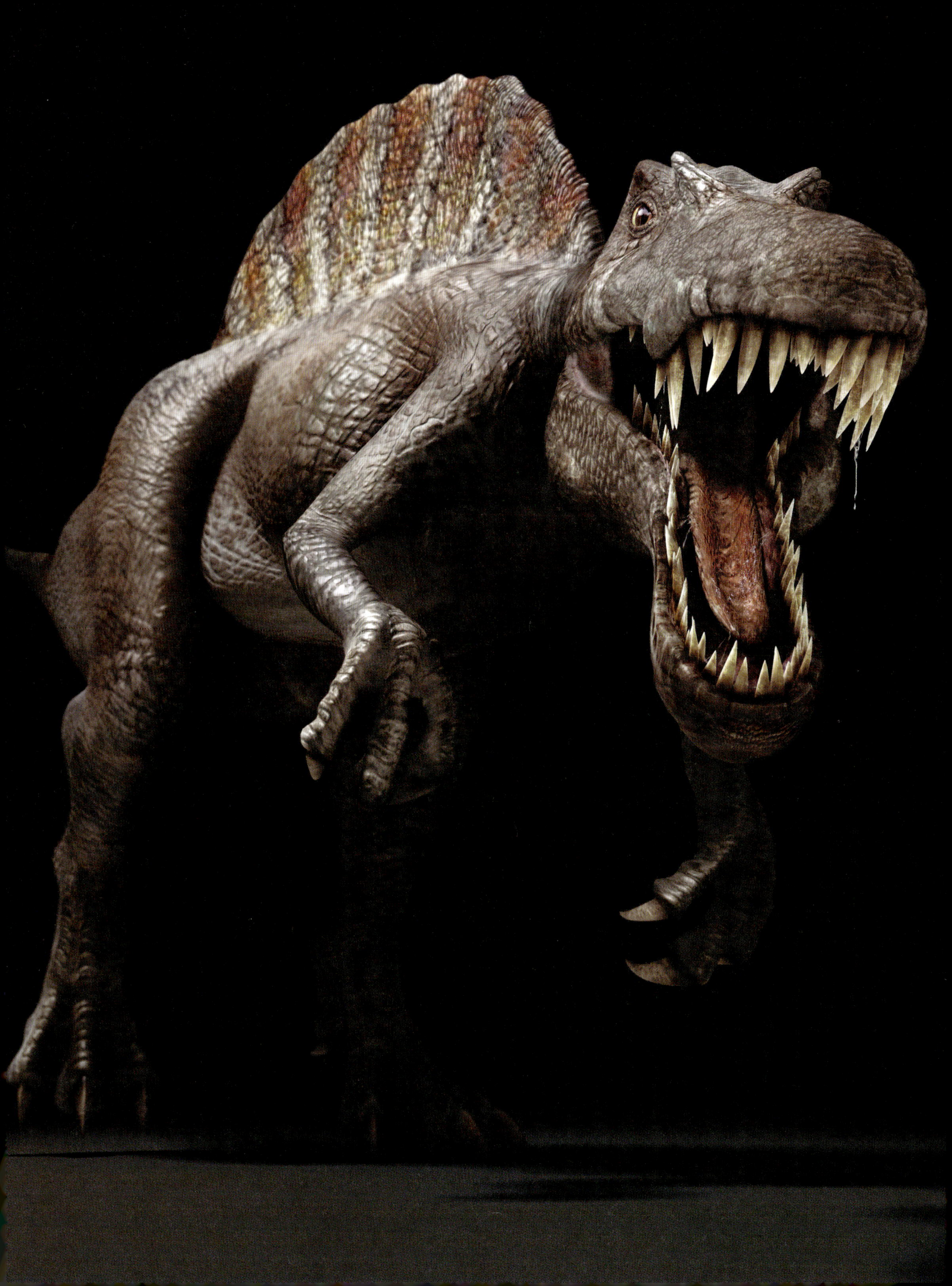

Baryonyx
バリオニクス

学名の意味：「重たい爪」

アマチュア化石ハンターのウィリアム・ウォーターは、世界各地での化石探しに生涯を費やした。1983年、彼は一世一代の発見をする。サリー州で、ある石材会社が所有するレンガ用粘土の採掘抗をくまなく調べていたとき、ウォーターは驚くべき化石を偶然発見した。獣脚類の長さ25センチの鉤爪だった。しかも、周辺を掘り返したところ、スピノサウルスにとてもよく似た獣脚類の、ほぼ完全な骨格が姿を現したのだ。

バリオニクスは大型の獣脚類で、体格はほぼアロサウルスに匹敵し、ティラノサウルスなどの巨大種よりわずかに小さいだけだった。スピノサウルスよりはかなり小さかったが、アフリカに生息していたこの奇妙な捕食動物と多くの共通点をもっていた。最大の特徴は、背骨についていた大きな帆のような構造物だ。1つひとつの椎骨から上方に伸びる棘突起がこの「帆」を支えていた。バリオニクスの棘突起は短かったが、スピノサウルス類の恐竜のなかには、棘突起の長さが2.1メートルに達するものもいた。頭骨は細長く、平たい吻部にはワニのものに似た円錐状の歯がびっしりと並んでいた。たいていの獣脚類は前肢が小ぶりだが、スピノサウルス科の恐竜は、長く頑丈な前肢をもち、指先には狩りのための強力な武器となる鋭い鉤爪があった。

この奇妙な解剖学的構造をもつ動物の食性と生態はどのようなものだったのだろうか。どうやらワニの食性と生態に似ていた可能性が高そうだ。ウォーカーが発見したバリオニクスの化石の腹部には魚の鱗が残っていた。これはスピノサウルス類の恐竜が魚食性だったことを裏づける決定的な証拠となった。おそらく、バリオニクスは、グリズリー・ベア（ハイイログマ）のように水際に潜み、魚の群れが川の流れに乗ってやってくるのを待ち伏せたのだろう。その細長い頭骨は、すばやく水中に突っ込むのに最適な構造であり、先端に鉤爪がある力の強い前肢を槍のようにさっと伸ばして、魚を突き刺した可能性もある。だが、腹部にイグアノドンの骨が残るバリオニクスの化石も見つかっているので、幅広くいろいろな動物を捕食していたようだ。体長が13メートルもあるスピノサウルス類の恐竜は、生態系で最上位を占める捕食者であり、食べたいものはなんでも食べることができた。

分類

動物
　脊索動物
　　竜弓類
　　　主竜類
　　　　恐竜類
　　　　　獣脚類
　　　　　　テタヌラ類
　　　　　　　スピノサウルス上科

化石発掘地

データファイル

生息地：	ヨーロッパ（イギリス）
生息年代：	白亜紀前期
体長：	9〜13メートル
体高：	1.8〜2.5メートル
体重：	2.5〜5.4トン
捕食者：	なし
餌：	魚と鳥盤類の恐竜

大きさの比較

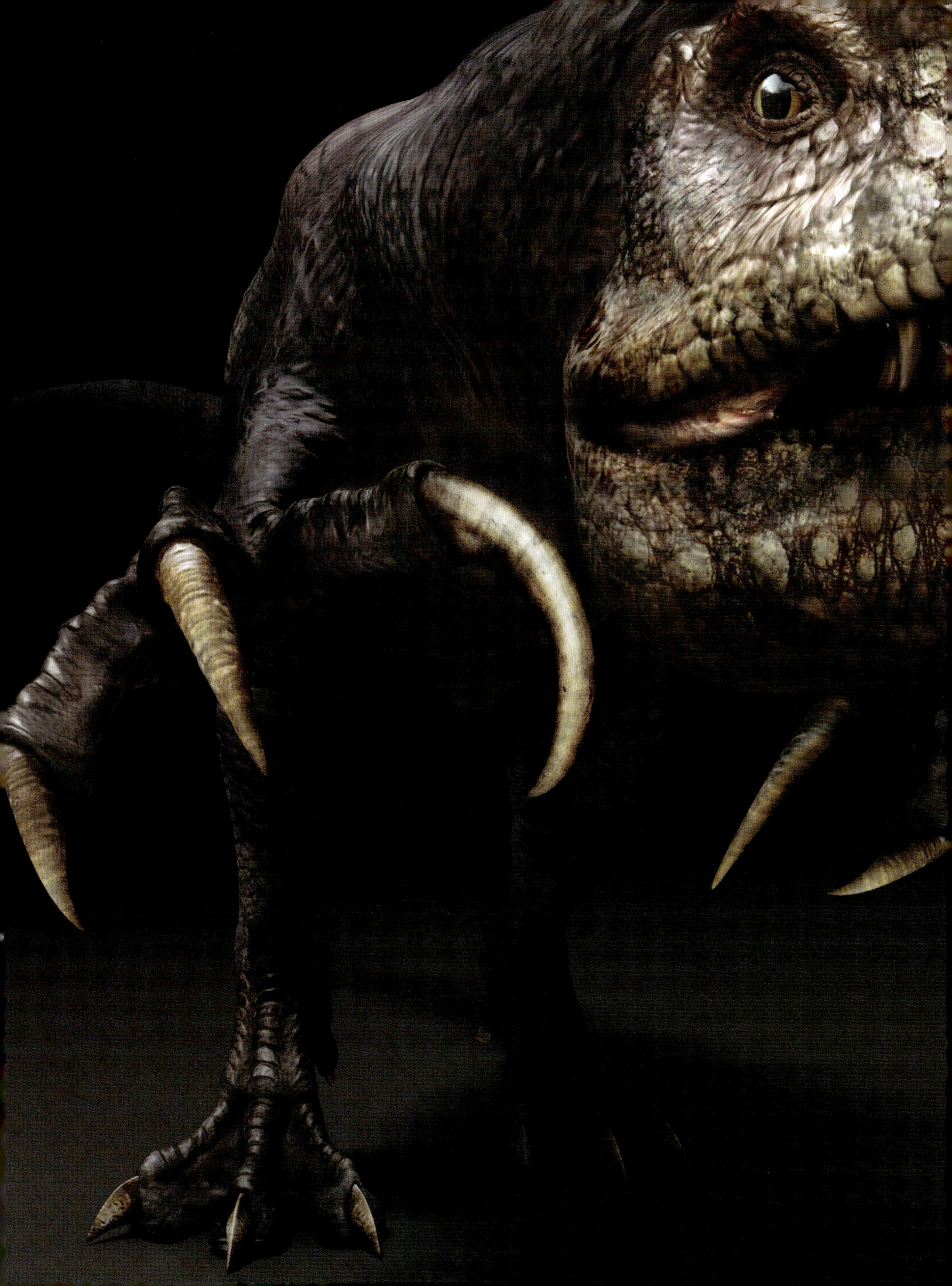

Irritator
イリテーター

学名の意味:「苛立たせる者」

　イリテーターは南アメリカに生息していたスピノサウルス類である。この奇妙な学名は、ラテン語やギリシャ語ではなく、英語に由来しており、文字どおりの意味は「苛立たせる者」。現在知られている唯一の化石であるほぼ完全な頭骨は、もともと営利目的の化石ハンターによって発見された。彼らは見た目をよくすれば高く売れると考えて、石膏で化石を「改良」し、いくつかの特徴を捏造した。この頭骨を入手して調査を行った古生物学者たちは、どの部分が本物の骨で、どの部分があとからつけ加えられたまがいものの骨なのかを解明するのに手間どった。彼らが苦心惨憺し、苛立ったために、この名前がつけられた。

　イリテーターの頭骨は、これまでに発見されたスピノサウルス類の頭骨としては最も完全なものであり、専門家がイライラしただけの価値はあった。バリオニクスや、貢献度はやや劣るがスピノサウルスも、スピノサウルス類の頭蓋のおおまかな特徴をつかむうえで役に立った。しかし、イリテーターの化石が見つかったおかげで、古生物学者たちは初めてその頭骨の全容を目にすることができたのだ。

　頭骨全体はワニのものに似ており、魚食に適した構造になっている。吻が非常に細く、顎にはギザギザのない円錐状の歯が並んでいる。こうした歯は、ワニやアザラシなど多くの魚食性動物にも見られ、体表が滑りやすい獲物を捕えるのにうってつけだ。そのうえ、吻の最前部がスプーン状に膨らんでおり、そこに魚を捕殺するための多くの歯が生えている。口の内部には、口蓋と鼻道を隔てる二次口蓋がある。現生のワニにも見られるこの特徴を備えた動物は、水面下で餌を食べながら鼻で呼吸できる。また、二次口蓋の存在により、頭骨の強度と顎の咬合力も増すと考えられている。さまざまな獲物を食べる巨大な捕食動物には、頑丈な頭骨と強大な咬合力が必要だったはずだ。

　イリテーターの化石は、ブラジルのサンタナ層──魚類や翼竜の美しい化石が何百点も産出していることで世界的に有名な岩石層──で見つかった。同じくスピノサウルス類に属するアンガトゥラマも、この岩石層から産出したたった1つの化石──吻の前端部──をもとに記載された。しかし、現在では、この化石はイリテーターの頭骨の破片であると考えられている。

　スピノサウルス類の化石、とりわけ歯の化石は、南アメリカとアフリカで多数見つかっているが、北アメリカとアジアの大部分での産出例は報告されていない。おそらくスピノサウルス類は主として南方系の恐竜グループであり、ときおり北半球の大陸（ヨーロッパ）に進出することがあったのだろう。白亜紀の南半球において最も支配的で、最も重要な地位を占める捕食動物だったことは明らかだ。

分類

動物
　脊索動物
　　竜弓類
　　　主竜類
　　　　恐竜類
　　　　　獣脚類
　　　　　　テタヌラ類
　　　　　　　スピノサウルス上科

化石発掘地

データファイル

生息地：	南アメリカ（ブラジル）
生息年代：	白亜紀前期
体長：	8メートル
体高：	1.5～1.8メートル
体重：	900～960キロ
捕食者：	なし
餌：	魚と鳥盤類の恐竜、翼竜類

大きさの比較

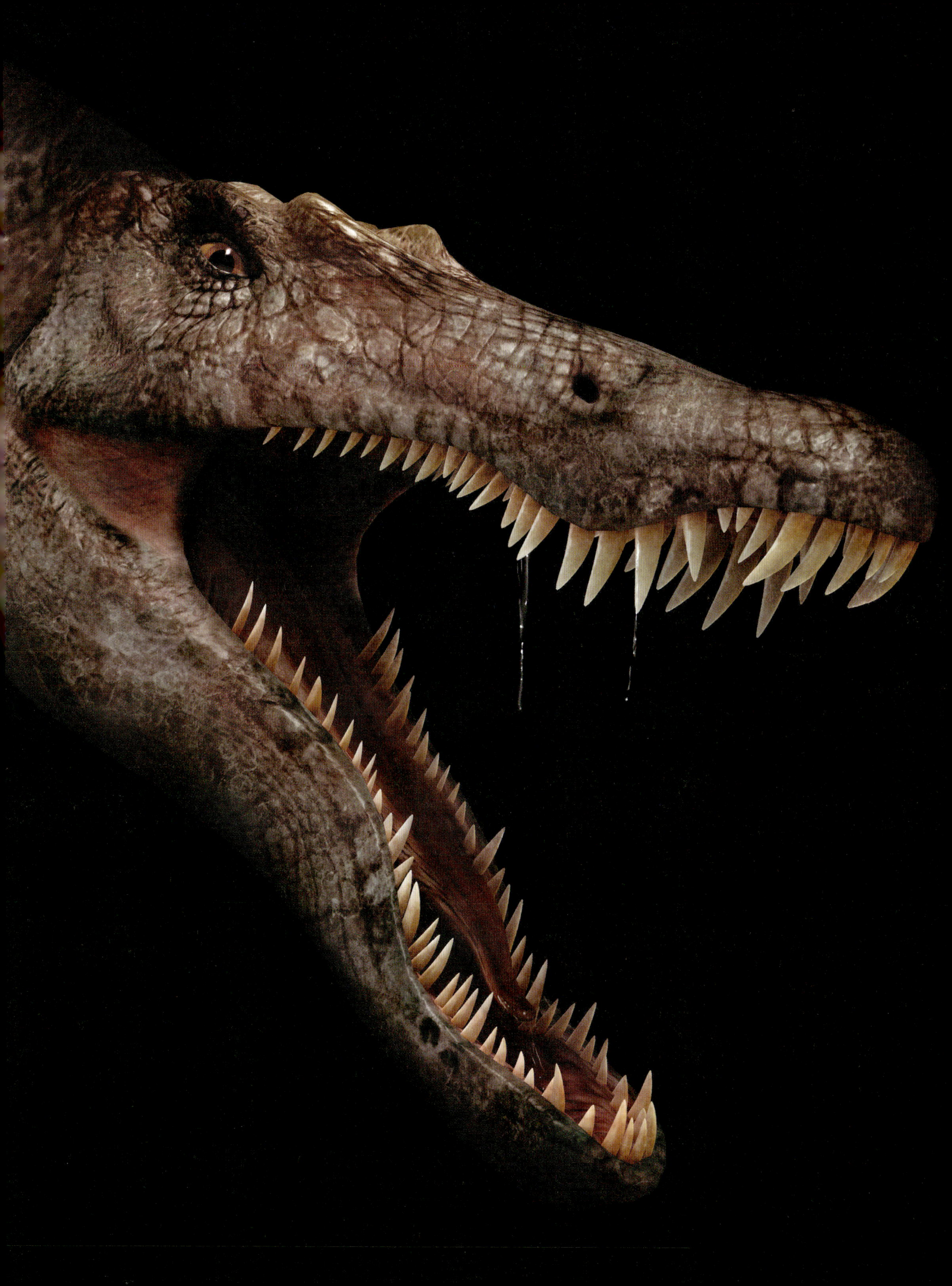

Acrocanthosaurus
アクロカントサウルス

学名の意味：「高い棘をもつトカゲ」

アクロカントサウルスは、白亜紀の北アメリカで最も獰猛な捕食者だった。体長はティラノサウルス並みの12メートル、体重は3〜4トンあり、これまでに地球上に存在した最大の陸生捕食動物の1つ。このとてつもなく大きな動物の化石は、アメリカの平原で産出しており、多種多様な竜脚類および鳥盤類の化石といっしょに見つかる。これらの植物食恐竜も体が大きかったが、強力な顎と鋭い鉤爪をもつアクロカントサウルスに襲われれば、ひとたまりもなかったはずだ。

アクロカントサウルスはアロサウルス上科、つまりジュラ紀後期に繁栄していたテタヌラ類のサブグループに属する獣脚類だった。いくつかの点ではスピノサウルス類やティラノサウルス類に似ており、過去にはこれらの獣脚類グループに分類されることもたびたびあった。頭骨は長さが1.25メートルもある巨大なもので、顎にナイフのような歯が生えており、ティラノサウルス類の頭骨によく似ている。脊椎からは、スピノサウルス類の背中の帆を支えていたのと同様な棘突起が伸びていて、プレート状の構造物が形成されていた。しかし、最近の研究により、アクロカントサウルスの全身骨格の随所にアロサウルス類と共通の特徴が多数見られることから、アロサウルス上科との類縁関係が明らかになった。

アクロカントサウルスは、カルカロドントサウルス科——アロサウルス上科に属するサブグループの1つ——の恐竜にとてもよく似ている。カルカロドントサウルス科には、アフリカのカルカロドントサウルスと南アメリカのギガノトサウルスが含まれる。白亜紀前期〜中期の南半球の大陸では、こうした巨大動物が驚くほどの多様化を遂げており、生態系における最強の捕食者として君臨していたことがわかっている。体が大きいこと以外にも、目の上の

第5章 白亜紀前期─中期の恐竜 127

分類
動物
　脊索動物
　　竜弓類
　　　主竜類
　　　　恐竜類
　　　　　獣脚類
　　　　　　テタヌラ類
　　　　　　　アロサウルス上科
　　　　　　　　カルカロドントサウルス科

化石発掘地

データファイル
生息地：	北アメリカ（アメリカ合衆国）、アジア
生息年代：	白亜紀前期
体長：	12メートル
体高：	1.8〜2.5メートル
体重：	3〜4トン
捕食者：	なし
餌：	鳥盤類の恐竜、ワニ形類

大きさの比較

骨質の突起、中空の脊椎、末端がブーツ状に大きくふくらんだ恥骨──強力な後肢の筋肉がここにしっかりと固定されていたのだろう──など、アクロカントサウルスには、これらの巨大恐竜と共通の特徴がたくさんある。アクロカントサウルスは、南半球に生息していた巨大恐竜グループの北半球代表にあたる。

アクロカントサウルスの化石はテキサス州とオクラホマ州で見つかっており、保存状態のすばらしい4個体の骨格が知られている。古生物学者たちは、たいていの化石では通常見ることのできない脳も詳細に調査できた。さらに、テキサス州の白亜紀前期の岩石層で大型獣脚類の足跡化石が数えきれないほどたくさん見つかっており、そのほとんどがアクロカントサウルスのものと考えられている。テキサス州グレン・ローズ近郊の足跡化石は、竜脚類の恐竜を追尾するアクロカントサウルスが残したものの可能性がある。もしそうだとすれば、捕食行動が化石記録に保存された数少ない例の1つだ。

Carcharodontosaurus
カルカロドントサウルス

学名の意味：「サメの歯をもつトカゲ」

巨大なスピノサウルスと同時代に、ほぼ同サイズの獣脚類カルカロドントサウルスが生息していた。アロサウルス上科に属するカルカロドントサウルスのほうがわずかに小さく、細身だったが、獰猛さでは引けをとらなかった。白亜紀前期の北アフリカの三角州や氾濫原では、これら2種の肉食恐竜が暴れまわっていたのだろう。小型の植物食恐竜にとっては、暮らしにくい時代だったはずだ！

スピノサウルスと同様に、カルカロドントサウルスも、ドイツの古生物学者エルンスト・シュトローマーが断片的な化石をもとに記載した。そして、背中に帆をもつ巨大恐竜の模式標本と同じく、これらの化石も第二次世界大戦中の空爆により灰燼に帰した。しかし最近、ポール・セレノをリーダーとする調査隊がカルカロドントサウルスの化石数点の発掘に成功した。そのうちの1点はほぼ完全な頭骨で、これまでに見つかった獣脚類の頭骨としては最も大きなものの1つだ。長さは1.5メートルを超えており、ティラノサウルスの頭骨より長く、スピノサウルスの頭骨にほぼ匹敵する。

だが、スピノサウルスの頭骨が細長く、魚を捕えるのに適した構造であるのに対して、カルカロドントサウルスの頭骨は頑丈で高さがあり、大きな獲物を倒すのに適していた。カルカロドントサウルスの歯は、ほかの獣脚類には見られない独特なもので、学名の由来にもなっている、サメの歯と同じように、カルカロドントサウルスの歯も長く、断面の薄いナイフのような形状で、縁には細かなギザギザがついている。これは、獲物の肉を切り裂くのにうってつけの構造だ。頭骨の前眼窩窓（眼窩の前方にあいている穴）が大きいこともカルカロドントサウルスのユニークな特徴の1つ。大きな頭骨を軽量化して、身のこなしも軽くする効果があったのだろう。

カルカロドントサウルスの歯は、北アフリカ全域で見つかっており、この恐竜が白亜紀前期～中期の大半にわたって広い範囲に分布する支配的な捕食者だったことを示唆している。最近、ニジェールで産出した化石をもとに、カルカロドントサウルスの2番目の種が記載された。この化石種には、エジプトとモロッコで発見された化石とは異なる特徴が見られる。白亜紀中期に浅海が形成され、北アフリカの大部分が分断された折に、海の南側で独自の進化を遂げたのかもしれない。

分類

動物
　脊索動物
　　竜弓類
　　　主竜類
　　　　恐竜類
　　　　　獣脚類
　　　　　　テタヌラ類
　　　　　　　カルカロドントサウルス科

化石発掘地

データファイル

生息地：	アフリカ（エジプト、モロッコ、ニジェール、チュニジア）
生息年代：	白亜紀前期～中期
体長：	12～14メートル
体高：	2.1～2.75メートル
体重：	6～7.5トン
捕食者：	なし
餌：	竜脚類と鳥盤類の恐竜、小型獣脚類

大きさの比較

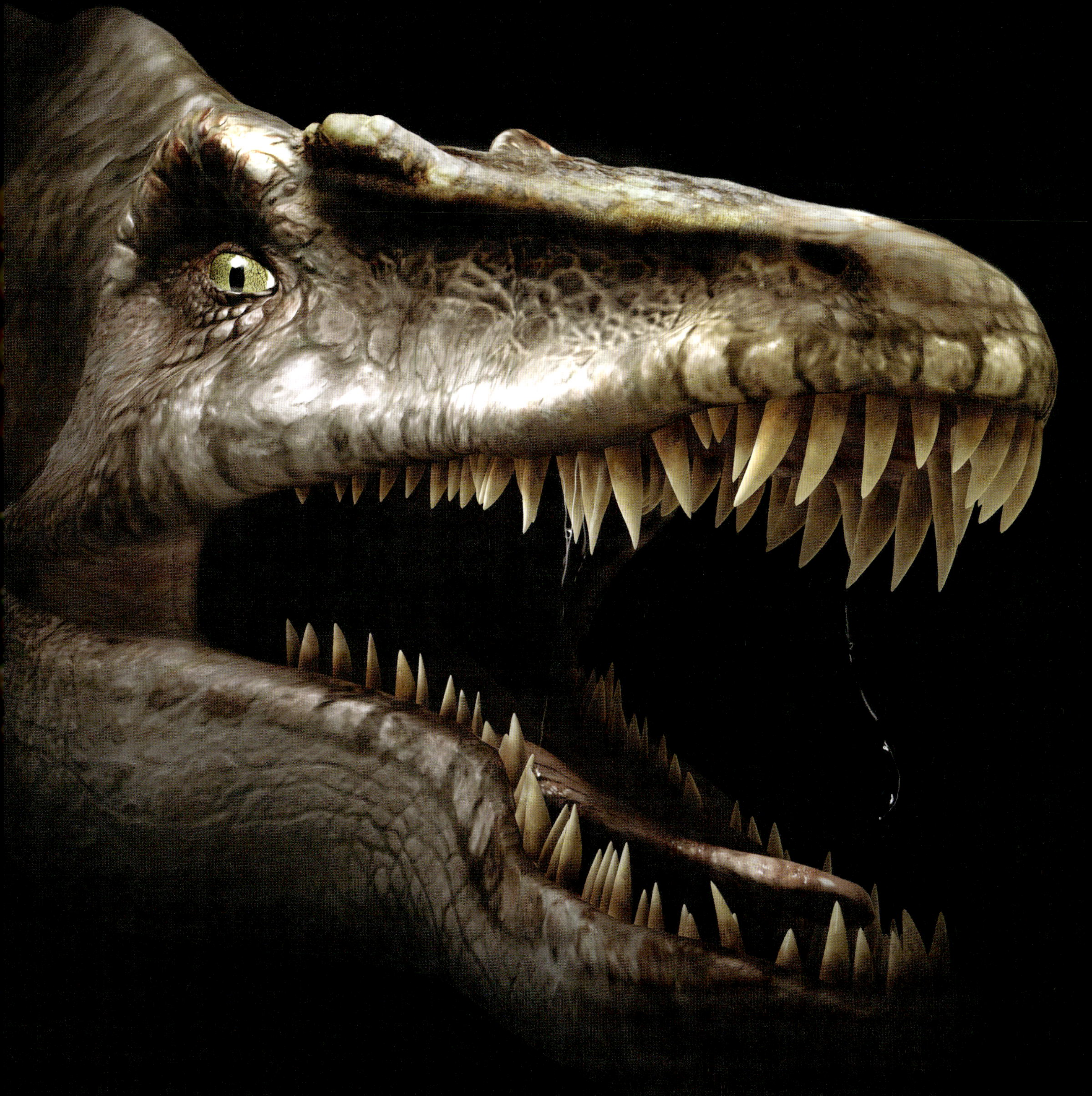

Giganotosaurus
ギガノトサウルス

学名の意味:「巨大な南のトカゲ」

　北アフリカでカルカロドントサウルスが鳥脚類をつけねらっていたころ、南アメリカではその近縁種であるギガノトサウルスが巨大な竜脚類の体に鋭い歯を突き刺していた。これら2種類の恐竜はアロサウルス上科に属しており、恐竜界で最も恐ろしい部類の捕食者だった。白亜紀前期～中期には、カルカロドントサウルス科の恐竜が超大陸ゴンドワナの生態系を支配していたのである。

　ギガノトサウルスの化石は1993年に初めて見つかり、1995年に命名された。大型獣脚類の化石としてはめずらしく、ほぼ完全な骨格だったため、その発見に古生物学界は沸き立った。だが、ギガノトサウルスの大きさは、「大型」という言葉ではとても形容しきれるものではない。「巨大な」、「超大型の」、「とてつもなく大きな」といった言い方のほうが適切だろう。これほど大きな動物は想像しにくい。最大の個体は体長がゆうに14メートルを超えていたかもしれない。スピノサウルスが体長でこれを上回っていた可能性があるが、全身骨格やそれに近い化石は見つかっていないので、その正確な大きさはわからない。ギガノトサウルスの骨格標本の横に立つと、人間などネズミほどにしか見えない。

　ギガノトサウルスは、その巨大さゆえに、みずからが棲む生態系に多大な影響を与えるキーストーン捕食者(中枢捕食者)としての地位に就くことができた。おそらく、巨大な竜脚類や鳥脚類を捕食していたのだろう。実際、史上最大級の竜脚類の化石がギガノトサウルスと同時代か、少しあとの岩石層で見つかっている。そうした竜脚類の1つがアルゼンチノサウルスで、体長は30メートルを超えていた可能性がある! たぶん、ギガノトサウルスはこうした巨大竜脚類を餌食にしていたのだろう。地球上でこれほど規模の大きな捕食-被食関係が成立していた例は、それ以前にもそれ以後にもなかったはずだ。

　最近、古生物学者たちは、ギガノトサウルスの近縁種をほぼ同時代の岩石層で発見した。マプサウルスと命名されたこの捕食者は、体格の異なる少なくとも7個体の遺骸──たぶん激しい暴風雨に巻き込まれて死んだのだろう──を含むボーンベッド(骨化石密集層)で見つかった。カルカロドントサウルス科の恐竜は単体でもひどく恐ろしい存在だったというのに、この肉食恐竜は集団で狩りをしていた可能性がある。アルゼンチノサウルスのような大物の竜脚類を仕留めるにはそうする必要があったのかもしれない。

第5章 白亜紀前期—中期の恐竜　131

分類

動物
　脊索動物
　　竜弓類
　　　主竜類
　　　　恐竜類
　　　　　獣脚類
　　　　　　テタヌラ類
　　　　　　　カルカロドントサウルス科

化石発掘地

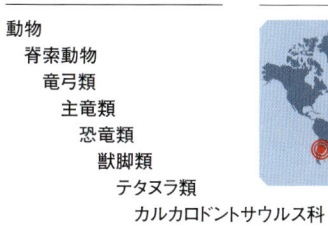

データファイル

生息地：	南アメリカ（アルゼンチン）
生息年代：	白亜紀前期～中期
体長：	12～14メートル
体高：	2.1～2.75メートル
体重：	6～7トン
捕食者：	なし
餌：	竜脚類と鳥盤類の恐竜、小型獣脚類

大きさの比較

The Feathered Dinosaurs of China
中国の羽毛恐竜

鳥類が獣脚類の恐竜から進化したことは、疑問の余地がない。
1861年にアルカエオプテリクスが発見されたことにより、初めて古生物学者たちは、
この2つのグループをつなぐ正真正銘の失われた環（ミッシングリンク）を手にした——
恐竜のような骨の通った尾と鋭い歯をもっていたが、羽に覆われていて鳥のように空を飛ぶことのできた小型動物。
1世紀後に、ジョン・オストロムがドロマエオサウルス科のデイノニクスを発見したことにより、
獣脚類の恐竜と鳥類をつなぐさらにもう1つのミッシングリンクが得られた——
頭骨、手首、肩に鳥類的な特徴がいくつも認められる機敏な恐竜。
これらの化石の発見と、その後の入念な調査により、鳥類の起源をめぐる論争に終止符が打たれることとなった。
とはいえ、まだ多くの謎が残されていた。鳥類の祖先は、いつ、どのような目的のために羽を進化させたのだろうか。
地上を疾走する恐竜が飛翔能力を身につけたのだろうか。
それとも樹上生活を送る恐竜が滑空能力を身につけたのだろうか。
そして、鳥類は獣脚類のどのグループから進化したのだろうか。

古生物学者たちが上記の疑問やその他多くの疑問に答えをだすうえで、中国の有名な化石産出地が大きく貢献した。遼寧省は中国東北部に位置し、北朝鮮と国境を接している。今日のこの地域にはなだらかに起伏する農地が広がり、無秩序に建設された工場が乱立し、5000万人近い人々が暮らしている。しかし、約1億2500万年前のこの一帯には大きな湖があって魚や甲殻類が群れをなしていたほか、初期の鳥類、小型獣脚類、最古の被子植物など、さまざまな生物が棲んでいた。そして、遠方の火山がときおり大噴火を起こし、大地に降り注ぐ大量の火山灰に埋もれた動植物が化石となった。

こうした化石の存在は50年以上前から知られていたが、古生物学者が遼寧省での調査を本格的に開始したのは1990年代半ばのことだ。すぐに驚くべき発見がなされた。最初に見つかったのは、羽毛に覆われた動物の押

羽毛恐竜ミクロラプトルのみごとな化石。この小さな恐竜はドロマエオサウルス科の系統に属し、前肢と後肢の両方に飛行用の羽があった

ある。実際、古生物学者たちはとても奇妙なことに気づいていた。この標本は、羽毛様構造物で覆われていたが、骨格は獣脚類の恐竜コンプソグナトゥスのものにほぼそっくりだったのだ。2年後、研究者たちは驚くべき結論に到達した。シノサウロプテリクスは、鳥ではなく、羽毛をもつ真の獣脚類だった。

これは画期的な発見となった。鳥類が恐竜から進化したことは間違いなかったが、そうした事実を裏づけたのは、多くの解剖学的証拠であり、その大部分は専門的な知識をもつ古生物学者にしか理解できないものだった。羽毛をもつ獣脚類の化石は、決定的な証拠——鳥類が恐竜であることをすべての人に納得してもらうための願ってもない視覚的証拠——となった。

だが、この話はシノサウロプテリクスの発見をもって終わらなかった。この1億2500万年前の岩石層では、羽毛をもつ獣脚類

羽毛恐竜シノサウロプテリクスの頭骨。中国遼寧省では、1996年に発見されたこの恐竜を皮切りに、多くの羽毛恐竜の化石が見つかっている

エオサウルス科のシノルニトサウルス、小さな滑空動物ミクロラプトルが発見された。最近では、ティラノサウルス類に属する原始的な恐竜ディロングの化石が見つかり、羽毛の痕跡が確認された。このように羽毛恐竜の化石が相次いで発見され、外見が鳥に似た獣脚類だけでなく、その他多くの獣脚類にも羽毛があったことがわかった。ティラノサウルス類やコンプソグナトゥス類が飛翔能力をもっていなかったことははっきりしているので、これらの動物はなにか別の目的のために羽毛を進化させたと考えざるをえない。おそらく、当初は交尾の相手を引き寄せるためのディスプレイか、保温用の断熱材として使われ、その後、飛行用の翼へと変容していったのだろう。

　遼寧省で発見された有名な羽毛恐竜についてのくわしい調査が行われ、生物進化関連の多くの重要な謎の解明に取り組む古生物学者たちは、貴重なヒントを得ることができた。さまざまな種のさまざまなタイプの羽を比較することにより、進化系列が明らかになる。シノサウロプテリクスの「原始的な羽毛」は短くシンプルな構造で、密集して生えており、哺乳類の体毛のようにこの動物の体を覆っていた。その後、シノルニトサウルスなどのドロマエオサウルス科の恐竜は、より複雑な内部構造をもつ大きな羽を発達させた。こうしたドロマエオサウルス科の恐竜のなかには、幅が広く、中央に羽軸がある真の風切り羽をもつものもいた。このことは、羽がシンプルな羽毛様構造物から空を飛ぶための複雑な構造物へと少しずつ進化していったことを示すとともに、ドロマエオサウルス科が鳥類と最も近縁な獣脚類グループであることも示唆している。ドロマエオサウルス科の仲間には、ミクロラプトルなど、おそらく樹上生活を送っていたと思われる小さな動物もいた。鳥類の飛翔能力の起源は、地上を疾走する動物が離陸したことではなく、樹上から飛び降りた動物が滑空したことに求めることができそうだ。

　今日では、遼寧省の田園地帯は、次なる大発見を夢見て羽毛をもつ獣脚類を探し求める化石ハンターたちでにぎわっている。ほとんど毎年のように新種が発見されており、そのたびに、生物の歴史において最も重要な進化的変遷の1つ──恐竜から鳥類への進化──に対する古生物学者たちの理解が深まる。

原始的な鳥、コンフシオルニス。中国遼寧省では、羽毛恐竜の化石が見つかるのと同じ岩石層から、この初期鳥類の化石が多数産出している。これまでに発見された最古の、そして最も原始的な鳥類の1つ

Microraptor
ミクロラプトル

第5章 白亜紀前期―中期の恐竜 135

Microraptor
ミクロラプトル

学名の意味:「小さな泥棒」

小型獣脚類のミクロラプトルは、たぶん中国で見つかった羽毛恐竜のなかで最も重要度が高い。巨大恐竜の支配下にあった世界において、この羽毛恐竜は、その小ささゆえに注目に値する。体長は数十センチしかなく、体重は4.5キロに満たなかった。鳥類と最も近縁な恐竜グループであるドロマエオサウルス類の原始的な仲間だ。ミクロラプトルの奇妙な解剖学的構造と羽根の配置は、鳥類の飛翔能力の起源を明らかにしようとする古生物学者に貴重なヒントを与えてくれている。

「アルカエオラプトル」といえば、当初こそ鳥類へと至る進化系統上の重要なミッシングリンクとしてもてはやされたが、その後、1999年に遼寧省産のいくつかの化石を組み合わせて偽造されたものであることが判明した。この標本の2分の1を構成していたのがミクロラプトルの化石だ。古生物学者たちは、すぐに合成標本であることを見抜いたが、その一部が貴重な化石であることに気づいた。長い尾をもち、羽毛に覆われていたミクロラプトルは、2000年に徐らによって記載された。胴体の長さはわずか5センチで、[最古の鳥類である]アルカエオプテリクスより小さな恐竜の化石が見つかったのは初めてのことだった。鳥類恐竜起源説に批判的な専門家のなかには、獣脚類の恐竜は体が大きく、体格ではるかに劣る鳥類に進化したとは考えにくいと主張する向きもあったので、これは重要な発見となった。

そのうえミクロラプトルの足には、カーブした細い鉤爪があった。この鉤爪をはじめ、ミクロラプトルには樹上生活を送るのに適した特徴がいくつか見られた。鳥類が地上を疾走する動物から進化したのか、樹上生活をする動物から進化したのかが長らく論争の焦点となっていたので、このことも重要な意味をもった。ミクロラプトルが発見されるまでは、樹上生活に適応していたことが確認できる恐竜の化石は存在しなかった。このドロマエオサウルス類の恐竜は、鳥類ときわめて近縁な動物なので、最初期の鳥類は樹上で進化を遂げた可能性が高い。

ミクロラプトルの羽も独特なものだった。原記載されてから3年後に、徐とそのチームは、同じ岩石層から産出した化石を模式標本とするミクロラプトルの第2の種を記載した。この動物は、原種よりさらに変わった特徴をもつ重要な種と判明した。やはり鳥によく似ており、体が非常に小さく、樹上生活を送るための適応形質が認められた。さらに、この新種の動物は、前肢だけでなく後肢にもよく発達した飛行用の羽をもっていた。古生物学者たちにとって、4枚の翼の存在は衝撃的だった。現生鳥類は例外なく前肢のみに飛行用の羽が生えている。ミクロラプトルは、最初に出現した鳥類が複葉機のように4枚の翼で飛ぶ動物だった可能性を示唆している。また、こうした初期の飛行機と同じように、ミクロラプトルも上下2枚の翼——前肢の翼と後肢の翼——を使って滑空したのかもしれない。もしそうだとしたら、ほかの動物には見られない独特の行動だ。

分類

動物
　脊索動物
　　竜弓類
　　　主竜類
　　　　恐竜類
　　　　　獣脚類
　　　　　　テタヌラ類
　　　　　　　コエルロサウルス類
　　　　　　　　ドロマエオサウルス科

化石発掘地

データファイル

生息地:	アジア(中国)
生息年代:	白亜紀前期
体長:	45〜75センチ
体高:	22〜36センチ
体重:	2〜4キロ
捕食者:	獣脚類の恐竜
餌:	小型脊椎動物、昆虫

大きさの比較

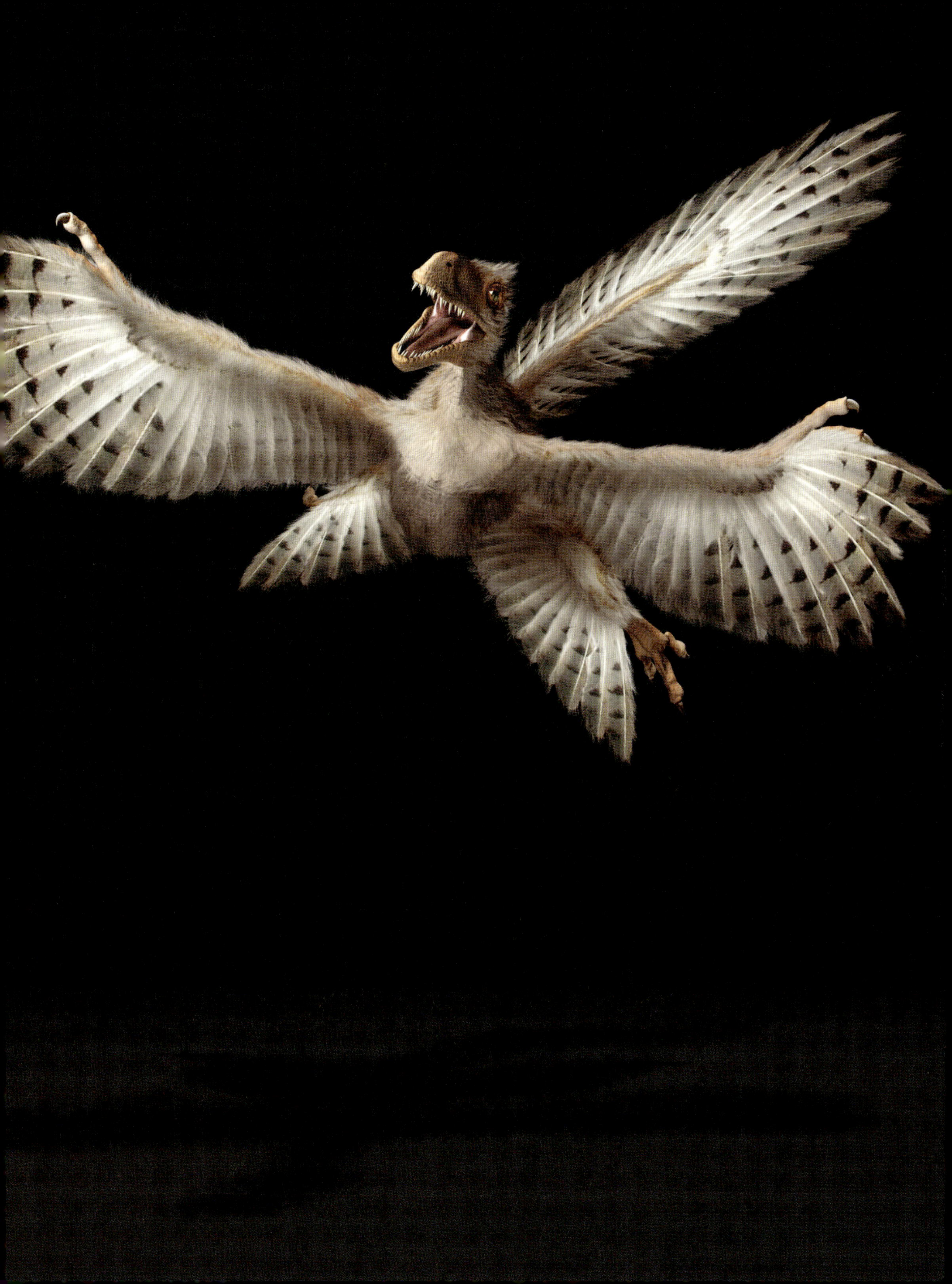

カウディプテリクス
Caudipteryx

学名の意味：「羽のある尾」

　孔雀(くじゃく)に似たカウディプテリクスは、中国で最初に発掘された羽毛恐竜の1つ。前肢と手、そして尾にびっしりと羽が生えていたにもかかわらず、古生物学者たちは、カウディプテリクスがきわめて原始的なオヴィラプトロサウルス類——ゴビ砂漠で化石が見つかった有名なオヴィラプトルを含む奇妙な獣脚類グループ——の一種と考えている。

　オヴィラプトロサウルス類は、最も奇妙なコエルロサウルス類の1つ。鳥によく似たこのコエルサウルス類たちは、大部分が小型の動物で、頭頂部にトサカのある軽量で短い頭骨を特徴とする。ほとんどの種には歯が1本もなく、おそらく（嘴を使って）種子、堅果、貝類、小型脊椎動物を食べていたと思われる。しかし、カウディプテリクスは、全身の解剖学的構造においてほかの多くのオヴィラプトロサウルス類より原始的な特徴が見られる。また、吻部の上端に4本の歯があり、頭骨がかなり重いので、このグループに属するほかの仲間より肉食的だったのかもしれない。

　カウディプテリクスが疾走できたことは間違いない。骨格は軽く、前肢が退化しており、後肢は長くしなやかだった。尾はたいていの恐竜より短く、先端には鳥類の尾端骨のような複数の骨が癒合してできた塊があった。これは、七面鳥やチキンの丸焼きでよく知られている「牧師の鼻」（「家禽の尻」の意）と呼ばれる部位にあたる。尾端からは細めの羽が放射状に生えており、大きな扇のような構造物が形成されていた。おそらくこれはディスプレイとしての役割をはたしていたのだろう。前肢と手は、現生鳥類の風切り羽に似た、より長く、丈夫で、複雑な構造の羽で覆われていた。しかし、鳥類の風切り羽は羽軸に対して非対称だが、カウディプテリクスの羽は羽軸に対して左右対称なので、このオヴィラプトロサウルス類は、空を飛ぶことはできなかったようだ。

分類
動物
　脊索動物
　　竜弓類
　　　主竜類
　　　　恐竜類
　　　　　獣脚類
　　　　　　テタヌラ類
　　　　　　　コエルロサウルス類
　　　　　　　　オヴィラプトロサウルス類

化石発掘地

データファイル
生息地：	アジア（中国）
生息年代：	白亜紀前期
体長：	1～1.25メートル
体高：	1.2～1.5メートル
体重：	210～216キロ
捕食者：	獣脚類の恐竜
餌：	小型脊椎動物、昆虫

大きさの比較

Incisivosaurus
インキシヴォサウルス

学名の意味：「門歯（前歯）をもつトカゲ」

　遼寧省で化石が産出したインキシヴォサウルスは、カウディプテリクスと類縁関係がきわめて近い、非常に変わった獣脚類の恐竜。やはりオヴィラプトロサウルス類の原始的な仲間で、カウディプテリクスと同様に2本足で疾走することができた。おそらく羽毛をもっていたと思われるが、化石の保存状態が悪く、羽毛の痕跡は残っていない。インキシヴォサウルスの化石は、背骨の断片と頭骨しか見つかっておらず、頭骨には実に不可解な特徴がある。

　ほとんどのオヴィラプトロサウルス類は、歯がない代わりに、堅果や種子を噛み砕くのに適した鳥のような嘴をもっていた。カウディプテリクスは、上顎に数本の歯があったが、それ以外の歯はなかった。しかし、インキシヴォサウルスの上下の顎には完全な歯列があった。吻部先端の上顎からは4本の歯が突きでており、前に位置する歯は長く平らで頑丈であり、内側の表面に磨耗痕がはっきり残っている。堅い植物をガリガリかじる齧歯類の歯にも同様な磨耗痕が認められる。このことは、インキシヴォサウルスがほかのオヴィラプトロサウルス類のような種子食性ではなく、またほかのほとんどの獣脚類のような肉食性でもなく、植物食動物だったことを示唆している！

　下顎だけでなく、上顎の奥にも円錐状のシンプルな歯が並んでおり、やはり磨耗痕が認められる。このことも、植物食性だったことを裏づける動かぬ証拠だ。頭骨には、これ以外にもほかのオヴィラプトロサウルス類には見られない特徴がある。このグループに属する恐竜のほとんどが短い箱型の頭骨をもつが、インキシヴォサウルスの頭骨は長さが10センチあり、ほかのメンバーのものより細長い。また、インキシヴォサウルスの頭骨もやや軽量だが、ほかのオヴィラプトロサウルス類のものほど空洞部分は多くなく、華奢なつくりでもない。たぶん、植物を咀嚼するときの強力な咬合力に耐えられるよう、より頑丈な頭骨をもつ必要があったのだろう。

分類
動物
　脊索動物
　　竜弓類
　　　主竜類
　　　　恐竜類
　　　　　獣脚類
　　　　　　テタヌラ類
　　　　　　　コエルロサウルス類
　　　　　　　　オヴィラプトロサウルス類

化石発掘地

データファイル
生息地：	アジア（中国）
生息年代：	白亜紀前期
体長：	1メートル
体高：	1.25メートル
体重：	6～7キロ
捕食者：	獣脚類の恐竜
餌：	植物と小型動物

大きさの比較

Deinonychus
デイノニクス

学名の意味：「恐ろしい爪」

　1964年に鳥に似た獣脚類デイノニクスの化石が発見されたことは、古生物学界における画期的な出来事となった。それまでは、恐竜は愚かでのろまな生物進化上の失敗作的な動物であり、その原始的な生態ゆえに絶滅する運命にあったと考えられていた。しかし、ジョン・オストロムがデイノニクスを記載したことにより、古生物学者たちの恐竜に対する見方が一変した。デイノニクスは、決して愚鈍な動物ではなく、生態系においてほかの動物たちを恐怖に陥れる機敏で活発な捕食者だった。また、驚くほど鳥に似ており、忘れられていたハックスリーの鳥類恐竜起源説（p.90を参照）の復権にもひと役買った。

　デイノニクスは、ドロマエオサウルス類の系統に属し、多くの点で典型的な「ラプトル（略奪者）」だ。体長が約3メートルあったのに対して、体重は80～100キロしかなく、中型だがしなやかな体をもつ動物だった。骨格は捕食習性とすばやい身のこなしに適した構造になっていた。流線型の頭骨は軽量かつ頑丈で、顎にはカミソリのような鋭い歯がずらりと並んでいる。デイノニクスは、ほかの恐竜に比べて知能が高く、抜け目がなかった。容量の大きな脳と大きな目は、どちらも獲物の居場所をすばやく察知し、相手をだし抜くための強力な武器となった。

　だが、このラプトルの兵器庫にはさまざまな武器があり、頭骨はそのうちの1つにすぎなかった。前肢は、ほかのほとんどの獣脚類のものより長く、3本指のすべてに恐ろしい鉤爪がついていた。肩関節の可動範囲が驚くほど広かったため、大きな弧を描くように前肢を振りまわし、獲物を巧みに切り裂いたり、押さえつけたりすることができた。長く硬い尾はまっすぐ後方に伸びていたので、体のバランスをうまくとり、機敏な動きをするのに役立っただろう。後肢は長くしなやかで、後足の第2指には鎌のように鋭い大型の鉤爪がついていた。デイノニクスは、この爪で獲物の肉を切り裂くことができただけでなく、獲物が逃げないようにその体をしっかり押さえつけることもできた。

　デイノニクスの化石は、アメリカ西部の白亜紀前記の岩石層から産出したものが知られている。こうした化石の多く——とりわけ歯の化石——は、鳥盤類の植物食恐竜テノントサウルスの化石といっしょに見つかる。デイノニクスは集団で狩りを行うことにより、自分たちよりはるかに大きなテノントサウルスを倒すことができたのかもしれない。多くの古生物学者は、デイノニクスの群れがテノントサウルスに飛びかかり、そのわき腹に鉤爪を食い込ませてとどめを刺したと推測している。これは悪夢や映画の1シーンではなく、1億1000万年前のアメリカの大平原で実際に起きていたことだ。

分類

動物
　脊索動物
　　竜弓類
　　　主竜類
　　　　恐竜類
　　　　　獣脚類
　　　　　　テタヌラ類
　　　　　　　コエルロサウルス類
　　　　　　　　ドロマエオサウルス科

化石発掘地

データファイル

生息地	北アメリカ（アメリカ合衆国）
生息年代	白亜紀前期
体長	3～3.5メートル
体高	1メートル
体重	80～100キロ
捕食者	なし
餌	植物食恐竜

大きさの比較

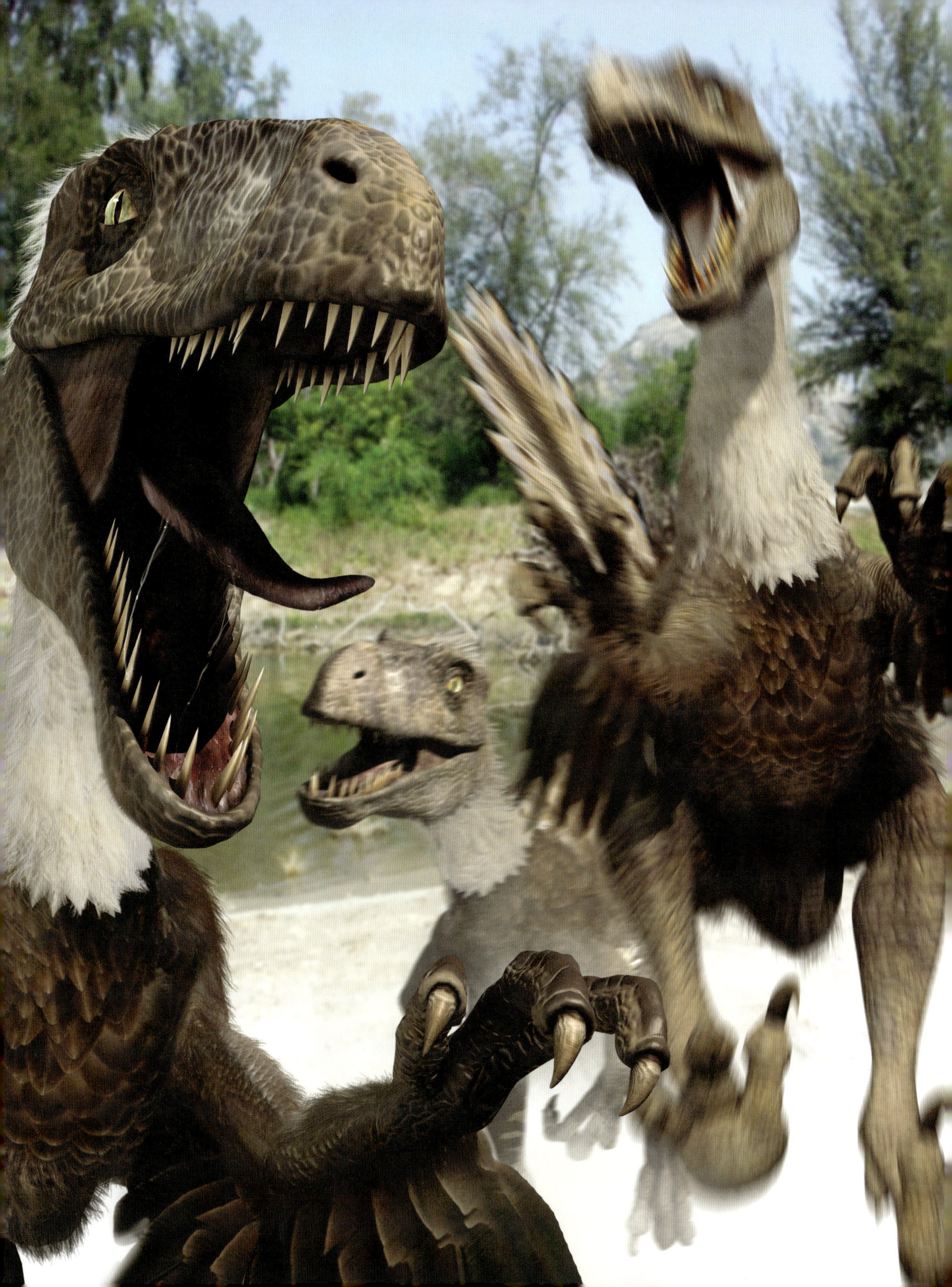

Utahraptor
ユタラプトル

学名の意味:「ユタの泥棒」

　白亜紀前期の獣脚類ユタラプトルは、悪夢から飛びだしてきたモンスターのようだった。デイノニクスなど、機敏で知能が高く、肉を切り裂く鍵爪をもつ「ラプトル」と同様にドロマエオサウルス科に属する。しかし、デイノニクスが中型の捕食動物だったのに対して、ユタラプトルは巨大な動物だった。体の大きさは近縁種であるデイノニクスの2倍を超えており、鳥に似たこのグループの仲間としては、これまでに発見された最大の恐竜だ。

　ユタラプトルは、ドロマエオサウルス科の恐竜の典型的な特徴である狩りのための武器をすべてもっていた——後足の第2指についていた鎌のような大型の鉤爪、疾走するのに適したしなやかな後肢、体のバランスを保つのに役立つ長く頑丈な尾、獲物をバラバラにするためのカミソリのような歯。この巨大な捕食者は、おそらくデイノニクスと同じようなやり方——もっとはるかに大がかりだったと推測されるが——で狩りを行ったのだろう。アロサウルスと同サイズのラプトルが群れをなしている場面は想像しにくいが、1億2500万年前の世界でユタラプトルと共存していた植物食恐竜にとっては、日々の現実だったのだろう。そうした植物食恐竜には、ケダロサウルスなどのブラキオサウルス科の竜脚類、プラニコシアなどのイグアノドン類の鳥脚類、ガストニアなどの曲竜類がいた。

　ユタラプトルの生息年代は、デイノニクスのそれより数百万年さかのぼる。どうやら、こうしたラプトルたちは、白亜紀の北アメリカのコミュニティを数千万年にわたって恐怖に陥れていたようだ。ドロマエオサウルス類は世界中で多様化し、アジアから南アメリカにかけての各地で白亜紀後期まで生態系を支配し続けた。

　巨大なユタラプトルと、中国で化石が見つかった非常に小さなミクロラプトルは、どちらも最古のドロマエオサウルス類の1つに数えられている。だが、この両者はさほど近縁ではない。ミクロラプトルがきわめて原始的な種とみなされているのに対して、ユタラプトルはもっとはるかに高等な種と考えられている。ドロマエオサウルス類は、当初は非常に小さな動物として進化し、その後一気に巨大化したというのが古生物学者たちの見解だ。

第5章 白亜紀前期—中期の恐竜 143

分類	化石発掘地	データファイル	大きさの比較
動物 脊索動物 竜弓類 主竜類 恐竜類 獣脚類 テタヌラ類 コエルロサウルス類 ドロマエオサウルス科	北アメリカ	生息地： 北アメリカ（アメリカ合衆国） 生息年代： 白亜紀前期 体長： 6〜7メートル 体高： 1.8メートル 体重： 700〜850キロ 捕食者： なし 餌： 植物食恐竜	

Amargasaurus
アマルガサウルス

学名の由来：発見地のラ・アマルガ渓谷にちなんで命名された

アルゼンチンで化石が見つかったアマルガサウルスは、平均的な竜脚類とは外見が違っていた。第一に、このグループに属する長い首をもつ大型恐竜のほとんどよりも、かなり体が小さかった。近縁種のアパトサウルスやディプロドクスの体長が30メートル近かったのに対して、アマルガサウルスの体長は約9メートルにすぎなかった。しかし、アマルガサウルスのより顕著な特徴は、首から背中にかけて生えていた長い枝のような棘突起だ。このような構造物をもつ竜脚類はほかにはいなかった。

アマルガサウルスの化石は、石油地質学者のルイ・カゾウ（Louis Cazau）がアルゼンチンのラ・アマルガの近くで発見した不完全な骨格が1体知られているだけだ。この1億2500万年前の岩石層からは、ほかにも長い首をもつ竜脚類数種の化石が産出したが、獣脚類は小型で華奢なリガブエイノしか見つかっていない。体長1メートル足らずのリガブエイノは、たとえ相手が小型竜脚類であっても仕とめることはできなかったと思われるので、アマルガサウルスは、カルカロドントサウルス科の大型獣脚類の餌食にされていた可能性が高い。

もしかするとアマルガサウルスの棘突起はこうした捕食者から身を守るのに役立っていたのかもしれないが、装飾的な機能をはたしていたと考えるほうが自然だ。1本1本の棘突起はあまりにも細いうえにもろく、護身用の武器としては用をなさなかった。たぶん突起全体で大きな帆かフリルを支えていたのだろう。首の部分の棘突起が最も長く、構造も複雑だ。首全体に2列の棘突起が平行に並んでおり、中間点付近のものが最も高さがある。また、それぞれの棘突起が後方にカーブしており、高さは脊椎骨の3倍に達している。棘突起の列はさらに後方まで続いているが、途中で1列となり、突起自体もかなり小さくなる。したがって、帆のような構造物は、首から伸びている部分が最大で最もよく目立ち、背中から伸びている部分は丈が短かっただろう。

脊椎から短い棘突起が伸びている竜脚類はたくさんいたが、大きな帆をもっていたのはアマルガサウルスとその近縁種のみ。この奇妙な竜脚類と最も近縁な恐竜には、ジュラ紀後期のアフリカに生息していたディクラエオサウルスや、最近南アメリカで化石が発見されたブラキトラケロパンなどがいる。この新種の竜脚類もジュラ紀後期の岩石層で化石が見つかっており、どうやらアマルガサウルスは、もっと古くから生息していた奇妙な植物食動物の生き残りだったようだ。

分類
動物
　脊索動物
　　竜弓類
　　　主竜類
　　　　恐竜類
　　　　　獣脚類
　　　　　　竜脚形類
　　　　　　　竜脚類
　　　　　　　　ディプロドクス上科

化石発掘地

データファイル
生息地：	南アメリカ（アルゼンチン）
生息年代：	白亜紀前期
体長：	8〜9メートル
体高：	3〜3.7メートル
体重：	3〜4.7トン
捕食者：	獣脚類の恐竜
餌：	植物

大きさの比較

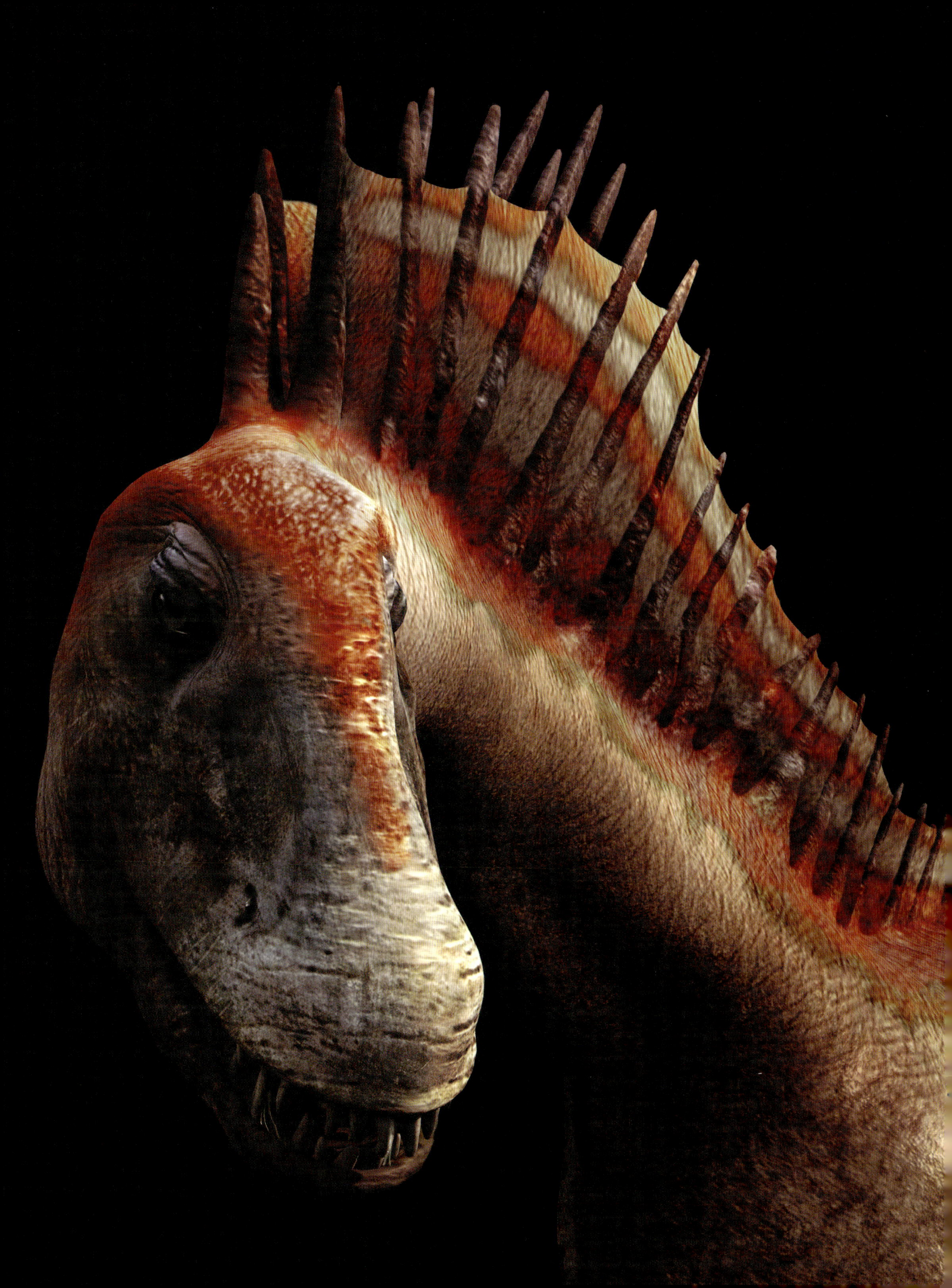

Argentinosaurus
アルゼンチノサウルス

学名の意味:「アルゼンチンのトカゲ」

　恐竜の魅力はいろいろあるが、多くの人たちの心をとらえるのはその巨大さだ。中生代の「恐ろしいほど大きなトカゲ」は、これまでに地球上に出現した最大の動物の1つである。そして、これまでに発見されたあらゆる恐竜のうちで、おそらくアルゼンチノサウルスが最大だろう。この記録保持者は、体長が41メートル、体重は90トンに達していた可能性があり、最大の恐竜であるばかりでなく、史上最大の陸生動物でもあった。

　アルゼンチノサウルスは、体が長いだけでなく、ずんぐりしており、雷鳴のような地響きを立てて歩く巨大動物だった。あまりにも体が大きかったため、同時代に生息していた史上最大級の獣脚類であるギガノトサウルスでさえ、倒すことはできなかった。たぶん、ギガノトサウルスの大集団がアルゼンチノサウルスの小ぶりな個体を襲ったか、ケガをしているか病気の個体をつけ狙ったのだろう。1対1の勝負では、強大なギガノトサウルスといえども、この白亜紀の巨獣に手だしはできなかったので、そうせざるをえなかったはずだ。

　アルゼンチノサウルスの化石で見つかっているのは、脊椎と四肢の骨の断片だけで、頭骨、尾骨、頸椎骨はまだ発見されていない。そのため、この動物の正確な大きさを推定するのは非常に難しい。だが、アルゼンチノサウルスの化石と、全身骨格が見つかっている近縁種の化石を比較することは可能だ。アルゼンチノサウルスより完全な骨格が見つかっている竜脚類の個々の骨の大きさの違いから、古生物学者は、このアルゼンチンの巨大恐竜のおおよその大きさを推定することができる。こうした調査の結果、体長は37メートル前後、体重は80〜90トンあったと考えられているが、きわめて不完全な化石にもとづく推定値にすぎない。

　正確な体長と体重はどうあれ、アルゼンチノサウルスがその近縁種と同様に巨大な恐竜であったことは間違いない。古生物学者は、これらの種を、竜脚類のきわめて重要なサブグループであるティタノサウルス類の原始的な仲間と考えている。このグループにはサルタサウルスやラペトサウルスといった恐竜が含まれる。どちらも生息年代は白亜紀であり、ゴンドワナ大陸が分裂してできた南半球の大陸に多数生息していた。実際、この時代の南半球ではティタノサウルス類が主要な植物食恐竜としての地位を占めていた。一方、北半球では、竜脚類の生息数が激減しており、さまざまな鳥盤類(鳥脚類と角竜類)が生態系を支配するようになっていた。

分類

動物
　脊索動物
　　竜弓類
　　　主竜類
　　　　恐竜類
　　　　　竜脚形類
　　　　　　竜脚類
　　　　　　　ティタノサウルス類

化石発掘地

データファイル

生息地:	南アメリカ(アルゼンチン)
生息年代:	白亜紀前期〜中期
体長:	33〜41メートル
体高:	6〜7.3メートル
体重:	75〜90トン
捕食者:	獣脚類の恐竜
餌:	植物

大きさの比較

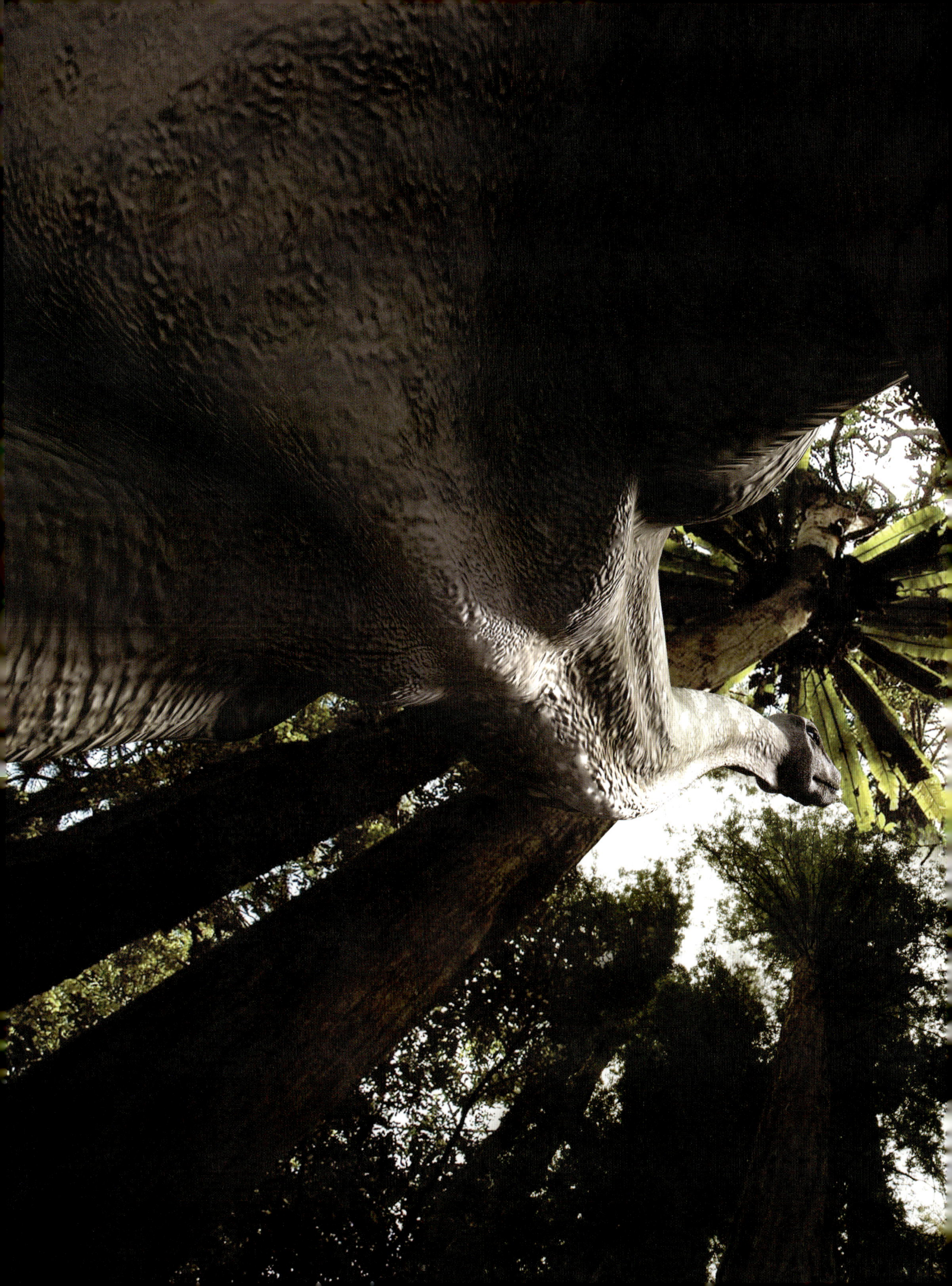

Gastonia
ガストニア

学名の由来：ロブ・ガストンにちなんで命名された

　白亜紀前期のユタ州は危険な土地だった。狡猾な切り裂き魔のユタラプトルは、鳥類のような代謝機能をもつ巨体を維持するために、絶えず食べ続ける必要があった。メニューに載せられた植物食恐竜たちは、ラプトルの群れに執拗に追いかけられた。こうした植物食恐竜にとっては、防御用の武器をもつことがとりうるたった1つの選択肢であり、さもなければ、ナイフのような鉤爪とカミソリのような歯で攻撃する、1トン近くもある肉食動物の圧倒的な力という冷酷な現実に直面しなければならなかったのである。

　被食者の側でガストニアほど守りの堅い種は存在しなかった。ガストニアは、曲竜類——4本足でゆっくりと歩く、重戦車のような恐竜のグループ——の初期のメンバー。曲竜類特有の全身を覆う甲冑のような装甲は、この植物食恐竜にとって万全の護身用防具となっていた。獰猛なユタラプトルでさえ、分厚い骨質の背甲を刺し貫くのは難しかっただろう。いや、おそらく不可能に近かったのではないだろうか。ガストニアの首と背中からは大きなトゲがまっすぐ上方に向かって伸びていた。これらのトゲがユタラプトルなどの捕食者に対する防御用の武器だったことは明らかで、相手に襲撃を思いとどまらせることにより危険を回避する効果があった。

　曲竜類としては中型のガストニアは、平均体長が3.7メートルほどだった。しかし、ほかの種と同様にずんぐり体型であり、体重は少なくとも2トンはあっただろう。ガストニアの保存状態のよい骨格が4〜5体並んで発見されたことがあるので、もしかするとこの植物食恐竜は小さな群れをつくって移動していたのかもしれない。

　ガストニアの進化上の類縁関係については、古生物学者の意見が分かれている。曲竜類であることは間違いないのだが、より詳細な系統上の位置となると、複数の説がある。アンキロサウルス科——尾の先端に骨塊がある曲竜類——の最も原始的な仲間の1つとみなす古生物学者もいれば、ジュラ紀後期に生息していたガルゴイレオサウルスや白亜紀前期のポラカントゥスとの類似性を認めて、彼らを1つのサブグループに分類すべきだと主張する古生物学者もいる。研究者たちは活発な議論を続けているが、決定的な証拠となる化石が新たに見つからないかぎり、決着はつかないかもしれない。

分類
動物
　脊索動物
　　竜弓類
　　　主竜類
　　　　恐竜類
　　　　　鳥盤類
　　　　　　曲竜類

化石発掘地

データファイル
生息地：	北アメリカ（アメリカ合衆国）
生息年代：	白亜紀前期
体長：	2.5〜4.5メートル
体高：	0.6〜1.25メートル
体重：	1.5〜3.7トン
捕食者：	獣脚類の恐竜
餌：	植物

大きさの比較

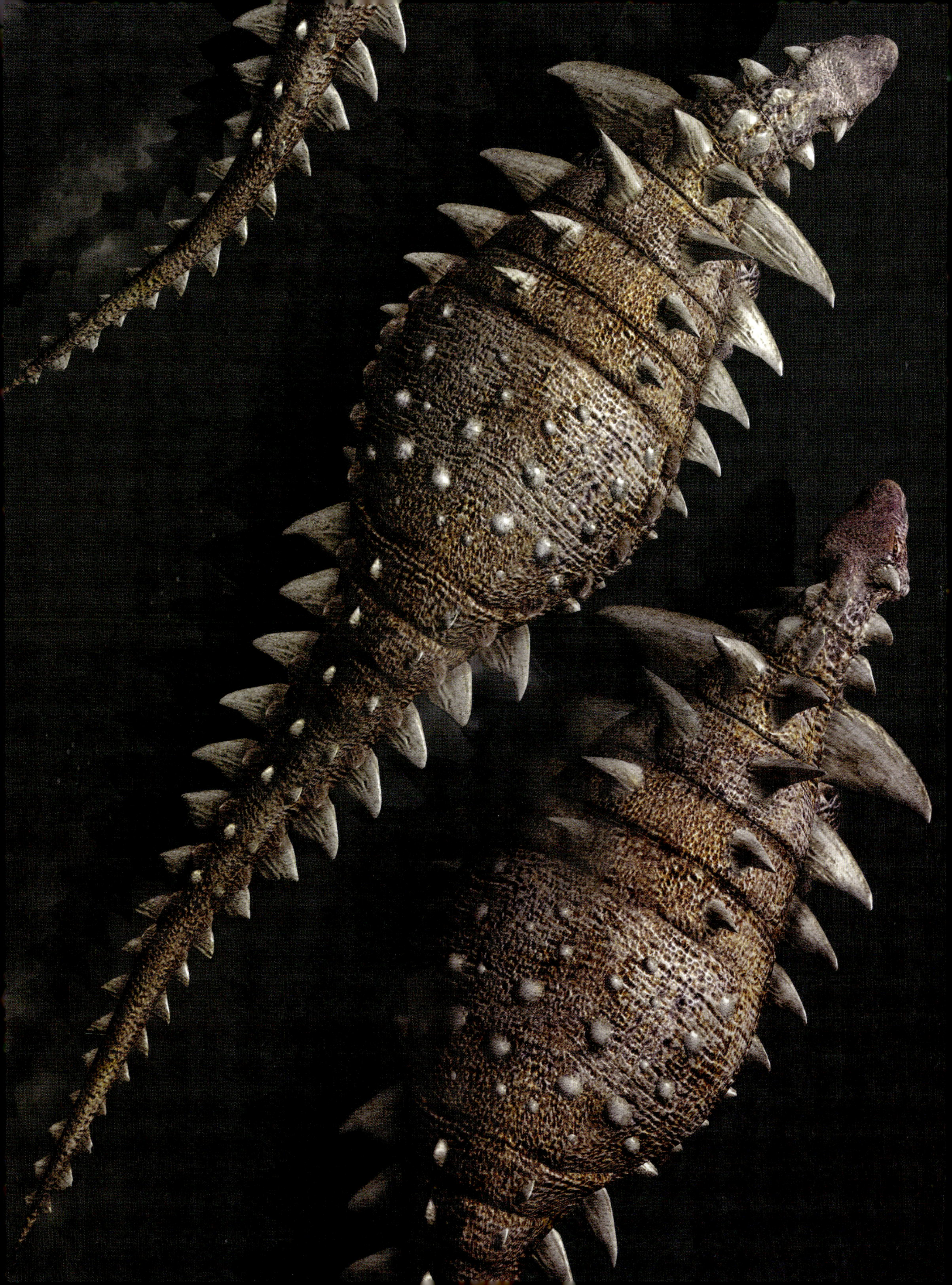

Sauropelta
サウロペルタ

学名の意味：「盾をもつトカゲ」

　サウロペルタは最も多くのことがわかっている曲竜類の恐竜の1つで、やはりドロマエオサウルス科恐竜による襲撃に耐えることに適応した動物だった。サウロペルタの化石は、アメリカ西部の各地——とりわけワイオミング州とモンタナ州——の白亜紀前期の岩石層で見つかっている。同じ岩石層にはドロマエオサウルス類の化石、特に獰猛なラプトルであるデイノニクスの歯も豊富に埋蔵されている。サウロペルタは、トゲ、骨板、体を覆う装甲で守りを固めていたが、主たる食料源にされていたのかもしれない。

　サウロペルタの骨格は、数個体分発見されており、古生物学者はこの恐竜の体を覆っていた鎧一式の復元に成功した。2列に並ぶドーム状の鱗甲が首の表面を覆う一方で、背中と尾は骨板と小さな骨質のこぶで覆われていた。腰の上部では骨板と骨質のこぶが癒合して、大きく頑丈な盾が形成されていた。「盾をもつトカゲ」という意味の学名は、この形態的特徴に由来する。体側には威圧感のある鋭いトゲが並んでいた。最も目立つのは首のトゲで、その一部は首それ自体より長かったかもしれない！　ずらりと並ぶトゲは上方に伸びており、飛びかかってくるデイノニクスを突き刺す格好の武器となった。

　サウロペルタは、曲竜類のサブグループの1つであるノドサウルス科に属する。ノドサウルス科は、曲竜類のサブグループとしては、アンキロサウルス科、ポラカントゥス科に次いで3番目に大きい。ノドサウルス科の恐竜には、後頭部上端の丸みを帯びた隆起や、吻の前部の細かな装飾といった特徴がある。概してアンキロサウルス科の恐竜より吻部が細く、アンキロサウルス科の尾についている棍棒のような骨塊もなかった。サウロペルタは、これまでに発見された最古のノドサウルス科恐竜の1つで、このグループの仲間では最も研究が進んでいるものの1つでもある。

第5章 白亜紀前期―中期の恐竜 151

分類

動物
　脊索動物
　　竜弓類
　　　主竜類
　　　　恐竜類
　　　　　曲竜類
　　　　　　ノドサウルス科

化石発掘地

データファイル

生息地：	北アメリカ（アメリカ合衆国）
生息年代：	白亜紀前期
体長：	5〜8メートル
体高：	0.67〜1.5メートル
体重：	2.6〜2.8トン
捕食者：	獣脚類の恐竜
餌：	植物

大きさの比較

Hylaeosaurus
ヒラエオサウルス

学名の意味：「森のトカゲ」

　リチャード・オーウェンは、1842年にディノサウリアという分類名を設けた際に、メガロサウルス、イグアノドン、ヒラエオサウルスの3種をこのグループに含めた。初めの2種はすぐに見分けがつく。肉食性のメガロサウルスは巨大な獣脚類で、世界で最初に命名された恐竜である。大型鳥脚類のイグアノドンは最も早い時期に化石が発見された恐竜の1つで、200年近くにわたって議論の的にされてきた。ヒラエオサウルスは、この3種のなかでは忘れられた存在だ。ごくわずかな化石しか見つかっていないため、ほとんど理解が進んでおらず、忘れ去られる運命にあったのだ。ヒラエオサウルスの標本と呼べるような標本は2点しか発見されていないうえに、どちらもあまり印象に残るものではない。とはいえ、ヒラエオサウルスが曲竜類——4本足で歩く重戦車のような植物食恐竜——であることは、これらの標本で十分に証明できる。

したがって、この恐竜は、世界で初めて発見された曲竜類ということになる。

　ヒラエオサウルスの化石は、1832年に、イングランド南東部の一角を占めるウェスト・サセックス州のティルゲート・フォレスト層で初めて発見された。化石は断片的で、そのほとんどが装甲板だった。先駆的な古生物学者のギデオン・マンテルがこの標本の調査を担当し、1年後に命名した。「森のトカゲ」の体は、興味深い「甲冑」に覆われていた。首と腰の側面にはトゲが並び、背面は骨板に覆われていた。明らかに、既知の大型爬虫類とは異なる動物だった。20年後の1853年には、ヒラエオサウルスの実物大の復元模型がロンドンのクリスタルパレス（水晶宮）に展示された。復元模型が公開された初の曲竜類であり、異様な姿をした爬虫類のモンスターという恐竜のイメージ形成にひと役買った。

分類
動物
　脊索動物
　　竜弓類
　　　主竜類
　　　　恐竜類
　　　　　曲竜類

化石発掘地

データファイル
生息地：	ヨーロッパ（イギリス）
生息年代：	白亜紀前期
体長：	3～6メートル
体高：	0.67～1メートル
体重：	0.9～1トン
捕食者：	獣脚類の恐竜
餌：	植物

大きさの比較

Minmi
ミンミ

学名の由来：オーストラリアの発見地に近いミンミ交差点にちなんで命名された

オーストラリアは恐竜化石が少ない土地で、ほとんどの種は断片的な化石が数点見つかっているにすぎない。しかし、曲竜類のミンミの化石は驚くほど多い。少なくとも5個体のほぼ完全な骨格が知られているほか、より断片的な化石も多数発見されている。このように標本が豊富にあるため、ミンミはオーストラリア産の恐竜としては最もよく知られている。また、南半球で化石が見つかったものとしては最も研究が進んでいる曲竜類でもある。

ミンミは、史上最小の曲竜類の1つで、体長は約3メートル、体重は数百キロしかなかった。頭骨の長さは25センチ足らずで、顎には植物を剪断するのに適した木の葉型の歯が並んでいた。曲竜類にしては四肢が長かったが、動きの緩慢な動物だった。獣脚類の襲撃にも耐えられる分厚い装甲で守りを固めていたため、捕食者がこの植物食恐竜に追いつき、捕まえることができるかどうかは重要ではなかったのだ。

ミンミがまとっていた鎧は、ほかの曲竜類のものとは違っていた。ほとんどの種の頭骨は癒合して強度が高められていたうえに、骨質のプレートで覆われていたが、ミンミの頭部には装甲がほとんどなかった。胴体を覆う装甲の大部分は、背中に何列にもわたってずらりと並ぶ小さな楕円形の骨板でできていた。そのため、ミンミの外見は爬虫類版のハリネズミのようだった！ 首の周囲の骨板は大きく平らだが、体の後方へいくに従って小さくなり、後肢と尾では鋭いトゲに変わる。

分類

動物
　脊索動物
　　竜弓類
　　　主竜類
　　　　恐竜類
　　　　　曲竜類

化石発掘地

データファイル

生息地：	オーストラリア
生息年代：	白亜紀前期
体長：	3メートル
体高：	0.67～1メートル
体重：	200～210キロ
捕食者：	獣脚類の恐竜
餌：	植物

大きさの比較

Iguanodon
イグアノドン

学名の意味：「イグアナの歯」

　イグアノドンは古生物学の歴史において重要な位置を占めている。この大型植物食恐竜は、最も早期に発見された恐竜の1つであると同時に、史上2番目に命名された恐竜であり、初めて完全な骨格が見つかった中生代の巨大動物の1つでもある。しかしなによりも重要なのは、イグアノドンがいかなる現生種とも似ていない巨大な絶滅爬虫類という真の姿が確認された最初の恐竜であることだ。

　イグアノドンは、「恐竜」という名称が考案される20年前に発見された。その発見にまつわる逸話は、もはや伝説の域に達しており、真偽のほどは古生物学関連のうわさ話と大差ない歴史上の謎である。巷間でよくいわれるのは、1822年に田舎の医師ギデオン・マンテルの妻メアリー・アン・マンテルが、往診にでかけた夫に同行し、暇つぶしをしているうちに木の葉型の奇妙な歯を発見したという話だ。ギデオン・マンテルが歯を購入したとか、誰かから寄贈されたとの説もある。

　だが、どのような経緯で入手したにせよ、マンテルはこの奇妙な歯のことで頭がいっぱいになった。彼はあちこちの博物館や動物園を訪れては、似たものを必死に探しまわった。数年後、マンテルはロンドンの王立外科医師会でイグアナの骨格を見て、うまく説明することはできないが似ていることに気づいた。彼は、自分がもつ歯が大昔のイグアナに似たモンスターのものに違いないと考えた。バックランドがメガロサウルスを命名した直後の1825年、マンテルはこの新種の動物に「イグアナの歯」という意味のイグアノドンという学名をつけた。どちらも、中生代を支配した「恐ろしいほど大きなトカゲ」からなる奇妙な動物群の仲間、すなわち「恐竜」であることがのちに判明した。

　今日では、イグアノドンは雑学的知識を問うクイズの答えにされるだけでなく、最も有名な恐竜の1つでもある。その化石は、イギリス各地の博物館だけでなく、ヨーロッパや北アメリカの博物館でも見ることができる。完全骨格が見つかることもたびたびあった。ベルギーのベルニサール炭鉱では、坑夫たちが地下約300メートルの場所で40体近い骨格を発見した。これほど多くの化石が産出する恐竜はほとんど例がない。

　イグアノドンは、白亜紀前期の生態系で栄えた中型あるいは大型の植物食恐竜。頭骨はウマに似て細長く、先端には植物をむしり取るのに適した大きな嘴があり、顎には咀嚼用の木の葉型の歯が並んでいた。体長11メートル、体重6トンに達したイグアノドンは、一部の竜脚類より大きく、大量の植物を消費したはずだ。2足歩行をすることが多かったと思われるが、前肢は長く頑丈で、指には先の尖っていない蹄がついていたので、ときには4本足で立ったり、疾走したりすることもあったのだろう。第1指（親指）には円錐状の頑丈なスパイクがついており、捕食者を撃退するのに役立っただろう。この親指をほかの指と向かい合わせにして、物を握ることもできた。このように、歩いたり、体重を支えたり、外敵から身を守ったり、餌を集めたりするのに役立つ多目的な前足は、ほかの恐竜には見られない独特のものだ。

分類

- 動物
  - 脊索動物
    - 竜弓類
      - 主竜類
        - 恐竜類
          - 鳥盤類
            - 鳥脚類

化石発掘地

データファイル

生息地：	ヨーロッパ（ベルギー、イギリス、フランス、ドイツ、スペイン）北アメリカ（アメリカ合衆国）
生息年代：	白亜紀前期
体長：	6〜11メートル
体高：	1.8〜3.3メートル
体重：	3〜6トン
捕食者：	獣脚類の恐竜
餌：	植物

大きさの比較

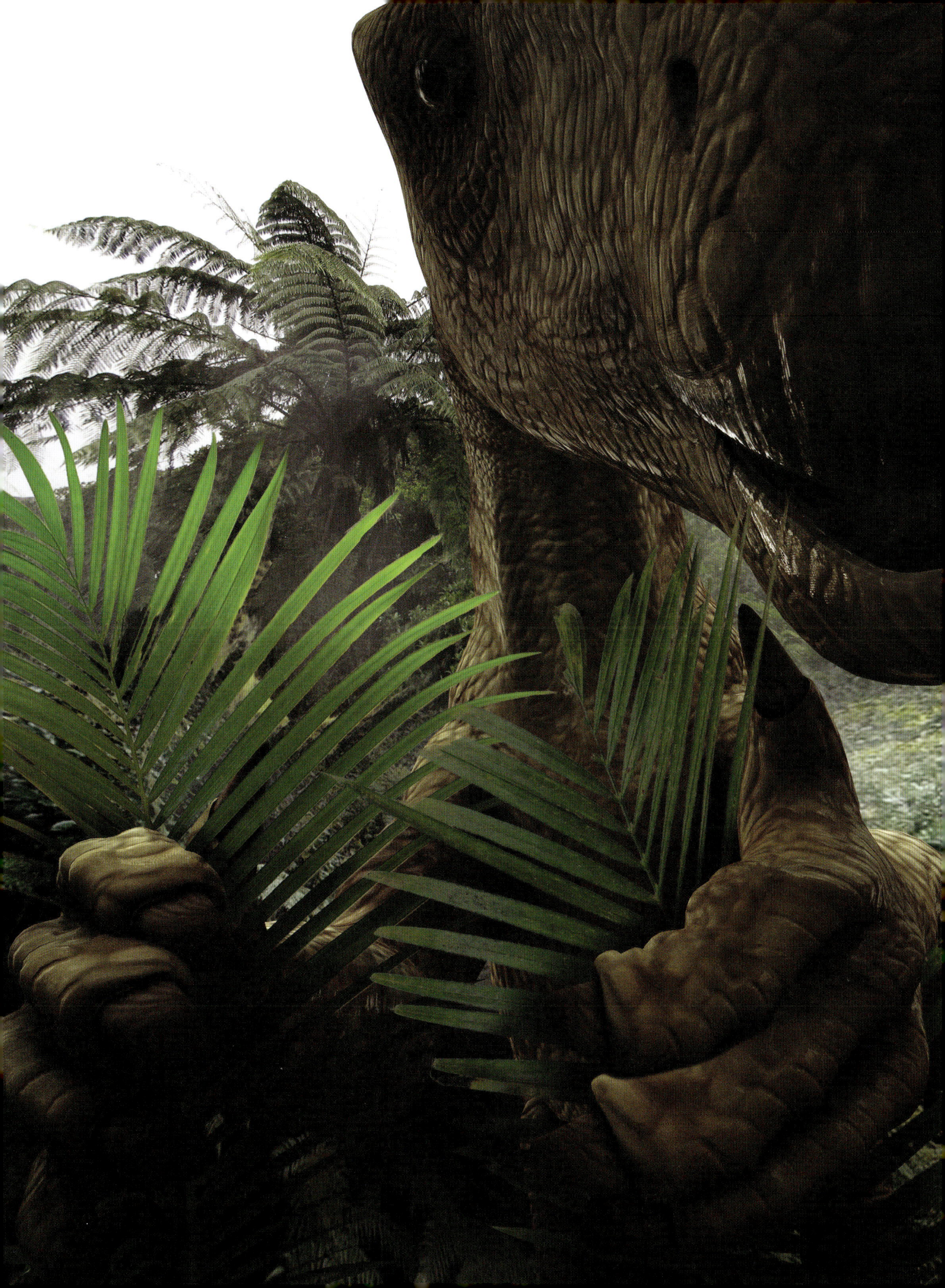

Ouranosaurus
オウラノサウルス

学名の意味：「勇敢なトカゲ」

アフリカのサハラ砂漠のように、訪れる人々に畏怖と驚嘆の念を抱かせる場所は、そうそうあるものではない——どこまでもはてしなく続く砂地のところどころにオアシスが点在し、カラフルな衣装をまとった遊牧民の一団が暮らしている。サハラは、地球上で最も過酷な環境の1つとしてよく知られているが、同時に恐竜化石の宝庫の1つでもある。めまいがするほど暑く、息が詰まるような砂嵐が吹き荒れ、水が乏しいという悪条件にもかかわらず、半世紀ほど前から多くの古生物学者が、白亜紀前期の岩石層で貴重な恐竜化石を探しあてることを夢見てこの砂漠にやってきた。

サハラで化石が発見された最も奇妙な恐竜の1つが、イグアノドンの近縁種であるオウラノサウルス。より知名度の高い近縁種と同様に、オウラノサウルスも細長い頭骨をもち、嘴と木の葉型の歯で植物をむしり取り、咀嚼した。おそらく4本足で歩くことができただろう。また、前足の親指には捕食者から身を守るためのスパイクがついていた。しかし、イグアノドンとは違って、頭骨の眼窩の上にこぶのような突起があった。ここには現生のキリンに見られるようなケラチン質の小さな角がついていたのかもしれない。

オウラノサウルスの最も顕著な特徴は脊椎であり、そこから上方に伸びた細長い神経棘の中には、高さが1メートルに達するものもあった！　背中の中央部のものが最も長く、骨盤の上のものがいちばん短かった。こうした棘突起は尾椎からも伸びており、尾の先端に近づくにつれて少しずつ丈が短くなっていた。それら全体で帆のような構造物か、もしかすると現生のバイソンに見られるようなこぶを形成していた可能性がある。もしこぶだとしたら、水や脂肪分を貯蔵するタンクの役目をはたしていたのかもしれない。現に、砂漠で暮らすラクダにとっては、乾季に貯蔵資源を利用できるこうした構造物が役立っている。

オウラノサウルスの化石が初めて発見されたのは1960年代初めで、発見者はウラン鉱の探査を主たる目的としてニジェールを訪れたフランス原子力委員会の地質学者たちだった。彼らが発見したものが化石だとわかると、同委員会は調査のためにフィリップ・タケという若手の古生物学者を雇い入れた。タケはニジェールに向かい、そこで保存状態のよい数個体の骨格を発見した。その後数年間にわたり、タケはサハラ砂漠に派遣された調査隊の指揮を執り続け、今日では野外での発掘調査で史上最も大きな成果を上げた古生物学者の1人とみなされている。

分類
動物
　脊索動物
　　竜弓類
　　　主竜類
　　　　恐竜類
　　　　　鳥盤類
　　　　　　鳥脚類

化石発掘地

データファイル
- 生息地：アフリカ（ニジェール）
- 生息年代：白亜紀前期
- 体長：7メートル
- 体高：2メートル
- 体重：2.7〜2.9トン
- 捕食者：獣脚類の恐竜
- 餌：植物

大きさの比較

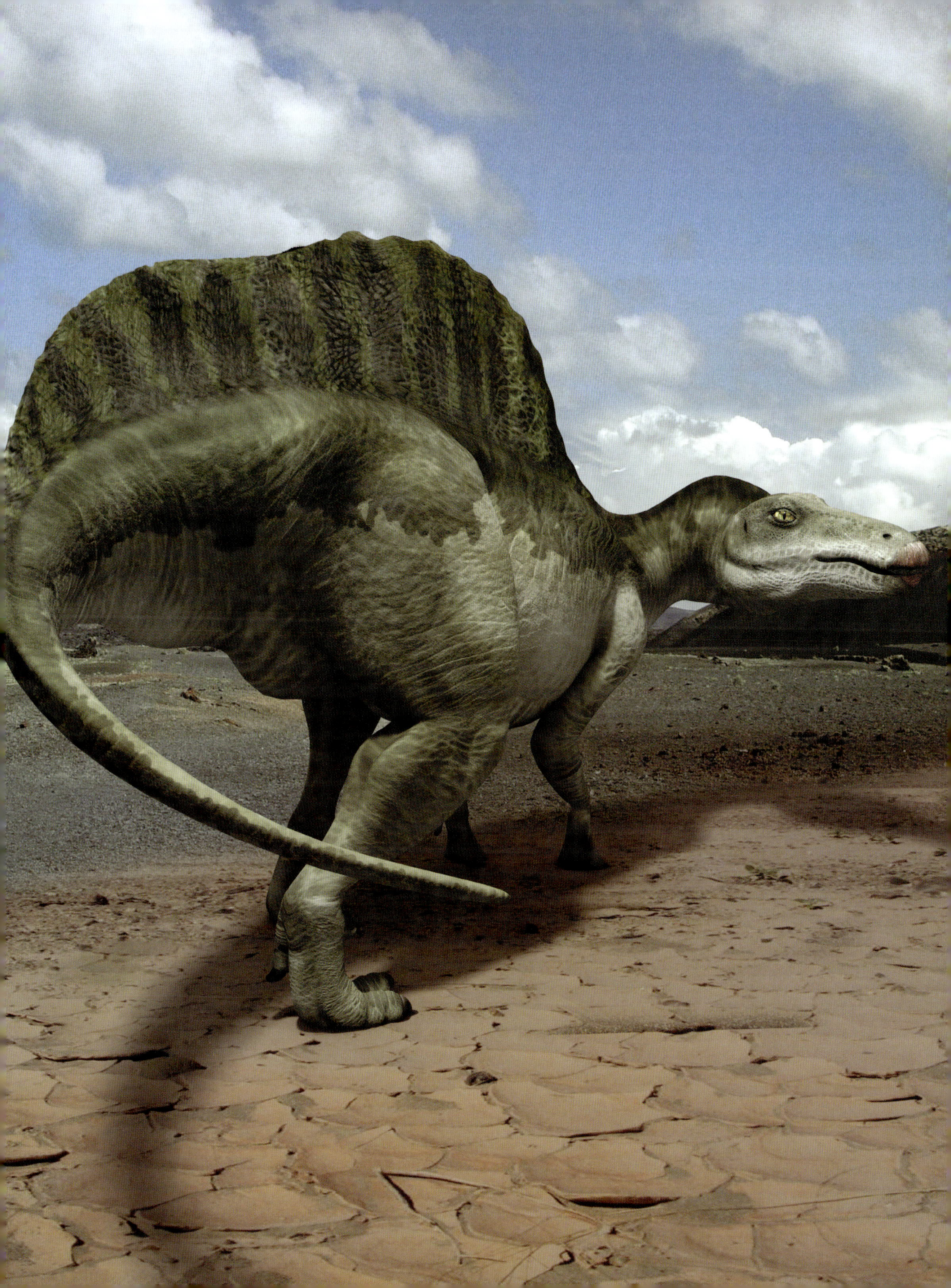

Hypsilophodon
ヒプシロフォドン

学名の意味：「高い隆起のある歯」

マンテルがイグアノドンを発見すると、わずか数年のうちにイギリス各地でよく似た白亜紀の植物食恐竜の化石が見つかった。こうした化石のほとんどは、まぎれもなくイグアノドンのものであり、そのおかげでこの巨大植物食恐竜は最も有名な恐竜の1つとなった。だが、もっとはるかに小さな動物の標本も含まれていた。マンテルは、よく似た嘴と歯をもつなど、イグアノドンとの類似点がたくさんあることに気づき、それらをイグアノドンの幼体とみなした。しかし、説明がつきにくい特徴もいくつかあった。頭骨は形状がより縦長で、つくりも幼体のものとは思えないほど頑丈だった。

ウィリアム・フォックスは、考えられるただ1つの解釈に着目した。つまり、このより小さな植物食恐竜が別の種ではないかと考えたのだ。フォックスは、イングランド南部の沖合に浮かぶワイト島の牧師だったが、化石収集のために教会区を離れていることが多かった。とはいえ、フォックスは科学者ではなく、化石の記載にはほとんど興味がなかった。そこで彼は、リチャード・オーウェンにその新種の命名を依頼したが、この著名な解剖学者はその求めに応じなかった。オーウェンと同じく著名な学者だったトマス・ヘンリー・ハックスリーがフォックスの仮説に注目し、検証を行ったのは、それから数年後の1870年のことだ。

ハックスリーは、この新種の恐竜にヒプシロフォドンという学名をつけた。とても小さな動物で、人間よりわずかに大柄だが、体重は幼児と変わらなかった。ヒプシロフォドンが植物食恐竜であることは明らかで、当初、古生物学者たちはこの動物が樹上生活者だった可能性があると考えた。しかし、その後の調査により、疾走するのが得意な2足歩行動物だったことがわかった。ネオヴェナトルやエオティラヌスなどの捕食者が多数生息するワイト島では、速く走れることは、護身用の武器をもたない小型植物食恐竜にとって必須の能力だった。まだ化石証拠による確かな裏づけがとれたわけではないが、ヒプシロフォドンが身を守るために群れで行動した可能性もある。

分類

動物
　脊索動物
　　竜弓類
　　　主竜類
　　　　恐竜類
　　　　　鳥盤類
　　　　　　鳥脚類

化石発掘地

データファイル

生息地：	ヨーロッパ（イギリス、スペイン）
生息年代：	白亜紀前期
体長：	2〜2.5メートル
体高：	60〜75センチ
体重：	25〜28キロ
捕食者：	獣脚類の恐竜
餌：	植物

大きさの比較

Tenontosaurus
テノントサウルス

学名の意味:「腱トカゲ」

　テノントサウルスは、白亜紀前期のアメリカ西部の生態系で最も個体数の多い植物食恐竜だった。白亜紀のウシとでもいうべき中型あるいは大型の動物で、生息数が多かったがゆえに多くの化石が見つかる。そして、現代人が皿に載せられた焼きたてのビーフステーキを見て舌なめずりするのと同じように、テノントサウルスを追い詰めたデイノニクスもよだれを垂らしたことだろう。数が豊富なこの動物は格好の餌食にされた。今日では、テノントサウルスの化石の近くでこうしたラプトルの歯がしばしば見つかる――白亜紀の犯罪現場が1億2500万年にわたって地層中に保存されてきたのだ。

　捕食者であるデイノニクスと被食者のテノントサウルスの闘いは、恐竜古生物学のなかで最もよく知られている逸話の1つで、児童向けの本に取り上げられる機会も多い。主役は常にデイノニクスで、テノントサウルスは脇役に甘んじているようだ。しかし、テノントサウルスも魅力ある動物であり、繁栄していた。デイノニクスに執拗に追いかけられていたにもかかわらず栄え、生態系の中で幅をきかせていたのだ。

　テノントサウルスの化石を初めて発見したのは、モンタナ州の伝説的な化石ハンターであるバーナム・ブラウン。その後、属名をつけたのも同じく伝説的な人物であるジョン・オストロムだ。つい最近、テキサス州で、7歳児のサッド・ウィリアムズが父親と散歩中に保存状態のすばらしい化石数点を発見した。

　古生物学者たちは、テノントサウルスをヒプシロフォドンの近縁種とみなすとともに、イグアノドンの遠縁にあたるとも考えている。テノントサウルスは、植物を大量摂取することにうまく適応したキーストーン種（中枢種）であり、ヘビのように長い特徴的な尾をもっているため、ほかの鳥脚類とはすぐに見分けがつく。

分類

動物
　脊索動物
　　竜弓類
　　　主竜類
　　　　恐竜類
　　　　　鳥盤類
　　　　　　鳥脚類

化石発掘地

データファイル

生息地：	北アメリカ（アメリカ合衆国）
生息年代：	白亜紀前期
体長：	7〜8メートル
体高：	1.7〜2メートル
体重：	1〜1.1トン
捕食者：	獣脚類の恐竜
餌：	植物

大きさの比較

Leaellynasaura
レアエリナサウラ

学名の由来：発見者の娘リエリン・リッチにちなんで命名された

　オーストラリア南東部の寒冷で霧がかかりやすい沿岸部に、絶えず強風と荒波にさらされている隔絶された海崖がある。ここが恐竜の入り江（ダイナソー・コーヴ）で、ヘリコプターや船に乗った古生物学者だけが近づくことができる。そこには1億年前の恐竜化石が豊富に埋蔵されているが、発掘するのは容易ではない。異常なほど硬い岩盤から化石を掘りだすには、ダイナマイトや重機を使う必要がある。

　トム＆パトリシア・ヴィッカーズのリッチ夫妻は、長年にわたりダイナソー・コーヴで骨身を惜しまず発掘調査に取り組んできた。彼らの超人的な努力は実を結んだ。オーストラリアで最も重要な恐竜化石の多くはこの狭い一角から産出したもので、リッチ夫妻が愛娘のリエリン・リッチにちなんでレアエリナサウラと命名した小型植物食恐竜もその1つ。

　一見したところ、レアエリナサウラはさほど印象に残る恐竜ではない。体長は最大2メートルで、体重は人間の幼児より少し重いだけだ。重戦車のような装甲で体が覆われているわけではないし、トゲや大きな歯もない。この恐竜の最大の特徴は、あまり人目を引くものではない——レアエリナサウラの目はとても大きく、脳にはよく発達した視葉（脳内の視覚をつかさどる部位）があった。そのため、レアエリナサウラはすぐれた視力をもっていた。これは、生息環境へのきわめて必要性の高い適応といえる。この恐竜が暮らしていたころのオーストラリアは、現在よりはるかに南方の、南極圏内に位置していた。毎年、厳しい寒さと暗闇が何カ月も続く環境で生き抜くためには、すぐれた視力が不可欠だったのだ。

分類
動物
　脊索動物
　　竜弓類
　　　主竜類
　　　　恐竜類
　　　　　鳥盤類
　　　　　　鳥脚類

化石発掘地

データファイル
生息地：	オーストラリア
生息年代：	白亜紀前期〜中期
体長：	1〜2メートル
体高：	0.3〜1メートル
体重：	7〜16キロ
捕食者：	獣脚類の恐竜
餌：	植物

大きさの比較

Muttaburrasaurus
ムッタブラサウルス

学名の由来：オーストラリアの化石発掘地ムッタブラに由来する

　ムッタブラサウルスは、オーストラリア産の恐竜としては最もよく知られているものの1つ。これ以上完全な骨格が見つかっている恐竜は、曲竜類のミンミのみ。ムッタブラサウルスは、解剖学的構造のほとんどすべてがイグアノドンにそっくりだ。どちらも大型植物食恐竜で、細長い頭骨と枝葉を貪り食うのに適した木の葉型の歯をもっていた。どちらも2本足で歩いたが、必要に応じて4足歩行に切り替えることができた。そして、どちらも歩行だけでなく餌にする植物をつかむのにも使える前足と、護身用の武器となる親指の頑丈なスパイクをもっていた。

　これら2つの巨大植物食恐竜の最も顕著な違いは、体格と頭骨の形状にある。ムッタブラサウルスのほうが知名度でまさる近縁種よりわずかに体が小さく、頭蓋骨の上面は吻部の上でアーチ状に盛り上がり、鼻孔の間には骨質のこぶがあった。これらの奇妙な構造物は──空洞がある頭蓋上部──ほかの仲間と連絡を取り合うための発声装置として使われていたのかもしれない。

　ムッタブラサウルスの化石は、1963年にクイーンズ州で初めて発見された。この化石は、1981年に地元自治体にちなんで命名された。1987年には、14歳の化石ハンター、ロバート・ウォーカーが保存状態のよい頭骨の発見に貢献した。

分類
動物
　脊索動物
　　竜弓類
　　　主竜類
　　　　恐竜類
　　　　　鳥盤類
　　　　　　鳥脚類

化石発掘地

データファイル
生息地：　　オーストラリア
生息年代：　白亜紀前期～中期
体長：　　　7～7.5メートル
体高：　　　2.2メートル
体重：　　　1.7～1.9トン
捕食者：　　獣脚類の恐竜
餌：　　　　植物

大きさの比較

三畳紀前期			三畳紀中期			三畳紀後期			ジュラ紀前期					ジュラ紀中期				ジュラ紀後期		
インドゥアン 2億5100万年前〜2億4950万年前	オレネキアン 2億4950万年前〜2億4590万年前		アニシアン 2億4590万年前〜2億3700万年前	ラディニアン 2億3700万年前〜2億2870万年前		カーニアン 2億2870万年前〜2億1650万年前	ノーリアン 2億1650万年前〜1億9960万年前	レーティアン 2億360万年前〜1億9960万年前	ヘッタンギアン 1億9960万年前〜1億9650万年前	シネムーリアン 1億9650万年前〜1億8960万年前	プリーンスバッキアン 1億8960万年前〜1億8300万年前	トアルシアン 1億8300万年前〜1億7560万年前	アーレニアン 1億7560万年前〜1億7160万年前	バジョシアン 1億7160万年前〜1億6770万年前	バトニアン 1億6770万年前〜1億6470万年前	カロビアン 1億6470万年前〜1億6120万年前	オックスフォーディアン 1億6120万年前〜1億5560万年前	キンメリッジアン 1億5560万年前〜1億5080万年前	チトニアン 1億5080万年前〜1億4550万年前

三畳紀前期 2億5100万年前〜2億4590万年前	三畳紀中期 2億4590万年前〜2億2870万年前	三畳紀後期 2億2870万年前〜1億9960万年前	ジュラ紀前期 1億9960万年前〜1億7560万年前	ジュラ紀中期 1億7560万年前〜1億6120万年前	ジュラ紀後期 1億6120万年前〜1億4550万年前

三畳紀 2億5100万年前〜1億9960万年前 | **ジュラ紀 1億9960万年前〜1億4550万年前**

第6章 Dinosaurs of the Late Cretaceous

白亜紀後期の恐竜

白亜紀前・中期 1億4550万年前〜9960万年前								白亜紀後期 9960万年前〜6550万年前					
ベリアシアン 1億4550万年前〜1億4020万年前	バランギニアン 1億4020万年前〜1億3390万年前	オーテリビアン 1億3390万年前〜1億3000万年前	バレミアン 1億3000万年前〜1億2500万年前	アプチアン 1億2500万年前〜1億1200万年前	アルビアン 1億1200万年前〜9960万年前	セノマニアン 9960万年前〜9360万年前	チューロニアン 9360万年前〜8860万年前	コニアシアン 8860万年前〜8580万年前	サントニアン 8580万年前〜8350万年前	カンパニアン 8350万年前〜7060万年前	マーストリヒシアン 7060万年前〜6550万年前

白亜紀　1億4550万年前〜6550万年前

The Final Act of the Dinosaurs
恐竜時代の最終幕

白亜紀後期は恐竜の全盛期であり、この時代に恐竜は繁栄のピークを迎えた。
恐竜たちがこれほど多様化し、これほど完全に全世界の生態系を支配した時代はない。
白亜紀の世界――高温多湿で、新たに出現した花を咲かせる被子植物が繁茂する世界――は、
ハリウッドとブロードウェイが世に送りだす最高傑作に匹敵するほど
上質で複雑に入り組んだドラマの最終幕にふさわしい舞台装置だった。

　この時代には、それぞれ分離独立した大陸に固有の恐竜コミュニティが成立していた。それは超大陸パンゲアの分裂後、何百万年も続いた地理的隔絶の産物だった。白亜紀後期の恐竜は、多くの点で今日の哺乳類と似ていた。恐竜たちは、生態的地位のすべてを支配し、世界中に広く分布し、さまざまな身体的特徴をもつ多様な動物へと進化を遂げ、大陸ごとに様相の異なる複雑なコミュニティを構成していた。

　私たちにとって最もなじみ深い恐竜の多くは、白亜紀後期に繁栄していた。現在のモンゴルのゴビ砂漠には、しなやかな体をもつ獰猛なハンター（ヴェロキラプトル）、鳥に似た奇妙な獣脚類（オヴィラプトル）、大きな群れで行動する植物食の角竜類（プロトケラトプス）など、驚くほど多様な種が生息していた。現代の化石ハンターは、大昔の砂丘に埋没しているこうした動物の化石を探しだす。同じゴビ砂漠でも少しあとの時代の岩石層には、やや様相の異なる生態系の記録が残されている。この生態系を支配していたのは巨大なティラノサウルス科の捕食者（タルボサウルス）、ハドロサウルス科の巨大植物食恐竜（サウロロフス）、脇役的存在の奇妙な獣脚類（ガリミムス）、生息数は少なかったがジュラ紀の種に似た竜脚類（ネメグトサウルス）だ。

　南半球にあった大陸の生態系では、まったく異なる種類の恐竜が同様の生態的地位を占めていた。ティラノサウルス科の恐竜の代わりに、カルノタウルスやマジュンガサウルスといった、前肢の短い奇妙なアベリサウルス科の獣脚類が生息していた。小柄なドロマエオサウルス類の代わりに、マシアカサウルスなどのノアサウルス科の恐竜が棲んでいた。そして、ハドロサウルス科と角竜類の群れの代わりに、装甲をもつ巨大なティタノサウルス類など、多様な竜脚類が暮らしていた。

　こうした生態系のうち最も調査が進んでいるのが、アメリカ西部にあるヘル・クリーク層のコミュニティだ。モンタナ州、サウスダコタ州、ノースダコタ州に広がる大平原には、白亜紀後期に広大な氾濫原に堆積した泥岩と砂岩からなる分厚い岩石層が横たわっており、随所で露頭を形成している。この約6700万年前〜6500万年前の岩石層には、地球上に存在した最後の大規模な恐竜コミュニティ、すなわち、ティラノサウルス、トリケラトプス、エドモントサウルス、アンキロサウルス、パキケファロサウルスといったおなじみの恐竜たちの支配下にあった生態系の記録が残されている。

　あらゆる恐竜のなかで最高の知名度と認知度を誇るヘル・クリークの恐竜たちは、6500万年前に巨大な火の玉のような小惑星が地球に衝突する場面を目撃したのだろう。恐竜たちは、その衝撃で舞い上がった大量の粉塵にまみれて息を詰まらせ、地球全体に広がった火の海にのみ込まれて焼け死に、その遺骸は10階建てビルに匹敵する高さの津波によって海へ押し流された。なんの前触れもなく起きた天変地異のために、恐竜は死に絶えた。大爆発とともに地球の歴史を激変させたこの運命の瞬間がくるまで、恐竜たちは、身に降りかかる不幸をまったく予期することなく進化し、多様化し続けていたのだ。

6500万年前の巨大な小惑星もしくは彗星の衝突により、1億6000万年にわたって続いた恐竜時代は突然その幕を閉じた。宇宙空間から飛来したこの天体がメキシコのユカタン半島に落下すると、たちまち巨大津波と地球規模の火災が発生し、すべてを焼く酸性雨が地表に降り注いだ

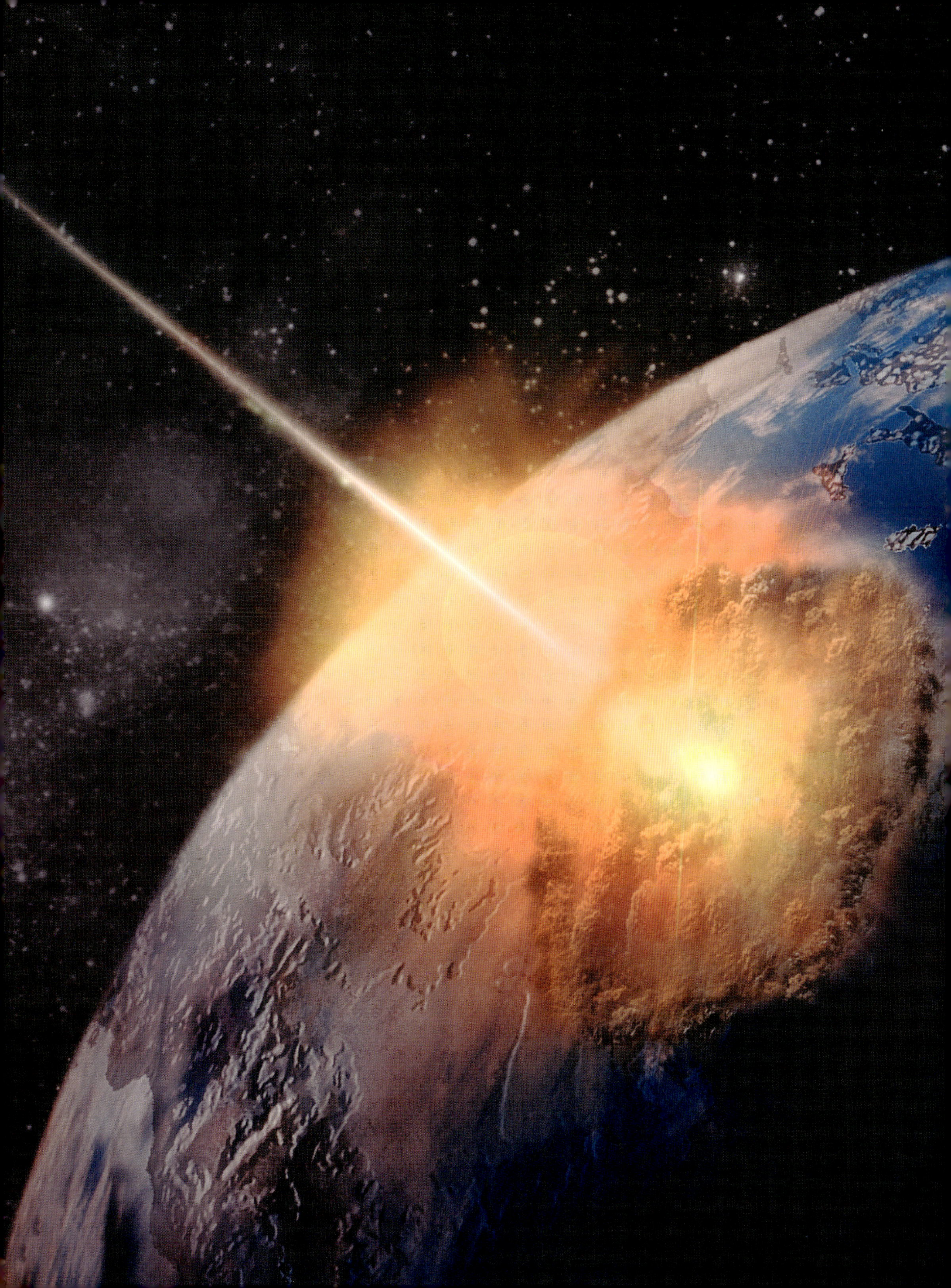

Carnotaurus
カルノタウルス

学名の意味:「肉食の雄牛」

ティラノサウルスとその近縁種が北半球で暴れまわっていたころ、南半球の大陸ではアベリサウルス類と呼ばれる巨大捕食動物のグループが支配者として君臨していた。アベリサウルス類は、原始的なケラトサウルス類の系統から分岐し、のちのちまで生き残った子孫グループ。「肉食の雄牛」という学名が示すように角をもっていたカルノタウルスは、こうした大型獣脚類のなかで最もよく知られている。

カルノタウルスは、白亜紀後期に現在のアルゼンチンに生息していた。体の大きさはアロサウルスやケラトサウルスとほぼ同じで、ティラノサウルスやカルカロドントサウルス科の恐竜よりは小さかった。カルノタウルスの頭骨は実に奇妙だった——前後の長さが短く縦長で、ごつごつした骨組織に覆われており、目の上に一対の角があった。この円錐状の角は、おそらくみずからの存在を誇示するためのディスプレイとしての役割をはたしていたと思われるが、獲物に頭突きを食らわせるときの武器として使われた可能性もある。ごつごつした骨組織はほかには見られないもので、頭骨の多くの部分がケラチン質(角質)——指の爪や髪の毛を構成しているのと同じ硬組織——で覆われていたことを示しているのかもしれない。

骨格の残りの部分も、頭骨と同様に変わっている。後肢は細長く、前肢が非常に短いためいっそう大きく見える。これほど前肢が短い恐竜はほかにはいない。長さが50センチ足らずしかなく、体長9メートルで体重が2トンを超える動物のものとはとても思えないほど短い。しかし、この短い前肢はつくりが頑丈なうえに、ほとんどどの方向にも動かすことができた。また、骨の表面に大きな筋肉の付着痕が残っているので、強大な筋肉がついていたようだ。獲物を引き寄せたり、交尾中にパートナーの体をしっかりつかんだりするなど、この前肢にもなんらかの用途があったはずだが、古生物学者はまだ確かな答えを見いだしていない。

カルノタウルスは、過去数十年間に南半球の大陸で発見された多くのアベリサウルス類の1つにすぎない。アベリサウルス類には、アウカサウルスのように、南アメリカにあるカルノタウルスの化石発掘地の近くで発見された種や、アフリカ(ルゴプス)、マダガスカル(マジュンガサウルス)、インド(ラジャサウルス)で化石が見つかった種などが含まれる。また、数種は南半球の大陸からヨーロッパに進出した可能性がある。当時は2つの大陸をつなぐ陸橋が形成されていたため、こうした移動が可能だったのだ。しかし、北アメリカとアジアでこれらの捕食動物の化石が産出した例はない。

分類
動物
　脊索動物
　　竜弓類
　　　主竜類
　　　　恐竜類
　　　　　ケラトサウルス類
　　　　　　アベリサウルス類

化石発掘地

データファイル
生息地:	南アメリカ(アルゼンチン)
生息年代:	白亜紀後期
体長:	7〜9メートル
体高:	3〜3.75メートル
体重:	2.1〜2.3トン
捕食者:	なし
餌:	竜脚類と鳥盤類の恐竜

大きさの比較

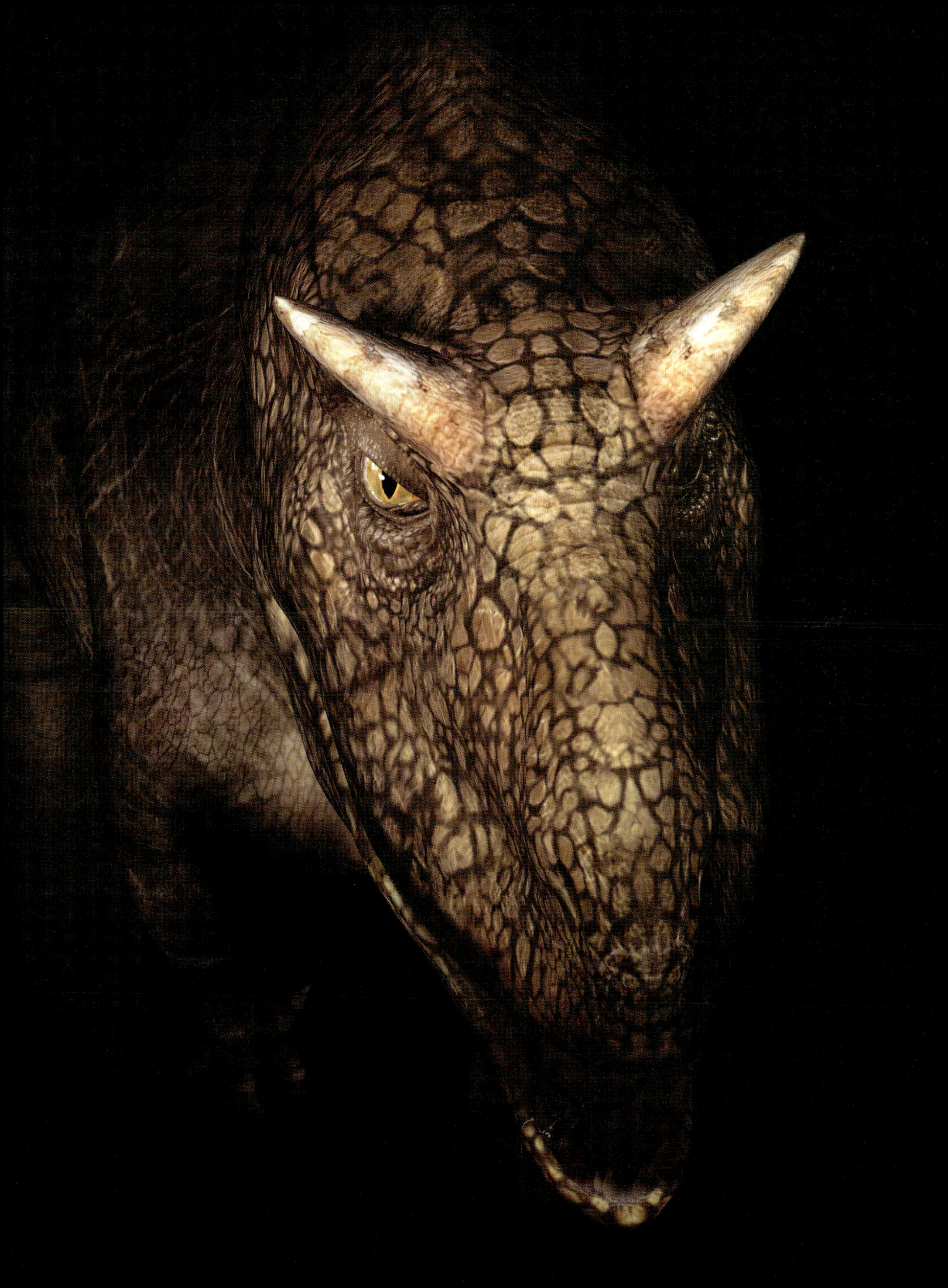

Majungasaurus
マジュンガサウルス

学名の由来：マダガスカルのマジュンガ州で発見されたことにちなんで命名された

　1895年、フランスの軍隊がアフリカ東海岸の沖合に浮かぶマダガスカル島に上陸し、首都アンタナナリヴに向かって進軍を開始した。この軍隊に課せられた使命は、帝国主義列強たる英仏の対立に巻き込まれ、長らく係争地となっていたマダガスカル島を制圧することだった。しかし、軍医のフェリックス・サレテスには別の目的があった。彼は、上陸地点がある同島西海岸のマジュンガ州が、まだほとんど調査の行われていない中生代の岩石層で覆われていることを知っていた。そこで彼は、マダガスカル産の最初の恐竜を発見することを願って、部下を化石の発掘調査に向かわせた。

　サレテスの直感は当たり、彼の部下は多くの化石を発見した。化石はフランスの伝説的な古生物学者であるシャルル・ドペレのもとに送られ、彼はそのうちのいくつか——数点の歯と脊椎骨——を新種の獣脚類マジュンガサウルスのものと記載した。この捕食動物は長らく謎に包まれていたが、最近数次にわたって行われたアメリカとマダガスカルの合同調査により、新たに多くの化石が発見された。その結果、マジュンガサウルスは南半球に棲む原始的な巨大獣脚類、ケラトサウルスの仲間から進化したアベリサウルス類の一員であること、そしてカルノタウルスに近縁であることがわかった。

　マジュンガサウルスの骨格には、前後に短く丈の高い頭骨、数本の小ぶりな歯とごつごつした骨、短い前肢など、ほかのアベリサウルス類と共通する特徴がたくさんあった。頸椎が強固に癒合し、骨化した腱でしっかりと補強されていたため、首の力が強かった。頭頂部にドーム状に盛り上がった角があることも、マジュンガサウルスの独特の特徴だ。ある不完全な頭骨は長らく堅頭竜類のものと考えられていて、新しくマジュンガトルスという学名がつけられたこともあったが、現在ではマジュンガサウルスのものと確認されている。

　マジュンガサウルスが生態系における最上位の捕食者だったことは明らかだ。丈のある頭骨、強靭な首、小ぶりだが鋭い歯は、ラペトサウルスなどの大型竜脚類を仕とめるのにぴったりだった。一方、共食いという薄気味の悪い食習慣があったことを示す化石も最近発見された。同種の恐竜によってつけられたとしか思えない歯形が残るマジュンガサウルスの骨がいくつか見つかったのだ。恐竜の共食いを示唆する証拠が見つかった例は、いまのところほかにはない。

第6章 白亜紀後期の恐竜 169

分類	化石発掘地	データファイル	大きさの比較
動物　脊索動物　　竜弓類　　　主竜類　　　　恐竜類　　　　　ケラトサウルス類　　　　　　アベリサウルス類		生息地： マダガスカル 生息年代： 白亜紀後期 体長： 7〜9メートル 体高： 3〜3.75メートル 体重： 2.1〜2.3トン 捕食者： なし 餌： 竜脚類と鳥盤類の恐竜	

New Research on the Tyrant Lizard King
暴君トカゲに関する最新の研究

ティラノサウルスの化石が初めて発見されてから100年以上が経ち、これまでにアメリカ西部の各地で30個体を超える標本が見つかっている。古生物学者たちがこうした標本をくわしく調べてきたおかげで、いまやティラノサウルスは、最も多くのことがわかっている恐竜の1つとなった。とはいえ、この白亜紀の強肉食性動物については、いまだに謎に包まれている部分も多い。どのような方法で狩りをしたのだろうか。成長スピードはどのくらいで、成体はどの程度の大きさに達したのだろうか。速く走れたのだろうか、それとものそのそ歩いたのだろうか。ティラノサウルスの初期の発見者たちには想像もつかなかったような最新の高度な技術を駆使することにより、こうした疑問に対する答えが見えてきた。

トリケラトプスの化石骨に残っていたティラノサウルスの噛み痕の大きさと深さをもとに、古生物学者はティラノサウルスの咬合力を推定することができた。この研究の結論は注目に値する。その咬合力は、骨を噛み砕くことができるほど強かった——ほかのどの恐竜より強く、おそらくワニやライオンといった現生の大型捕食動物よりも強かった。だが、なぜそれほどまでに噛む力が強かったのだろうか。ティラノサウルスの歯を注意深く観察すると、その答えが見えてくる。バナナとほぼ同サイズの歯には、深く広い磨耗面が認められる。歯と骨が接触しないかぎり、こうした磨耗痕が残ることはありえない。ティラノサウルスは、ふつうの捕食動物のように獲物の肉を注意深く剥ぐのではなく、骨ごとばりばり噛み砕いていたのだ。

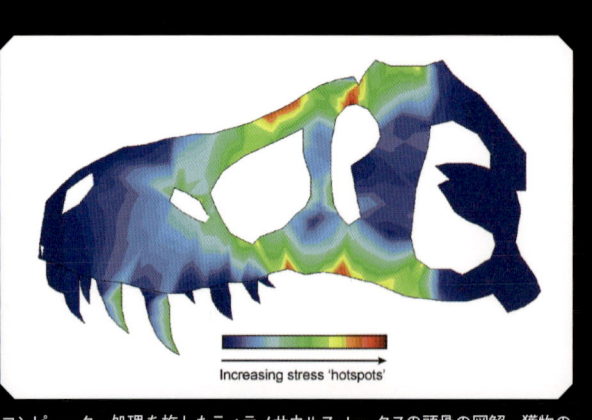

コンピューター処理を施したティラノサウルス・レックスの頭骨の図解。獲物の骨を噛み砕くときに発生する過重な負荷に耐えるために肥厚した部分が赤および黄に着色されている。このモデルには1万3000ニュートンの圧力——おむね1平方インチあたり3000ポンドに相当——が加えられている。自動車をスクラップにするための水圧破砕機によって加えられる圧力は、1平方インチあたり2000ポンドである

コンピューター・ソフトウエアの進歩により、ティラノサウルスの摂食行動をさらにくわしく分析できるようになった。ブリストル大学のエミリー・レイフィールドをはじめとする古生物学者たちは、有限要素解析と呼ばれる高度な技術を応用した。これは、エンジニアが橋や道路の強度を建設前に検査するために用いる複雑なプログラムだ。レイフィールド博士はこのプログラムを使って、ティラノサウルスが獲物の骨を噛み砕く際に、頭骨はどの程度まで負荷に対応できたのかを調べた。その結果、骨と歯の接触時に発生する過重な負荷に耐えるために、頭骨の多くの部分、とりわけ頭蓋頂の肥厚と骨癒合が進み、強度が増していることがわかった。多くの頭蓋縫合線——さまざまな骨が接合する部分——も負荷を吸収する役割をはたしていた。ティラノサウルスの頭骨は大型で頑丈な殺戮マシーンであり、大きな獲物を捕食するときに発生する多大な負荷をうまく処理できる構造になっていた。

ティラノサウルスがエドモントサウルスやトリケラトプスなどの大型植物食恐竜を常食としていたことは、疑問の余地がない。だが、この巨大な捕食者は、獲物を追いかけまわしたのだろうか、それとも待ち伏せ攻撃を仕掛けたのだろうか。その答えは、体長12メートルで体重が7トンあったティラノサウルスが走れたかどうかで変わってくる。この点については激しい論争が続けられている。新たな調査に取り組んできたジョン・ハッチンソンらは、興味深い結論に到達した。ハッチンソンは、恐竜と最も近縁な現生種であるワニや鳥類との比較調査の結果にもとづき、走るのに必要とされる脚筋量の算定モデルを設計した。それによると、ティラノサウルスが走るためには、重さにして5.6トンを超える脚筋が必要だった。これは全体重の約80パーセントに相当するので、到底ありえない。さらにハッチンソンは、ティラノサウルス

の移動方法と個々の筋肉の動きを正確に再現するアニメーション・ソフトを使ったコンピューター解析を行い、この研究の追跡調査を実施した。こうした動画解析ツールの利用により、当初の結論が裏づけられた。ティラノサウルスは動きの緩慢な動物で、おそらく獲物を追いかけることはできなかった。つまり、待ち伏せ型のハンターだった可能性が高いということだ。

これまでに発見された多くの骨格化石には、体長12メートルの成体から、もっとはるかに小さな幼体まで、さまざまなサイズのものが含まれている。フロリダ州立大学のグレゴリー・エリクソンらは、こうした化石を使ってティラノサウルスの成長スピードを調査した。エリクソンの手法は、恐竜化石を薄切りにして顕微鏡でくわしく調べるというもので、こうすることによって成長線——骨に刻まれた1年間の成長の記録で、木の年輪とよく似ている——を数えることができる。エリクソンは、こうした骨の年輪をもとに、ティラノサウルスの成長スピードは桁外れに速く、20年ほどで成体になったと結論づけた。幼体は猛烈な勢いで成長し、1日あたり約2.2キロずつ体重が増えた。これは最も近縁なダスプレトサウルスやアルバートサウルスのおよそ4倍の速さだ。これほど速く成長したということは、ティラノサウルスは温血

この一見なんの変哲もない物質の塊は、約6700万年前のティラノサウルス・レックスの骨に保存されていた軟組織（血管と赤血球）。通常なら動物の死後急速に腐食するこうした組織が発見されたことに、科学者は衝撃を受けた。ティラノサウルスの血管、血球、たんぱく質は現生鳥類のものによく似ている

動物だったのだろう。

より伝統的な手法を用いて成長スピードを調べた古生物学者もいる。カーシッジ大学のトマス・カーとニューメキシコ自然史博物館のトマス・ウィリアムソンは、これまでに発見されたほとんどすべてのティラノサウルスの化石を調査した。彼らは幼体と成体の解剖学的構造を比較して、骨格が生涯を通じてどのように変化したのかを突きとめようとした。彼らが上げた最大の成果の1つは、アリオラムスやナノティラヌスなど、別種と考えられていた多くの恐竜がティラノサウルスの幼体にすぎないと見抜いたこ

とだ。幼体は成体より後肢がかなり長く、体のつくりが細い。おそらく幼体は速く走れたと思われ、待ち伏せ型ではなく、追跡型の捕食者だった可能性がある。いずれにせよ、成体とは異なる方法で狩りをしていたことはほぼ間違いない。

ティラノサウルス関連の最も注目に値する研究の1つに、この巨大捕食動物の細胞と分子の組成に焦点を合わせたものがある。ノースカロライナ州立大のメアリー・シュワイツァーらは、ティラノサウルスの骨の微視的性質についての研究に集中的に取り組んできた。彼らはすでに血管、血球、微小たんぱく質の識別に成功している——どれも、動物の遺骸が化石化する過程で劣化すると考えられていた軟組織である。血管の構造とたんぱく質の化学組成はニワトリのものによく似ており、恐竜と鳥類の類縁関係があらためて裏づけられた。たぶんなによりも期待を抱かせるのは、たんぱく質の発見により、恐竜のDNAの発見への道が開かれることだろう。科学者が発見する恐竜のDNAは、どれも非常に断片的なものにすぎず、恐竜をクローン再生することは今後も不可能と思われる。しかし、恐竜のDNAを使ってこの動物群の進化に関する研究を行うことはできるし、恐竜が中生代にあれほど栄えた理由を明らかにすることもできるかもしれない。

ティラノサウルスの歯。表面が滑らかで縁にギザギザのある最上部が歯冠——口蓋内で露出している部分。表面がざらざらしている基底部は歯根で、歯茎の中に埋まっていたのだろう。ティラノサウルスの歯冠は、骨を噛み砕けるよう太く鋭いつくりになっており、歯根は摂食中の激しい負荷に耐えられるよう長く、頑丈にできていた

Tyrannosaurus
ティラノサウルス

学名の意味：「暴君トカゲ」

ティラノサウルスは、誰もが認める恐竜界の王者である。この巨大な捕食者は、真のセレブリティであり、恐竜のロックスターのようなものだ。これほど人気が高く、これほど集中的な調査が行われてきた恐竜はほかに例がない。恐竜時代の末期に北アメリカの平原を支配していた、この体重7トン、体長13メートルの肉食恐竜のことを考えると、子供も専門家も想像力をかき立てられる。

「暴君トカゲ」を意味する学名は、獲物の骨をばりばり噛み砕く巨大な捕食動物にふさわしい。ティラノサウルスにはおおげさな形容詞がつけられることが多いが、この究極の肉食恐竜の強さとパワーはいくら強調しても足りないくらいだ。頭骨は途方もない大きさで、長さが1.5メートル近くあった。顎にはバナナ大の歯がずらりと並んでおり、その数は50本を超えていた。長さが12センチを超える歯もあった——捕食動物の歯としては史上最大級だ！ 前肢は小ぶりで長さが1メートルしかなかったが、頑丈で力が強く、おそらく獲物を押さえつけるのに使われたのだろう。

だが、ティラノサウルスが生物史上で最も恐ろしい捕食者となれたのは、攻撃用の武器をもっていたためだけではない。脳が大きく、非常によく発達していたのだ。実際、カルカロドントサウルス科の恐竜など、ほかの大型肉食恐竜よりはるかに脳容量が大きかった。脳内の嗅覚をつかさどる部位である嗅葉も非常に大きかった。さらに、ティラノサウルスの目はやや前向きについていたため、立体視ができ、奥行き知覚も十分に得ることができた。つまり、ティラノサウルスは狩りに役立つきわめて鋭敏な感覚機能を有していたということだ。骨をばりばり噛み砕く歯と鋭い鉤爪という強力な武器をもつ肉食恐竜にとっては、まさしく鬼に金棒だ。

アメリカ西部に横たわる白亜紀後期の岩石層群であるヘル・クリーク累層には、ティラノサウルスの化石が豊富に埋蔵されている。これまでに多くの完全骨格を含む30体以上の骨格が発見されている。その一部は白亜紀－第三紀境界層の直下で見つかっており、ティラノサウルスが地球上に最後まで生き残っていた恐竜の1つであることが証明された。

ティラノサウルスといっしょに見つかるのは、ハドロサウルス科のエドモントサウルスや角竜類のトリケラトプスといった大型植物食恐竜の化石だ。暴君トカゲがこれらの恐竜を好んで捕食していたことは間違いない。ティラノサウルスが自分で狩りをすることはなく、もっぱら死体をあさる体重7トンの腐肉食者（スカベンジャー）にすぎなかったと考える古生物学者もいる。しかし、エドモントサウルスやトリケラトプスの化石骨に、ティラノサウルスにつけられ、その後治癒した噛み痕が残っていることがある。これは、襲撃から逃れて生き残ったことを示しており、スカベンジャー説が誤りであることがわかる。ティラノサウルスはハンターであり、史上最も獰猛な巨大捕食動物だったが、ふつうの巨大捕食動物ではなかった。最近の研究によれば、この恐竜が羽毛をもっていた可能性がある。地球史上最も恐ろしいハンターが鳥のような外見だったかもしれないのだ。

分類

動物
　脊索動物
　　竜弓類
　　　主竜類
　　　　恐竜類
　　　　　テタヌラ類
　　　　　　コエルロ
　　　　　　サウルス類
　　　　　　　ティラノサウルス科

化石発掘地

データファイル

生息地：	北アメリカ（アメリカ合衆国）
生息年代：	白亜紀後期
体長：	12～13メートル
体高：	4～4.3メートル
体重：	6～7トン
捕食者：	なし
餌：	ハドロサウルス科と角竜類の恐竜

大きさの比較

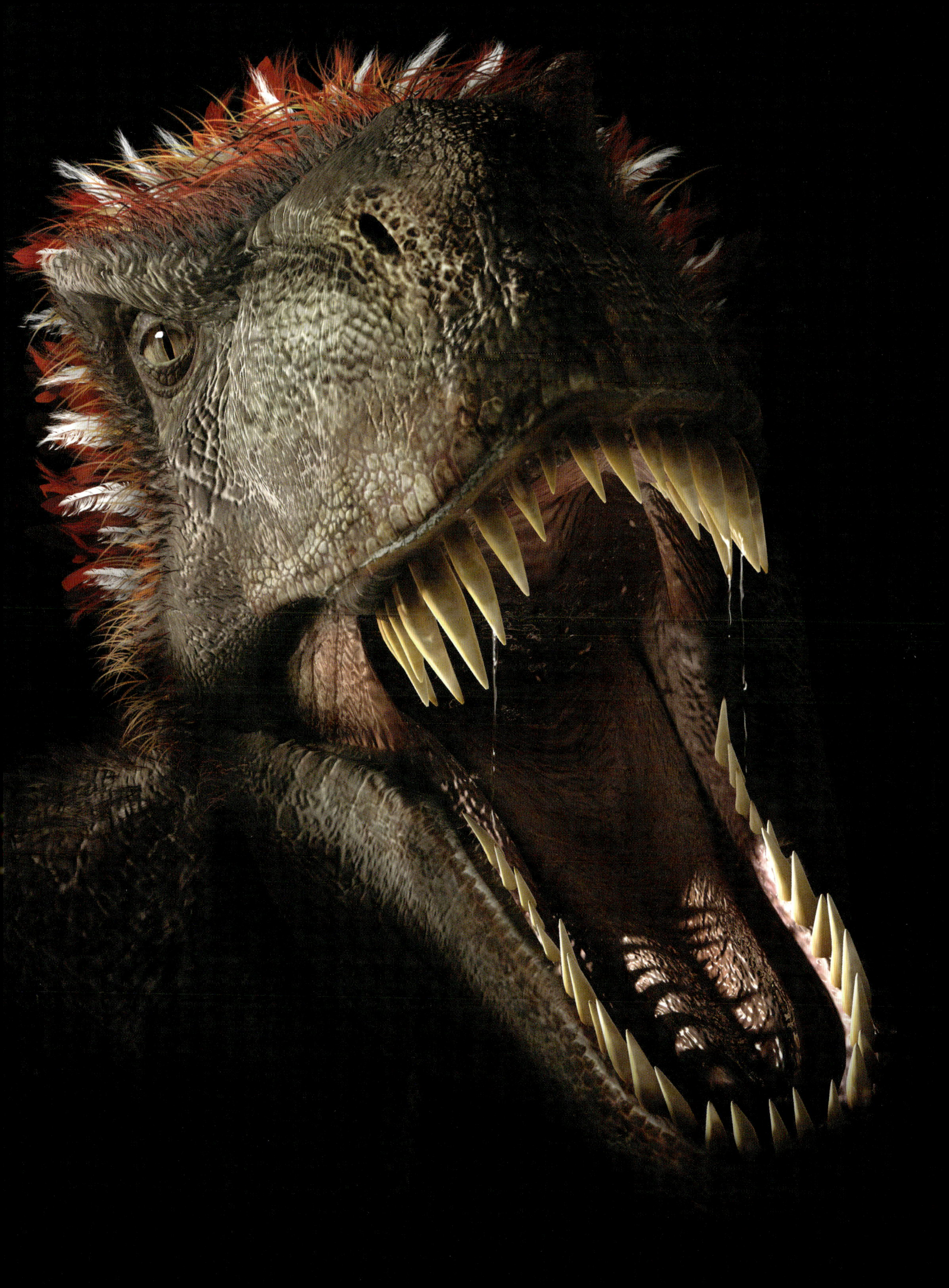

ハドロサウルス類の群れに待ち伏せ攻撃を仕かけようとするティラノサウルス・レックス。白亜紀後期の生態系で最上位に君臨する捕食者だった

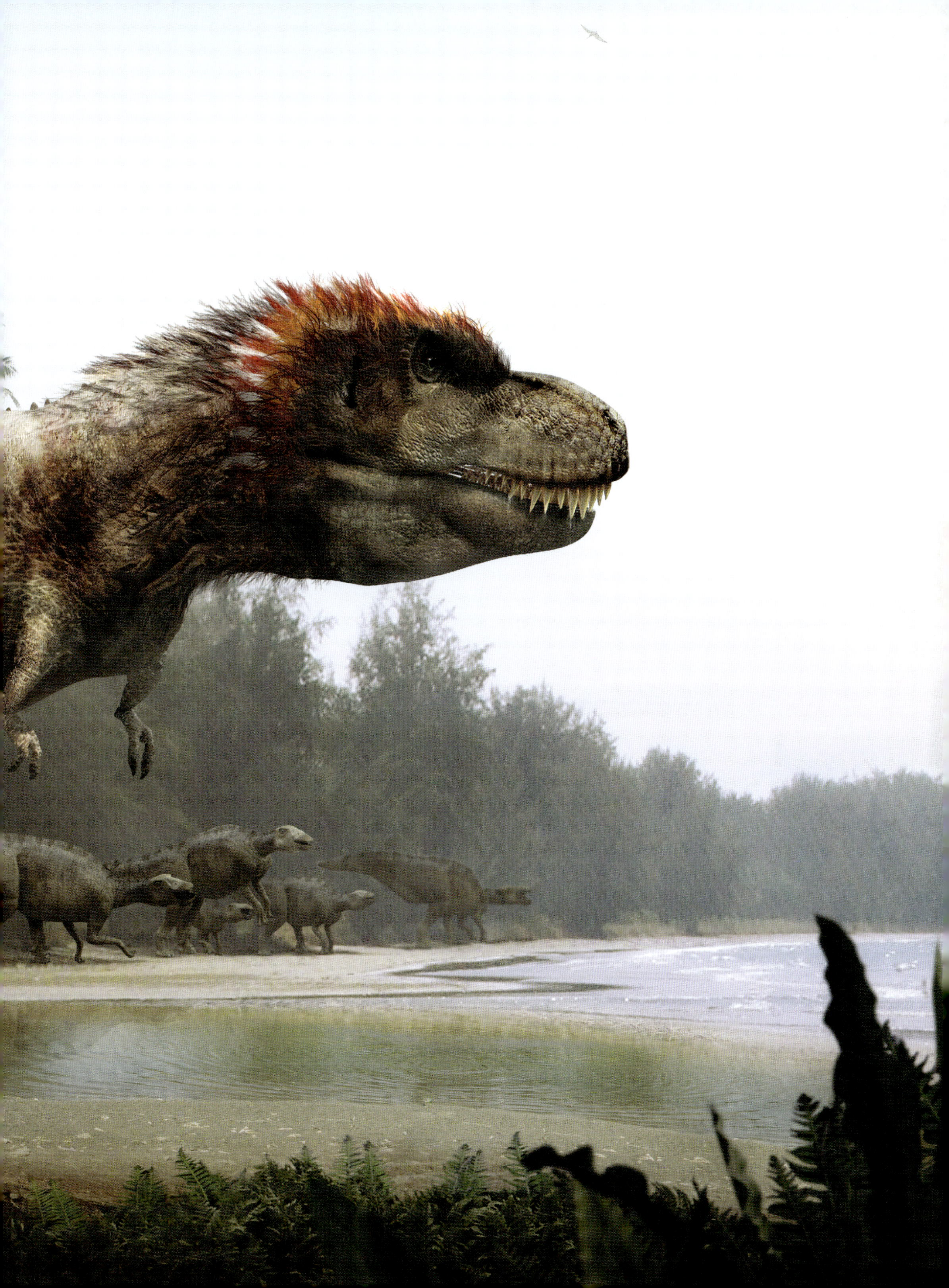

Tarbosaurus
タルボサウルス

学名の意味：「警告するトカゲ」

　タルボサウルスは、アジアのティラノサウルスともいうべき巨大な強肉食性動物であり、白亜紀後期の生態系で暴れまわっていた。タルボサウルスとティラノサウルスは類縁関係がきわめて近く、同種の動物とみなす古生物学者もいるほどだ。ともに体長12メートル以上、体重7トンに達する巨大な捕食動物であり、強力な頭骨と、骨を噛み砕く長さ約30センチの歯で獲物を解体した。

　タルボサウルスの化石は、モンゴルと中国の白亜紀後期の岩石層からの産出例が多い。詳細に記載された標本はわずか数点だが、少なくとも15個の頭骨と30体の骨格が見つかっている。実は、タルボサウルスの化石のほうがティラノサウルスの標本より数が多い。最も保存状態のよい化石のいくつかは、白亜紀の最終期に堆積した岩石層群であるモンゴルのネメグト累層で産出している。タルボサウルスと同時期に共存していたのは、ネメグトサウルスなどの大型竜脚類であり、格好の餌食にされていたのだろう。

　タルボサウルスとティラノサウルスは、白亜紀後期に生息していたティラノサウルス上科の獣脚類のうち最大にして最も派生的な——つまり、最も高等な——恐竜だった。北アメリカでは、白亜紀のもっと早い時期に堆積した地層にやや小型で生息年代の古い近縁種の化石が豊富に埋蔵されている。たとえば、体長7.5〜9メートルで体重2〜3トンのアルバートサウルス、アパラチオサウルス、ダスプレトサウルス、ゴルゴサウルスなどだ。生息年代がさらに古く、より原始的なティラノサウルス上科の恐竜も数種知られている。ディロングやエオティラヌスといったこれらの動物は、はるかに小さく細身で、コンプソグナトゥス科やオルニトミモサウルス類との類似点も多い。

　中国の白亜紀前期の地層で化石が見つかったディロングは、体長が1.5メートルしかなかった。全身がシンプルな撚り糸のような羽毛で覆われており、ティラノサウルス上科にはこうした構造物をもつ恐竜もいたことが証明された。タルボサウルスやティラノサウルスが羽毛をもっていたかどうかは不明だが、化石に残っていた皮膚の印象からは、体の大部分が鱗で覆われていたことがうかがえる。仮に羽毛があったとしても、おそらく体の特定の部位にかぎられ、もっぱらディスプレイとして用いられたのだろう。

第6章 白亜紀後期の恐竜 177

分類		データファイル	
動物		生息地：	アジア（中国、モンゴル）
脊索動物		生息年代：	白亜紀後期
竜弓類		体長：	12～13メートル
主竜類		体高：	4～4.3メートル
恐竜類		体重：	6～7トン
テタヌラ類		捕食者：	なし
コエルロ		餌：	ハドロサウルス科と竜脚類の恐竜
サウルス類			
ティラノサウルス科			

化石発掘地　　**大きさの比較**

Alxasaurus
アラシャンサウルス

学名の由来：発見地の阿拉善（アラシャン）砂漠にちなんで命名された

中国の白亜紀中期の地層で化石が見つかったアラシャンサウルスは、テリジノサウルス類に属する恐竜。背が高く、太鼓腹の恐竜で、ナマケモノと七面鳥を足して2で割ったような奇妙な外見をしていた。細長い頭骨は、長い首や丸々と太った胴体に比べて極端に小さく見えた。長い後肢はこの動物の全体重を支えていた。短い前肢の先端には、最長1メートルの細長い鉤爪がついていた。

テリジノサウルス類は、外見が奇妙だっただけでなく、ほかの恐竜グループに見られるさまざまな特徴が混在しているという点でも実に風変わりな恐竜だった。頭骨は竜脚類や古竜脚類のものによく似ていた。頭骨の最前部には歯のない嘴がついており、顎には植物をむしり取るのに適した木の葉型の小さな歯がずらりと並んでいた。足は幅広で、竜脚類にそっくりな円柱状の4本指があった。しかし、骨盤の恥骨は、鳥盤類や鳥類に似た獣脚類と同じように後ろ向きに伸びていた。

古生物学者たちがテリジノサウルス類のことで長年にわたり頭を悩ませ続けたのは、当然といえば当然だった。1950年代にテリジノサウルス類の化石が初めて発見された折りには、あろうことか巨大なカメとして記載されたほどだ！　その後発見された化石により、恐竜と判明したが、どのような恐竜だったのかは不明で、専門家の意見も分かれていた。古竜脚類と考える古生物学者もいれば、獣脚類や鳥盤類とみなす古生物学者もいた。こうした混乱がようやく収まるのは、アラシャンサウルスの化石が発見されて、獣脚類であることがはっきり証明された1990年代初めのことだ。3本指の手（前足）と鳥類のような手首（前足首）をもっていたのは、獣脚類だけである。その後見つかった化石により、テリジノサウルス類が獣脚類のものとよく似た脳と、全身を覆う羽毛をもっていたことがわかった。

テリジノサウルス類のほぼ完全な標本が見つかった初のケースということもあって、アラシャンサウルスの発見は、こうした議論の流れを変える転換点となった。5体ある骨格の一部は、中国内モンゴル自治区の阿拉善（アラシャン）砂漠で発掘調査にあたっていた中国－カナダ合同調査隊によって1988年に発見された。アラシャンサウルスは、1993年に記載された時点では最古の、そして最も原始的なテリジノサウルス類だった。その後、中国と北アメリカで生息年代が少し古い標本が発見された。これらの標本が見つかったおかげで、現在ではこの奇妙な動物が獣脚類であることがはっきりしただけでなく、テリジノサウルス類が鳥類にきわめて近い動物群の1つであったこともわかった。

分類
動物
　脊索動物
　　竜弓類
　　　主竜類
　　　　恐竜類
　　　　　テタヌラ類
　　　　　　コエルロ
　　　　　　　サウルス類
　　　　　　　　テリジノサウルス上科

化石発掘地

データファイル
生息地：	アジア（中国）
生息年代：	白亜紀中期
体長：	3.5〜4メートル
体高：	1.75〜2メートル
体重：	350〜400キロ
捕食者：	なし
餌：	植物、種子、小型脊椎動物

大きさの比較

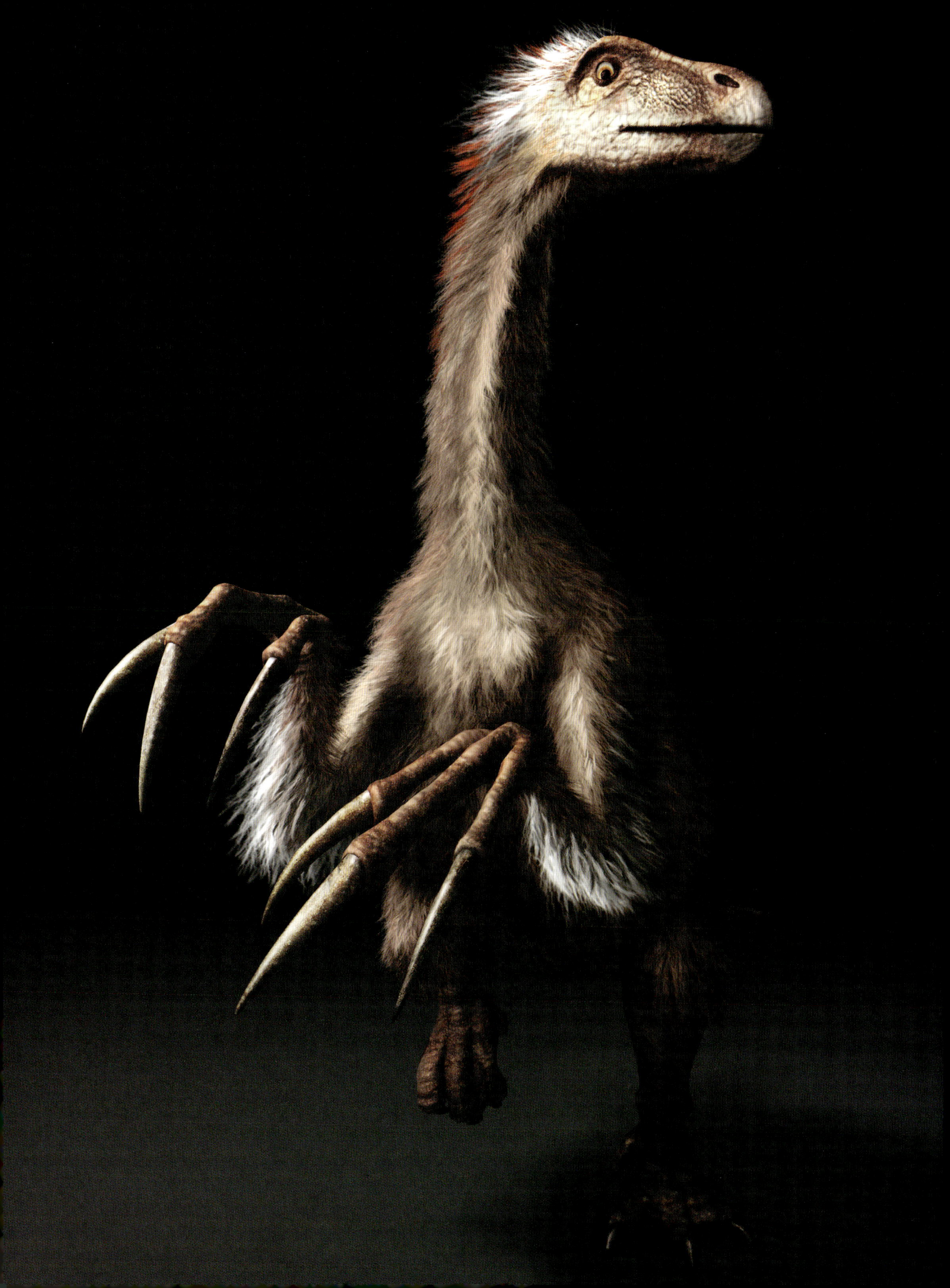

Dromaeosaurus
ドロマエオサウルス

学名の意味：「走るトカゲ」

　バーナム・ブラウンは、古生物学の分野ではまさしく伝説的な人物の1人であり、ニューヨーク市にあるアメリカ自然史博物館から委託された化石収集で生計を立てた向こうみずな男だった。その変人ぶりは有名で、世界で最も気温の高い土地を訪れても、裾が地面に届きそうなほど長い毛皮のコートを着たまま化石の発掘を行うことがよくあった。両大戦中は、諜報機関のエージェントとして働いていたようで、石油会社の内情を探って臨時収入を得ることもあった。

　とはいえ、ブラウンが最も得意としていたのは化石探しである。化石ハンターとしてのブラウンは、当初、モンタナ州の白亜紀後期の岩石層に努力の大半を注ぎ、1902年にティラノサウルスの最初の化石を発見した。しかし、モンタナでの調査が10年におよぶと、彼は退屈し、カナダのアルバータ州にあるレッド・ディア川流域で化石発掘調査の新たなフロンティアを切り開いた。彼は大型船で数年間かけてゆっくりとこの川を下り、配下の調査員が化石を発見するたびに、そこで停泊した。彼の最大の発見の1つは、のちに州立恐竜公園に指定される地域で1914年に成し遂げられた。この地で彼は頭骨1つと足骨の化石片を発掘した。この一連の化石は、その後ドロマエオサウルスと命名される。

　ドロマエオサウルスが発見された時点では、小型獣脚類に関する情報はほとんどなかった。この化石の発見をきっかけに、白亜紀に生息していた小型肉食恐竜の一大グループの存在が明らかになった。このグループは、最初に化石が見つかった恐竜の名をとってドロマエオサウルス類と呼ばれることになる。現在では、これら「ラプトル」は、最もよく知られている恐竜の1つだ。このグループに属するそのほかの恐竜には、ヴェロキラプトル、デイノニクス、ユタラプトルなどがいる。白亜紀には、これらの恐竜が全世界の生態系で主要な捕食者として暴れまわっていた。

　ドロマエオサウルスも獰猛な捕食者であり、足についていた鎌のような鉤爪を獲物の腹部に食い込ませ、鋭い歯で肉を食ったのだろう。とはいえ、その当時は、ティラノサウルス類であるアルバートサウルスやダスプレトサウルス、ゴルゴサウルスなど、もっと大型の肉食恐竜も多数生息していた。したがって、ドロマエオサウルスは、これらの恐竜とは異なる生態的地位を占めていたのだろう。最上位の捕食者ではなく、むしろティラノサウルス類の陰に隠れて獲物を追いかける、小柄で狡猾なハンターだった。

第6章 白亜紀後期の恐竜 **181**

分類

動物
　脊索動物
　　竜弓類
　　　主竜類
　　　　恐竜類
　　　　　テタヌラ類
　　　　　　コエルロ
　　　　　　サウルス類
　　　　　　　ドロマエオ
　　　　　　　サウルス科

データファイル

生息地：	北アメリカ（カナダ、アメリカ合衆国）
生息年代：	白亜紀後期
体長：	1.5〜2メートル
体高：	46〜70センチ
体重：	15〜35キロ
捕食者：	巨大な獣脚類の恐竜
餌：	植物食恐竜

化石発掘地

大きさの比較

Velociraptor
ヴェロキラプトル

学名の意味：「すばやい泥棒」

　バーナム・ブラウンがモンタナ州とアルバータ州での化石発掘調査で多大な成果を上げてから10年後に、アメリカ自然史博物館はその化石収集活動を世界規模に拡大した。次の進出先は、地球上で最も過酷にして乾燥した土地の1つであるモンゴルのゴビ砂漠だった。この探検隊のリーダーを務めたのがロイ・チャップマン・アンドリュースであり、人気映画シリーズ『インディ・ジョーンズ』に登場する架空の考古学者インディアナ・ジョーンズのモデルとされる類まれな探険家だった。

　1922年、アンドリュースの探検隊は、ひどくつぶれているが驚くほど完全な小型獣脚類の頭骨を発見した。この頭骨はブラウンが発見したドロマエオサウルスのものによく似ていた。ところが、そのすぐそばで、古生物学者たちがそれまで目にしたことのないものが見つかった——足の指についていた巨大な鉤爪で、後方にカーブしており、恐ろしいくらい切れ味が鋭かった。2年後、博物館の古生物学者ヘンリー・フェアフィールド・オズボーンは、この新種の動物に「すばやい泥棒」を意味するヴェロキラプトルという学名をつけた。悪夢からそのまま抜けだしてきたような動物で、一撃必殺の凶器となる鉤爪とナイフのように鋭い歯で獲物を解体する人間大の肉食恐竜だった。

　モンゴルでは共産主義を奉ずるロシア（旧ソ連）の影響力が次第に強まり、アメリカ自然史博物館の探検隊は同地を去らなければならなくなった。しかし、化石が豊富に埋蔵されているゴビの悪地が忘れ去られたわけではなかった。アメリカ隊に代わって、ロシア－ポーランド合同調査隊が活動を行い、膨大な量の恐竜化石を新たに収集した。そのなかには、これまでに発見された最も驚くべき化石の1つとされているものもある——それは、ヴェロキラプトルがプロトケラトプスと死の抱擁を交わしているかのように見える化石だ。「闘争化石」と呼ばれるこの標本は、捕食活動の瞬間が化石記録に残され、今日まで保存されていた数少ない例の1つである。

　ヴェロキラプトルは恐竜界で最も獰猛な捕食者であり、大きな脳とすぐれた視力だけでなく、鋭い鉤爪と歯といった一連の攻撃用武器をも装備した狡猾なハンターだった。映画や書籍の中で自動車大の捕食者として描かれたことが何度もあるが、こうした復元像はもっとはるかに大型のユタラプトルをモデルにしたものだ。ヴェロキラプトルの体格は成人男性と同じくらいで、イヌ大の小さなものも多かった。しかしこの獰猛で活発な肉食恐竜が集団で狩りを行えば、自分たちよりはるかに大きな動物を軽々と仕留めることができただろう。

分類

動物
　脊索動物
　　竜弓類
　　　主竜類
　　　　恐竜類
　　　　　テタヌラ類
　　　　　　コエルロ
　　　　　　サウルス類
　　　　　　　ドロマエオサウルス科

化石発掘地

データファイル

生息地：	アジア（中国、モンゴル）
生息年代：	白亜紀後期
体長：	1.5〜2メートル
体高：	46〜70センチ
体重：	15〜18キロ
捕食者：	巨大な獣脚類の恐竜
餌：	植物食恐竜

大きさの比較

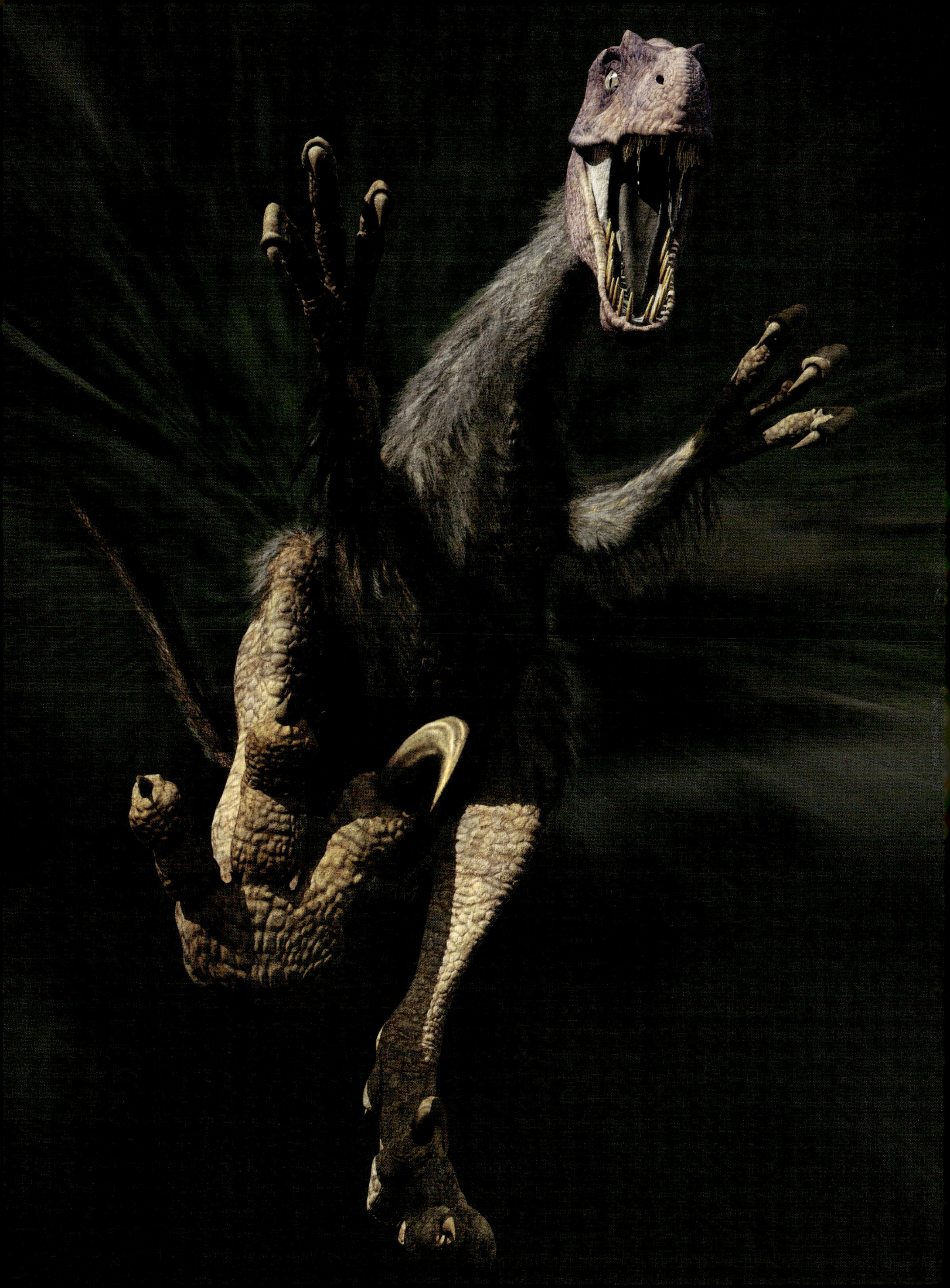

Troodon
トロオドン

学名の意味：「傷つける歯」

　細くしなやかな体をもつトロオドンは、やはり鳥に似た小型獣脚類グループであるトロオドン科の最もよく知られているメンバーの1つ。トロオドン類の恐竜は、多くの点でドロマエオサウルス類に似ている——どちらも顎に小さな鋭い歯が並ぶ細長い頭骨をもち、後足の第2指に大きな鉤爪があり、走るのが速く、凄腕のハンターだった。実のところ、古生物学者たちは、ドロマエオサウルス類とトロオドン類がお互いに最も近縁なグループであるとみなしている。

　トロオドン類を代表する恐竜であるトロオドンは、波乱に満ちた長い歴史をもつ。本属は、1856年にジョセフ・ライディによって初めて命名されたが、模式標本とされたのはたった1本の歯にすぎなかった。ライディは解剖学者として一流だっただけでなく、寄生虫学者でもあり、科学的手法を駆使した犯罪捜査の先駆者の1人でもあった。しかし、1850年代当時は化石を比較しようにも、その対象となる恐竜化石がほとんどなかったため、ライディはトロオドンをトカゲと勘違いした。およそ50年後に恐竜であることが確認されたが、ほぼ木の葉型に近い奇妙な歯を鳥盤類のものと主張するものたちも多かった。1932年により完全な化石が発見されると、ようやくトロオドンが獣脚類であることが明らかになった。

　トロオドンは肉食性のライフスタイルによく適応しており、俊敏に動くことができた。骨格は細く軽量で、長い後ろ肢は走るのに適していた。頭骨は驚くほど鳥類に似ており、正面を向いた大きな目をもっていたため、トロオドンは獣脚類のなかで最も視力がすぐれていたかもしれない。脳容量は非常に大きく、体との容積比が最大の恐竜の1つ。こうした特徴はどれもトロオドンが捕食動物だったことを示唆しているが、この頭のよい恐竜が植物、種子、昆虫を食べていた可能性も高い。やや木の葉型で大きなギザギザがある歯は、植物食恐竜に見られる顕著な特徴だからだ。おそらくトロオドンは雑食性で、季節に応じてさまざまなものを食べていたのだろう。

　トロオドンの化石はアメリカ西部の白亜紀後期の岩石層から産出しているほか、メキシコとロシアでも見つかっている。北アメリカとアジアではそのほかのトロオドン類も数種知られている。たとえば、シノヴェナトルのような小型で原始的なものや、サウロルニトイデスのような、より大型で力の強いハンターなどだ。これらの恐竜は、さほど多様化することはなかったが、ドロマエオサウルス類やティラノサウルス類とともに、北半球の生態系の重要な構成要素となっていた。

第6章 白亜紀後期の恐竜 185

分類

動物
　脊索動物
　　竜弓類
　　　主竜類
　　　　恐竜類
　　　　　テタヌラ類
　　　　　　コエルロ
　　　　　　サウルス類
　　　　　　　トロオドン科

データファイル

生息地：	北アメリカ（カナダ、メキシコ、アメリカ合衆国）
生息年代：	白亜紀後期
体長：	1.5〜2メートル
体高：	50〜70センチ
体重：	50キロ
捕食者：	巨大な獣脚類の恐竜
餌：	小型脊椎動物、昆虫、植物

化石発掘地

大きさの比較

Gallimimus
ガリミムス

学名の意味：「ニワトリに似たもの」

ガリミムスは、いわば白亜紀のダチョウだった。現生の飛べない大型鳥類によく似ていたのである。もちろん、ダチョウは真の鳥類で、ガリミムスはオルニトミモサウルス類に属する獣脚類だ。オルニトミモサウルス類が鳥類と近縁であったとはいえ、このことは驚くほど鳥にそっくりな獣脚類の恐竜が、かつてたくさんいたことを示しているのである。

ガリミムスは典型的なオルニトミモサウルス類の恐竜で、このグループの最も有名なメンバーの1つ。体格でははるかに上だが、ダチョウに本当によく似ている。ガリミムスは体長が約6メートルで、体重は約200キロあった。一方、ダチョウの体長と体重は、そのおよそ半分にすぎない。とはいえダチョウと同様に、ガリミムスも全体重を支える長い後肢、短い前肢と華奢で長い手、歯のない華奢なつくりの頭骨をもっていた。ガリミムスの体はおそらく羽毛に覆われていたと思われるが、化石の保存状態が悪く、羽毛の存在を裏づける確証は得られていない。

ガリミムスの化石は、ティラノサウルス類のタルボサウルスや竜脚類のネメグトサウルスとともに、モンゴルの白亜紀後期の岩石層で見つかっている。このほかに約10種のオルニトミモサウルス類が知られており、そのほとんどはアジアまたは北アメリカで化石が産出した。この鳥に似た巨大動物が白亜紀の生態系でどのような地位を占めていたのかは、ちょっとした謎だが、最近発見された化石により、頭骨の前部にケラチン（角質）に似た物質でできた大きな嘴があったことが判明した。そのため、湖や池で小さな水生無脊椎動物をすくい取って食べていた可能性が指摘されている。しかし、嘴は種子を割るのにも使われたかもしれない。確実にいえるのは、ガリミムスとその近縁種が大半の獣脚類のような鋭い感覚機能を備えた獰猛なハンターではなかったということだ。

分類
動物
　脊索動物
　　竜弓類
　　　主竜類
　　　　恐竜類
　　　　　テタヌラ類
　　　　　　コエルロサウルス類
　　　　　　　オルニトミモサウルス類

化石発掘地

データファイル
生息地：	アジア（モンゴル）
生息年代：	白亜紀後期
体長：	5〜6メートル
体高：	2.5〜3メートル
体重：	160〜220キロ
捕食者：	巨大な獣脚類の恐竜
餌：	水生無脊椎動物、昆虫、種子

大きさの比較

Pelecanimimus
ペリカニミムス

学名の意味：「ペリカンに似たもの」

　ペリカニミムスは白亜紀の前期にいた小さな獣脚類であり、オルニトミモサウルス類の最も原始的なメンバーだった。これらダチョウもどきたちがいちばん栄えたのは白亜紀の後期である。ペリカニミムスはこうした変わりものたちと、もっと一般的な、つまりすらりとした肉食獣であった近縁の獣脚類とをつなぐ、移行的な特徴をもつ重要な種類である。

　原始的なペリカニミムスと、のちに出現したより派生的な――つまり、進化的により高等な――オルニトミモサウルス類の間には多くの違いがある。ペリカニミムスは、高等な近縁種よりはるかに体が小さく、体長は2.1メートル、体重は40キロしかなかった。一方、ガリミムスなど、生息年代がもっとあとのオルニトミモサウルス類は、体長が2倍以上、体重はたぶん6倍はあった。だが、最も特徴的なのは、ペリカニミムスの頭骨だ。ガリミムスやその他のオルニトミモサウルス類が、種子を割ったり、あるいは微生物を濾し取ったりするための歯のない嘴をもっていたのに対して、ペリカニミムスの顎には細かな歯がびっしりと生えていた。歯の数は全部で220本を超えており、いまのところ獣脚類の恐竜の最高記録である。

　ペリカニミムスは、北アメリカとアジア以外で化石が見つかった唯一のオルニトミモサウルス類という点でもユニークな存在だ。ペリカニミムスの化石はたった1つだけ――スペインのクエンカに近い、有名なラス・ホヤス発掘地で発見された頭骨と体骨格の前半分しか見つかっていない。ラス・ホヤスは、保存状態のすばらしい化石が産出することで知られている。中生代に多数生息していた原始的な鳥類のみごとな標本がこの地で見つかっており、羽や軟組織が確認できることも多い。実は、ペリカニミムスの化石にも軟組織の痕跡が残っている。その痕跡からわかるのは、このダチョウ型恐竜の下顎の下部にのど袋があったらしいということだ。現生の水鳥には捕えた魚を入れておくための同様な構造物をもつものが多いので、もしかするとペリカニミムスも魚食性だったのかもしれない。

分類

動物
　脊索動物
　　竜弓類
　　　主竜類
　　　　恐竜類
　　　　　テタヌラ類
　　　　　　コエルロ
　　　　　　サウルス類
　　　　　　　オルニトミモサウルス類

化石発掘地

データファイル

生息地：	ヨーロッパ（スペイン）
生息年代：	白亜紀前期
体長：	2〜2.5メートル
体高：	1〜1.25メートル
体重：	25〜40キロ
捕食者：	巨大な獣脚類の恐竜
餌：	水生無脊椎動物、魚類、種子

大きさの比較

Oviraptor
オヴィラプトル

学名の意味:「卵泥棒」

オヴィラプトルは、ティラノサウルスやアロサウルスと類縁関係をもつ動物というよりむしろ地球外生命体のように見える。だが、外見はあてにならない。オヴィラプトルは、オヴィラプトロサウルス類と呼ばれる非常に特殊化した獣脚類グループの1種だ。この軽量で、歯のない動物は信じられないほど鳥に似ている。飛翔能力を失った真の鳥類とみなす古生物学者も一部にいたが、おおかたの研究者は鳥類にきわめて近い系譜のものと考えている。

オヴィラプトルは、体長が約2.1メートルだったのに対して、体重はわずか40キロと人間の子ども程度しかなかった。最も特徴的なのは奇妙な形状の頭骨で、歯が1本もない代わりに、木の実を割ったり、貝を食べたりするのに使われた可能性がある強力な嘴がついていた。この嘴の上には高く突きだした紙のように薄いトサカがあった。トサカはあまりに脆く、防御用の武器としては用をなさなかったが、格好のディスプレイになったはずだ。ほかのもっと一般的な獣脚類に比べて、頭骨は短く、高さがあり、骨の癒合が進んでいた。

オヴィラプトルの化石を初めて発見したのは、探検家のロイ・チャップマン・アンドリュースで、1920年代初めに有名な中央アジア探検隊の隊長としてモンゴルを訪れていたときのことだ。化石は、角竜類のプロトケラトプスのものと思われる卵が並ぶ巣の上で見つかった。そのため、この新種の恐竜はオヴィラプトル──「卵泥棒」──と命名され、ほかの恐竜の卵を食べることに適応した風変わりな獣脚類と長く信じられていた。ところが、1990年代にモンゴルで発掘を行った調査隊が、従来の説を覆す驚くべき証拠を発見した。プロトケラトプスのものとされた卵の中にあった小骨が、オヴィラプトルの胎児(胚)のものと判明したのだ。また、抱卵する親鳥のような姿勢で、巣の上に覆いかぶさるように座ったまま死んだ大きなオヴィラプトルの化石も発見された。オヴィラプトルは卵泥棒ではなく、面倒見のよい親だったのである。

分類

動物
　脊索動物
　　竜弓類
　　　主竜類
　　　　恐竜類
　　　　　テタヌラ類
　　　　　　コエロ
　　　　　　サウルス類
　　　　　　　オヴィラプトロサウルス類

化石発掘地

データファイル

生息地:	アジア(モンゴル)
生息年代:	白亜紀後期
体長:	2〜2.5メートル
体高:	1〜1.2メートル
体重:	35〜40キロ
捕食者:	巨大な獣脚類の恐竜
餌:	水生無脊椎動物、種子、堅果

大きさの比較

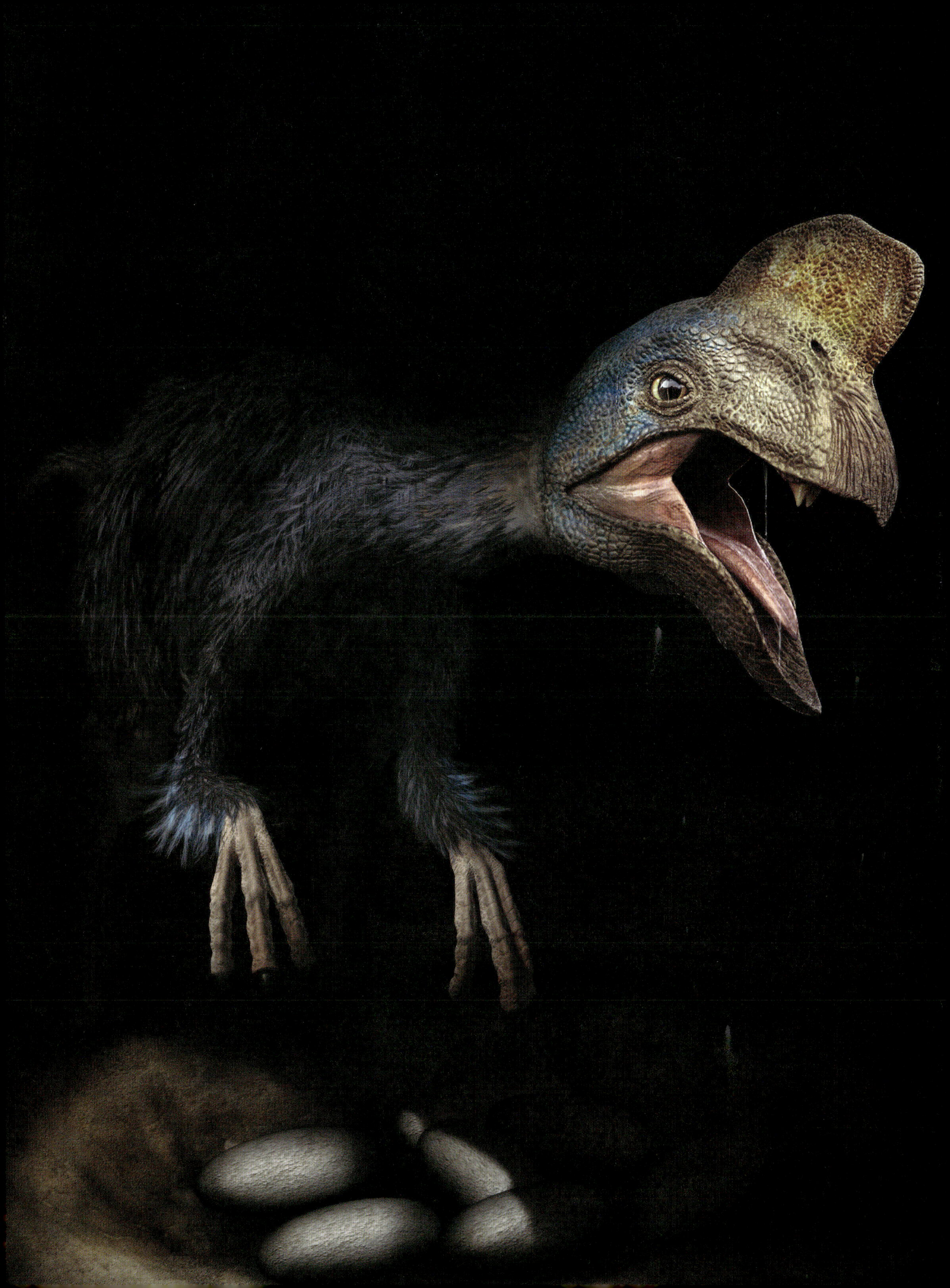

Nemegtosaurus
ネメグトサウルス

学名の由来：化石発見地のネメグト累層にちなんで命名された

　白亜紀後期の北半球では、竜脚類はきわめてまれだったが、アジアにはこの長い首をもつ巨大恐竜がわずかながら生息していた。そのうち最もよく知られているのが体長21メートルの植物食恐竜ネメグトサウルスである。恐竜時代の最終期にティラノサウルスの仲間であるタルボサウルスとともにモンゴルで暮らしていた。

　ネメグトサウルスの化石は、ポーランド－モンゴル合同調査隊がモンゴル南部の乾燥した悪地で発見した頭骨が1つあるのみ。しかし、この頭骨は竜脚類の頭蓋としてはこれまでに発見された最も完全なものの1つで、古生物学者たちによって詳細に記載されている。ブラキオサウルスやカマラサウルスの頭骨に似て高さがあるが、ディプロドクスの仲間のように顎の前部に短い鉛筆状の歯が並んでいた。頭骨のほかの部分にもディプロドクスの仲間とブラキオサウルス的な特徴が混在しているため、この竜脚類の系統上の位置づけを明らかにするのは非常に難しかった。

　最近行われた研究により、ネメグトサウルスはティタノサウルス類であることが明らかになった。これは、特に白亜紀に栄えたくさんの種類を生みだしたグループで、ブラキオサウルスに近縁でもあった。ティタノサウルス類には、アルゼンチノサウルスなど、おそらく史上最大の陸生動物だったと思われるものも含まれる。ほとんどのティタノサウルス類は南半球の大陸に生息していたが、北アメリカとアジアに進出した種もわずかながらいた。

　アジアのティタノサウルス類は、おそらく白亜紀前期にヨーロッパから移動してきたのだろう。かつては孤立していたアジア大陸がこの時代にヨーロッパ大陸と衝突して地続きになったからだ。これは、恐竜の歴史における重大な出来事となった。それまでは、アジアの恐竜といえば、地理的に隔絶されたアジア大陸で古くから繁栄していた原始的な恐竜たちの子孫にかぎられていた。しかし、新たに陸橋が形成されたおかげで、アジアは白亜紀前期にヨーロッパと、白亜紀後期には北アメリカと地続きになった。白亜紀の最終期には、ネメグトサウルスなどのヨーロッパから移動してきた動物たちと、タルボサウルスやガリミムスといった動物たち――こちらの近縁種は北アメリカにいた――と共存していた。

分類
動物
　脊索動物
　　竜弓類
　　　主竜類
　　　　恐竜類
　　　　　竜脚類
　　　　　　ティタノサウルス類

化石発掘地

データファイル
- 生息地：アジア（モンゴル）
- 生息年代：白亜紀後期
- 体長：21メートル
- 体高：6メートル
- 体重：12～14トン
- 捕食者：巨大な獣脚類の恐竜
- 餌：植物

大きさの比較

Saltasaurus
サルタサウルス

学名の由来：化石発見地であるアルゼンチンのサルタにちなんで命名された

　白亜紀の北半球の大陸では、ハドロサウルス類と角竜類がおもな植物食恐竜だったが、南半球では竜脚類による支配が続いていた。ティタノサウルス類は、巨体を誇る竜脚類のサブグループで、白亜紀に生息していた。驚くほどの多様化を遂げたこのグループの代表格は、アルゼンチンの白亜紀後期の岩石層から化石が産出した比較的小型のサルタサウルスだ。

　サルタサウルスは、竜脚類としてはかなり小さく、体重は約7トン、体長は約12メートルだった。つまり、ティラノサウルスくらいの大きさしかなく、体長は同じティタノサウルス類に属する最も近縁な動物のおよそ半分にすぎなかった。巨大なアベリサウルス類が見つかるのと同じ地層から少なくとも5個体の標本が見つかっている。白亜紀の大半を通じて、これら2つの動物群が南アメリカの生態系を支配していたようだ。

　サルタサウルスの最大の特徴は、背中を覆う骨板状の装甲。こうした装甲は、曲竜類にはあってあたり前だが、そのほかの恐竜グループでは非常にめずらしい。そのため、サルタサウルスの大きな楕円形の骨板が初めて発見された折りには、曲竜類の化石と誤解された。だがそのあと、より完全な骨格が見つかり、こうした骨板がサルタサウルスのものであることが確認された。現在では、装甲をもつティタノサウルス類の恐竜は、このほかにも数種知られている。おそらく中世の騎士が身につけた甲冑と同様に、護身用の防具であり、サルタサウルスがアベリサウルス類の襲撃から身を守るのに役立っていたのだろう。

　サルタサウルスは、ティタノサウルス類に含まれるいくつもの種族の1つにすぎない。南半球に位置する南アメリカ、アフリカ、オーストラリア、インド、マダガスカルで産出した化石をもとに、少なくとも30種が記載されており、そのほかに北アメリカ、ヨーロッパ、アジアでも数種が知られているが、おそらくその多くはよそから移動してきたものと思われる。現在、新種のティタノサウルス類の化石が年間数種という驚異的なペースで発見されており、集中的な研究が行われている。

分類

動物
　脊索動物
　　竜弓類
　　　主竜類
　　　　恐竜類
　　　　　竜脚類
　　　　　　ティタノサウルス類

化石発掘地

データファイル

生息地：	南アメリカ（アルゼンチン）
生息年代：	白亜紀後期
体長：	12メートル
体高：	3.3メートル
体重：	6〜7トン
捕食者：	巨大な獣脚類の恐竜
餌：	植物

大きさの比較

Ankylosaurus
アンキロサウルス

学名の意味：「融合したトカゲ」

　アンキロサウルスは、約6500万年前に生息していた大型戦車のような恐竜である。動きが緩慢で、のそのそと歩いたが、頭のてっぺんから尾の先まで全身が貫通不能な装甲に覆われていたうえに、最も獰猛な捕食者にも回復不能なダメージを与えることのできる攻撃用の武器までもっていた。

　「融合したトカゲ」を意味するアンキロサウルスは、曲竜類——装甲で覆われたアルマジロのような植物食恐竜の一大グループ——の代表格。寸胴体型での4足歩行、骨の癒合により強化された三角形の頭骨、植物を剪断するのに最適な鋭い嘴、中世の騎士がまとった甲冑のような装甲など、このグループの特徴をすべて備えていた。

　だが、アンキロサウルスは並みの曲竜ではなかった。このグループで最大のメンバーであり、最後の最後まで生き残った。体長はアロサウルスとほぼ同じ10メートル、体重は最大8トンに達した。体は驚くほど大きく、横幅が2メートルもあった——ふつうの男性の身長をはるかに上回っていた！　一方、頭骨は小さく、その長さは50センチに満たなかった。骨の癒合により強度が増した頭骨は重量があったうえに、後頭部からは2本の角が突きでており、互いに重なり合った楕円形の小さなプレートが頭頂部を覆っていた。上顎と下顎にはそれぞれ60本以上の歯が並んでいた。どれも長さ1センチ足らずと小ぶりだが、植物を切るのに最適な歯だった。

　アンキロサウルスの最も顕著な特徴は、尾の先端についていた球状の骨塊で、槌矛（中世に敵の甲冑を打ち破るために使われた重い棍棒）に似ている。頭骨とほぼ同じ大きさの武器で、癒合した椎骨、腱、装甲板からなる複雑な構造物だった。この棍棒は、2つの大きな皮骨といくつかの小骨にくるまれており、しっかりと癒合した7つの尾椎がこれを支えていた。ずしりと重い骨塊つきの尾を左右に打ち振れば、恐ろしい凶器となっただろう。またそれは、ティラノサウルス類の恐竜などの捕食者に襲撃を思いとどまらせる抑止力ともなったはずだ。

分類

動物
　脊索動物
　　竜弓類
　　　主竜類
　　　　恐竜類
　　　　　鳥盤類
　　　　　　装盾類
　　　　　　　曲竜類
　　　　　　　　アンキロサウルス科

化石発掘地

データファイル

生息地：	北アメリカ（カナダ、アメリカ合衆国）
生息年代：	白亜紀後期
体長：	8〜10メートル
体高：	2〜2.75メートル
体重：	5.8〜8トン
捕食者：	巨大な獣脚類の恐竜
餌：	植物

大きさの比較

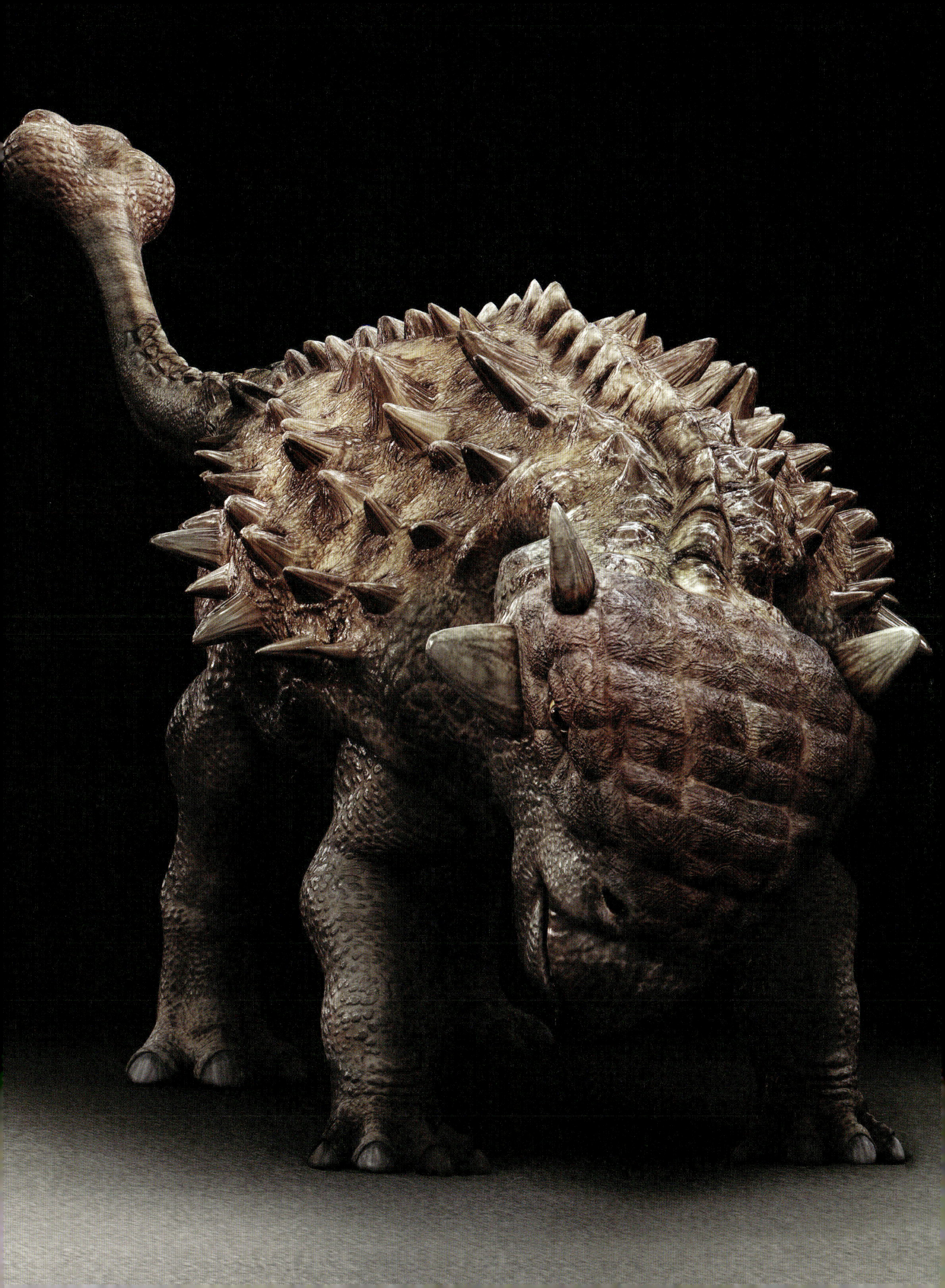

Euoplocephalus
エウオプロケファルス

学名の意味：「完全武装した頭部」

　エウオプロケファルスが最も研究の進んでいる曲竜であることは間違いない——北アメリカ西部の白亜紀後期の岩石層でこれまでに15点以上の頭骨を含む40点を超える標本が見つかっている。一方、この恐竜と最も近縁で、より知名度の高いアンキロサウルスの化石は産出例が少なく、片手で数えることができる。そのため、曲竜類の解剖学的構造、生態、食性、習性に関する知識の多くは、エウオプロケファルスについて行われた入念な調査の結果にもとづいている。

　エウオプロケファルスは、重武装した体と、顎に細かな歯が並ぶ小さな頭骨をもち、4本足でのっそり歩くなど、曲竜類のおもな特徴をすべて備えていた。しかし、とりわけ興味深い特徴が2つあった。第1に、ほかのすべての曲竜類の足が4本指あるいは5本指だったのに対して、この恐竜の足には指が3本しかなかった。2番目に、眼窩の上方に特別な骨があった。眼瞼骨と呼ばれるこの骨は、骨質の瞼を形成していたのだろう。骨癒合により頭蓋が補強されていた曲竜類のなかでも、瞼まで装甲化された頭骨というのは最も極端な例だ。

　瞼にまで骨板があったエウオプロケファルスは、曲竜類のサブグループの1つ、アンキロサウルス科の一員だった。このグループは尾の先端に捕食者撃退用の棍棒のような骨の塊をもつことが特徴である。エウオプロケファルスの骨塊はアンキロサウルスのものに似ていたが、形状が異なっていた。アンキロサウルスの骨塊が球状だったのに対して、エウオプロケファルスのそれはフリスビーのような形をしていた。上から見ると、大きな円形の構造物だが、横から見ると、骨塊を支えている椎骨より少し分厚いだけだった。調査の結果、この棍棒のような骨塊は地上10数センチくらいの位置にあり、垂直方向の柔軟性はほとんどなかったことがわかっている。しかし、左右に振るのは簡単だった。骨質の腱がこの棍棒と尾の本体をつなぐ骨を補強しており、筋肉の力がうまく伝わる構造になっていたため、エウオプロケファルスは、このハンマーのような武器を激しく打ち振ることができた。獲物を探し求める獣脚類がこの恐竜に襲いかかれば、痛い目に遭ったことだろう。

分類

動物
　脊索動物
　　竜弓類
　　　主竜類
　　　　恐竜類
　　　　　鳥盤類
　　　　　　装盾類
　　　　　　　曲竜類
　　　　　　　　アンキロサウルス科

化石発掘地

データファイル

生息地：	北アメリカ（カナダ、アメリカ合衆国）
生息年代：	白亜紀後期
体長：	5〜6メートル
体高：	1.2〜1.8メートル
体重：	2〜4トン
捕食者：	巨大な獣脚類の恐竜
餌：	植物

大きさの比較

Edmontonia
エドモントニア

学名の由来：アルバータ州エドモントンにちなんで命名された

　エウオプロケファルスとともに、白亜紀後期のアメリカ西部の氾濫原に生息していたのが、より遠縁の曲竜であるエドモントニア。エウオプロケファルスが尾の棍棒をもつアンキロサウルス科に属していたのに対して、エドモントニアは、曲竜類の2番目のサブグループであるノドサウルス科の一員だった。尾の先に棍棒がなかったため、もっぱらその装甲でアルバートサウルスなどの巨大な捕食者から身を守らなければならなかった。

　エドモントニアをはじめとするノドサウルス科の恐竜の頭骨は、アンキロサウルス科の恐竜の頑丈な三角形の頭部に比べて細長い。頭頂部は皮骨板で覆われていたが、アンキロサウルス科の皮骨板より大きいかわりに数が少なく、さほど複雑な構造物ではなかった。しかしエドモントニアは、口の横の頬のあたりにも皮骨板があった点でユニークだった。その皮骨板がどのような働きをしていたのかはよくわかっていない。たぶんエドモントニアの摂食行動に関係した適応で、大量の枝葉を貪り食べる際に、食べ物を口中に蓄えておくのに役立っていたのだろう。あるいは口の脆弱な軟組織を捕食者による襲撃から守っていたのかもしれない。

　エドモントニアの体を覆う装甲は、ほかのノドサウルス類のものとほぼそっくりだ。癒合した大きな皮骨板が首を覆い、より小さな丸みを帯びた皮骨板が背中を覆っていた。体側からは何本ものスパイクが突きでていた。肩付近のスパイクが最大で、後ろ向きに生えているものもあれば、前向きに生えているものもあった。おそらく、防御用の武器として、その中心的な役目をはたしていたと思われる。尾の先に棍棒のあるアンキロサウルス科の恐竜とは違って、エドモントニアは捕食者と真正面から向き合ったのだろう。

分類
動物
　脊索動物
　　竜弓類
　　　主竜類
　　　　恐竜類
　　　　　鳥盤類
　　　　　　装盾類
　　　　　　　曲竜類
　　　　　　　　ノドサウルス科

化石発掘地

データファイル
生息地：	北アメリカ(カナダ、アメリカ合衆国)
生息年代：	白亜紀後期
体長：	6〜7メートル
体高：	1.8〜2.1メートル
体重：	4〜5トン
捕食者：	巨大な獣脚類の恐竜
餌：	植物

大きさの比較

Maiasaura
マイアサウラ

学名の意味：「よいお母さんトカゲ」

　マイアサウラの発見は、古生物学史上の重要な転換点となった。ジャック・ホーナーが植物食恐竜のマイアサウラを記載したことは、鳥に似たデイノニクスの発見とともに、恐竜の一般的なイメージを変えるのにひと役買った。古生物学者たちは、「恐ろしいほど大きなトカゲ」を絶滅する運命にあった愚かでのろまな動物とみなすのではなく、中生代の世界を支配した行動的で活力に満ちた動物と考えるようになった。

　当初は、恐竜が卵を産みっぱなしにしたと考える古生物学者が多かった。マイアサウラは、面倒見のよい親としてかいがいしく子供の世話をし、食事を与える恐竜もいたことを決定的に証明する最初の種となった。この革新的な結論の裏づけとなった証拠は、みごとな化石だった——モンタナ州の白亜紀の岩石層に保存されていた7500万年前の営巣地。ホーナーとボブ・マケラは、30～40個のラグビーボール大の卵がぎっしりと並ぶ多くの巣を発見した。巣のそばで小さな胎児（胚）、幼体、成体の化石が見つかったので、マイアサウラは大集団で営巣していたようだ。孵化したての幼体の骨はとても脆かったため、ぎこちない歩き方でゆっくり移動したはずであり、もしかすると自分で餌を捕ることはできなかったかもしれない。ところが、歯は明らかに磨り減っており、すでに植物を食べ始めていたことがうかがえる。考えられる解釈はただ1つ。生後しばらくの間は、親が幼体のために餌を集め、子育てをしたのだろう。

　幼体および成体の一連の標本が見つかったおかげで、ホーナーはマイアサウラの成長スピードが現生鳥類と同じようにとても速かったことを証明できた。幼体は体重が約1キロで、体長は0.5メートル足らずだった。一方、成体は巨大で体長が9メートル、体重は3トンもあった。骨の成長線からは、幼体が10年足らずでフルサイズの成体になったことがわかる。これは驚異的な成長ペースであり、マイアサウラは代謝率の高い温血動物だったのだろう。

　マイアサウラはありきたりなハドロサウルス類だった。長い頭骨の先端には下を向いた嘴がついており、顎には大量の植物をすりつぶすのに適した歯がびっしりと生えていた。マイアサウラは集団で営巣しただけでなく、移動時にも群れで行動した。ある化石発掘地には、幼体から成体まで少なくとも1万もの個体の遺骸が埋蔵されている。恐竜化石のものとしては、これまでに発見された最大のボーンベッド（骨化石密集層）だ。重厚な装甲や尾のスパイクをもっていなかったこの植物食恐竜は、ティラノサウルス類やその他の巨大な捕食者から身を守るために、集団で移動する必要があったのだろう。

第6章 白亜紀後期の恐竜 197

分類
動物
脊索動物
竜弓類
主竜類
恐竜類
鳥盤類
鳥脚類
ハドロサウルス科
ハドロサウルス亜科

化石発掘地

データファイル	
生息地：	北アメリカ（アメリカ合衆国）
生息年代：	白亜紀後期
体長：	9メートル
体高：	3メートル
体重：	3トン
捕食者：	巨大な獣脚類の恐竜
餌：	植物

大きさの比較

Parasaurolophus
パラサウロロフス

学名の意味：「トサカのあるトカゲに似たもの」

　ハドロサウルス類であるパラサウロロフスには実に奇妙な特徴があった。頭頂部にカーブしながら後方に伸びるシュノーケルのようなトサカがついていたのだ。ハドロサウルス類の恐竜には、現生のヒクイドリのようなアーチ状のトサカや、頭頂部のスパイク状の突起物など、頭骨になんらかの装飾物があるものが多かった。しかし、パラサウロロフスの中空で長い管状のトサカほど大きく、奇妙な構造物はほかに例がない。

　パラサウロロフスのトサカは並外れて大きかった。長さが約1.25メートルあり、人間の子どもの身長とほぼ同じだった！　トサカは、頭骨の前部にあった細い嘴——植物をむしり取るのに使われた——のすぐ上のあたりから盛り上がり始めていた。ここには奥へいくほど狭くなる大きな鼻孔が2つあり、それぞれがトサカの中を通る管に通じていた。これらの管はトサカの後方まで伸びていたが、トサカの先端は分厚い頑丈な骨でふさがれており、穴はあいていなかった。その代わり、管はトサカの先端部で折り返して中央部に戻っていた。トサカの内部は硬い骨でできていたわけではなく、複雑な副鼻腔が形成されていた。

　たとえわずかでも、これと似た構造物をもつ動物は現存しない。

　なぜこの植物食恐竜は、頭頂部から後方に伸びる長さ1.25メートルの中空の管状突起を必要としたのだろうか。古生物学者たちは、その理由を探し求めて、長年にわたり頭を悩ませてきた。その機能については諸説あるが、水中で餌を食べる際にシュノーケルとして使われたとか、象の鼻のようなものを支える骨質の添え木の働きをしていたとか、大きな分泌腺をおさめるカプセルの役目をはたしていたなど、珍説も多い。どれも笑いを誘う仮説かもしれないが、この奇妙な構造物の解釈がいかに難しいかがよくわかる。熱を逃がして体温を下げる機能をはたしていたのかもしれないし、鳴き声をだして仲間と連絡を取り合うために使われていた可能性もある。パラサウロロフスがもつこの独特のトサカは、おそらく多目的の道具だったのだろう。

　パラサウロロフスは、ハドロサウルス類のなかでは最も生息数が少なかったものの1つで、北アメリカ大陸西部の白亜紀後期の岩石層からわずかな化石が産出しているにすぎない。一方、エドモントサウルスやマイアサウラといった動物は、数千点もの標本で知られている。ハドロサウルス類に属するほかの恐竜は、大きな群れで移動することを特徴としていたが、たぶんパラサウロロフスは単独行動型の動物だったのだろう。

分類

動物
　脊索動物
　　竜弓類
　　　主竜類
　　　　恐竜類
　　　　　鳥盤類
　　　　　　鳥脚類
　　　　　　　ハドロサウルス科
　　　　　　　　ランベオサウルス亜科

化石発掘地

データファイル

生息地：	北アメリカ（カナダ、アメリカ合衆国）
生息年代：	白亜紀後期
体長：	7.8～10メートル
体高：	2.3～3メートル
体重：	4～6トン
捕食者：	巨大な獣脚類の恐竜
餌：	植物

大きさの比較

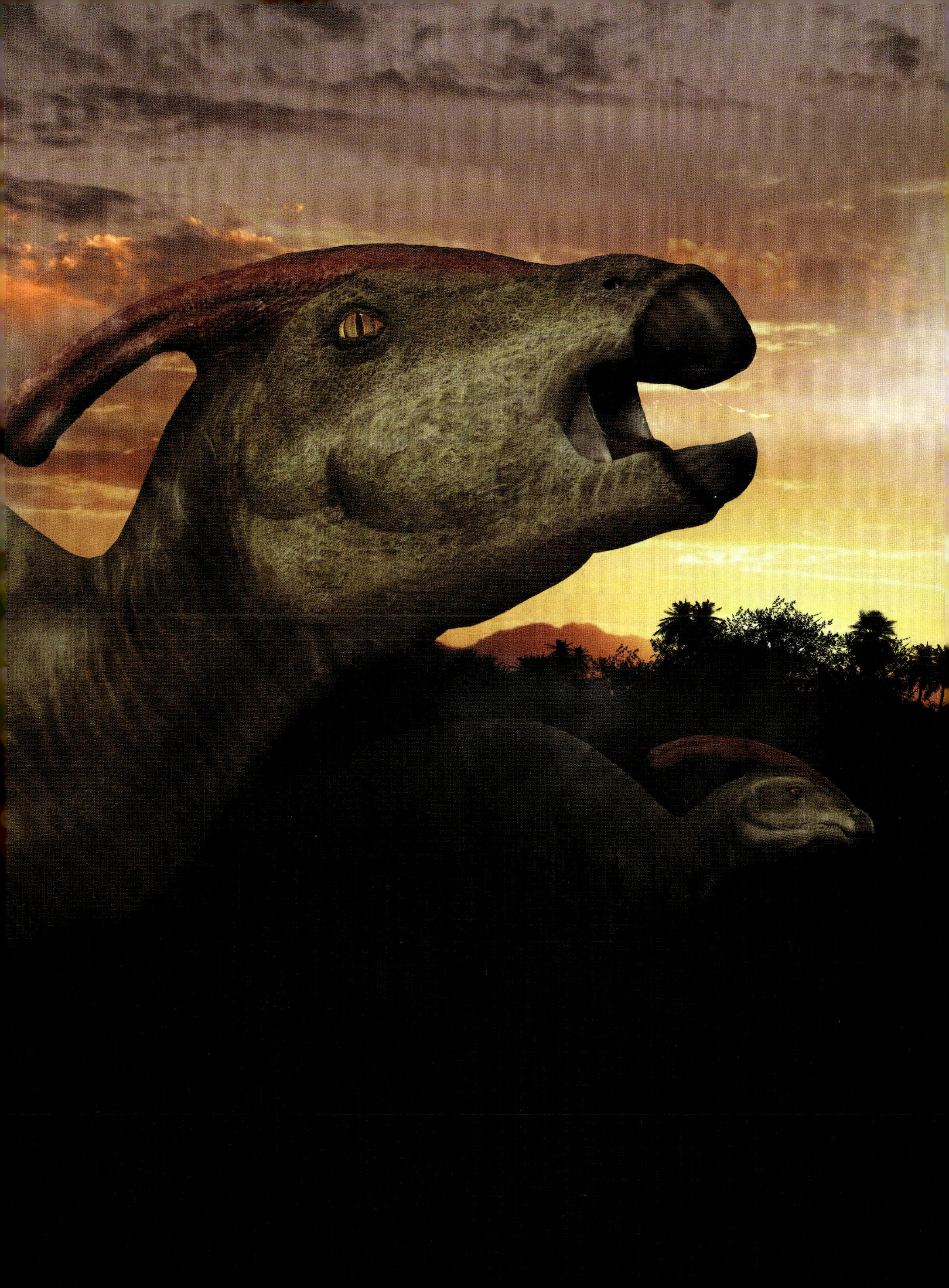

Gryposaurus
グリポサウルス

学名の意味：「わし鼻のトカゲ」

　ハドロサウルス類のうち最も多様化し、生息期間が長く、広範囲に分布していた属がグリポサウルスである。鼻の上の奇妙なこぶを特徴とする大型動物だ。グリポサウルスは4種が命名されており、白亜紀後期に500万年以上の長きにわたって北アメリカ西部の全域に生息していた。今日では、アルバータ州からユタ州にかけて距離にして1900キロにおよぶ地域で、グリポサウルスの化石が多数産出する。

　グリポサウルスの体長は9メートルで、体重は3トンあった。頭骨を除けば、その骨格はハドロサウルス類の特色をよく表しており、ほとんどの種と同様に2足歩行と4足歩行を使い分けることができた。

　だが、頭骨はこのグループのほかのメンバーのものとは違っていた。鼻孔の上方に特徴的な骨質のこぶがあったのだ。グリポサウルスという学名は、いわゆる「ローマ鼻」——ローマ彫刻に見られる鼻梁の高い鼻——に似たこぶにちなんだもので、「わし鼻」を意味している。このこぶはディスプレイとしての役目をはたしていたと思われるが、表面がごつごつした分厚い構造物なので、攻撃用の武器として使われた可能性もある。交尾の相手をめぐってオス同士が争う際に、このこぶで軽く頭突きをし合ったのかもしれない。

　グリポサウルスは、ハドロサウルス類のサブグループであるハドロサウルス亜科に属している。ハドロサウルス亜科は、トサカのないハドロサウルス類からなるグループで、マイアサウラ、エドモントサウルス、ブラキロフォサウルスなどが含まれる。その多くは大規模なボーンベッド（骨化石密集層）で化石が見つかる。もう1つの主要なサブグループであるランベオサウルス亜科は、頭骨にトサカがある種で構成されている。こちらのグループで最も有名なのはパラサウロロフスで、ほかにランベオサウルスやコリトサウルスなどがいる。

分類

動物
　脊索動物
　　竜弓類
　　　主竜類
　　　　恐竜類
　　　　　鳥盤類
　　　　　　鳥脚類
　　　　　　　ハドロサウルス科
　　　　　　　　ハドロサウルス亜科

化石発掘地

データファイル

生息地：	北アメリカ（カナダ、アメリカ合衆国）
生息年代：	白亜紀後期
体長：	7～9メートル
体高：	2.5～3メートル
体重：	2～3トン
捕食者：	巨大な獣脚類の恐竜
餌：	植物

大きさの比較

Anatotitan
アナトティタン

学名の意味：「大きなアヒル」

　アメリカ西部のヘル・クリーク層は、白亜紀の終わり間近に、植物が青々と生い茂る氾濫原に堆積した岩石層で、信じられないほど多様な恐竜化石が産出する。そのなかには、ティラノサウルスやトリケラトプスなど、最も知名度の高い恐竜界の大スターも含まれている。だが、ヘル・クリークのコミュニティでいちばん生息数が多かったのは、エドモントサウルスやアナトティタンなど、「カモノハシ竜」の異名をもつ巨大なハドロサウルス類だった。

　エドモントサウルスほど多くの化石が産出する恐竜はほとんど例がなく、何千もの個体の遺骸が埋まったボーンベッドも発見されている。生息数はずっと少なかったが、近縁種のアナトティタンは、ハドロサウルス類としては例外的といっていいほど体が大きかった。体長は同時代に生息していたティラノサウルスと同じ12メートルに達し、体重が5トンもある個体もいた。骨格は装甲板やスパイクで武装されておらず、この恐竜にとっては大きな体それ自体が防御用の武器になっていた。ティラノサウルスの仲間ですら手をだせなかったかもしれない。

　アナトティタンは、特徴的な長い頭骨――あらゆる恐竜の頭骨のなかで最も長く、最も平べったい――ですぐに見分けがつく。長さが約1.25メートルあったのに対して、高さは30センチくらいしかなかったため、見た目は現生のウマの頭骨のように細長かった。頭骨の前部には、「カモノハシ竜」とも呼ばれるハドロサウルス類の特徴である大きなスプーン状の嘴がついていた。アナトティタンの嘴は、頭骨の残りの部分と同じくらい幅が広く、これほど大きな嘴をもつ種はほかにはいなかった。嘴の後方には歯の生えていない空洞部分があったため、咀嚼しやすいように舌で食べ物を転がすことができた。この空洞部分のさらに後方には小さな歯がびっしりと並んでいた――予備の歯列が幾層にも積み重なっているデンタル・バッテリーが形成されており、植物をすりつぶすのに適した構造になっていた。アナトティタンは、ガソリンの代わりに大量の植物を消費する大型車のような動物であり、白亜紀の大地に猛烈な勢いで広がった被子植物を食べることにみごとに適応していた。

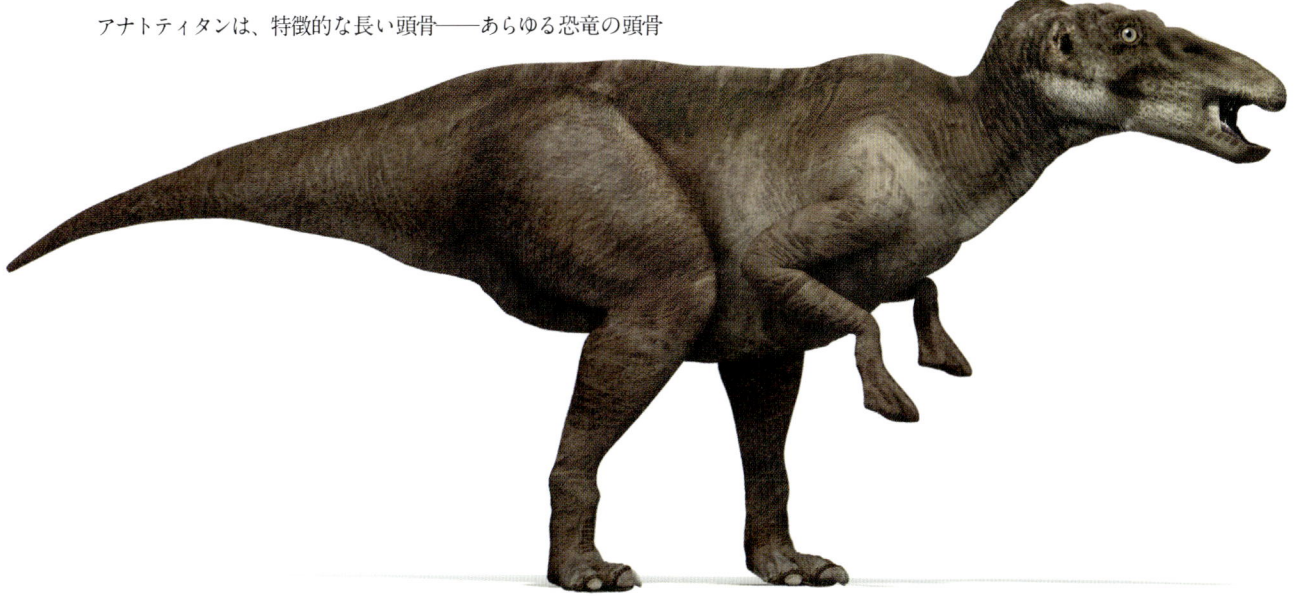

分類

動物
　脊索動物
　　竜弓類
　　　主竜類
　　　　恐竜類
　　　　　鳥盤類
　　　　　　鳥脚類
　　　　　　　ハドロサウルス科
　　　　　　　　ハドロサウルス亜科

化石発掘地

データファイル

生息地：	北アメリカ（アメリカ合衆国）
生息年代：	白亜紀後期
体長：	10～12メートル
体高：	3～3.7メートル
体重：	3～5トン
捕食者：	巨大な獣脚類の恐竜
餌：	植物

大きさの比較

Lambeosaurus
ランベオサウルス

学名の意味：「ランベのトカゲ」。古生物学者のローレンス・ランベにちなんで命名された

　ランベオサウルス亜科は、ハドロサウルス科のサブグループにあたり、グループの名称には白亜紀の最も風変わりな恐竜の1つであるランベオサウルスの名が使われている。この大型植物食恐竜は、7500万年前にカナダ西部の温暖な氾濫原で最も生息数が多かった動物の1つ。独特な形状のトサカをもっており、頭頂部にトサカのあるほかの種とすぐに見分けがつく

　パラサウロロフスの細長い管状のトサカとは違って、ランベオサウルスのトサカは短く、丈があり、頭骨のはるか後方まで伸びてはいなかった。ランベオサウルス属には、トサカの形状のわずかな違いをもとに命名された多くの種が存在したが、それらはいまでは2種類の動物の成長段階や性別の異なる個体のものだとみなされている。

　2種のうちの一方であるランベオサウルス・ランベイは、手斧のようなトサカを特徴とする。手斧の刃に相当する部分は、目の上のあたりで盛り上がっていた高いアーチ状のこぶであり、柄に相当する部分は、後ろ向きに伸びる細い管状の突起だ。もう1種のランベオサウルス・マグニクリスタトゥスのトサカは、丸みを帯びた1枚の大きなもので、ひさしのように少し前に突きでていた。現生のヒクイドリのトサカに似ており、エルヴィス・プレスリーのリーゼントヘアのようでもある！

　これら2種の体格は、ハドロサウルス類としては標準的で、体長が約9メートル、体重は数トンあった。一方、メキシコで化石が産出した第3の種は巨大で、体長が約15メートル、体重は10トンを超えていた可能性がある。ただし、こうした数値はきわめて断片的な化石をもとに算出した推定値にすぎず、そもそもこの化石がランベオサウルスのものかどうかさえはっきりしていない。

分類
動物
　脊索動物
　　竜弓類
　　　主竜類
　　　　恐竜類
　　　　　鳥盤類
　　　　　　鳥脚類
　　　　　　　ハドロサウルス科
　　　　　　　　ランベオサウルス亜科

化石発掘地

データファイル
生息地：	北アメリカ（カナダ、メキシコ）
生息年代：	白亜紀後期
体長：	9～15メートル
体高：	3～4.5メートル
体重：	3～8.5トン
捕食者：	巨大な獣脚類の恐竜
餌：	植物

大きさの比較

Corythosaurus
コリトサウルス

学名の意味：「ヘルメットトカゲ」

「ヘルメット型のトサカ」をもつ植物食のコリトサウルスは、ランベオサウルス亜科を代表する恐竜の1つ。おそらくランベオサウルスと最も近縁な動物であり、これら2つの属の外見はほとんどそっくりだった。体格もほぼ同じで、頭骨には植物食性に驚くほど適した形質が見られ、短く高さのある半円状のトサカがあった。

コリトサウルスとランベオサウルスは、トサカの細部の違いで区別できる。ランベオサウルスのトサカには2種類の形、つまり2つの部分からなる手斧のようなトサカと、ドーム状のトサカとがあったのに対して、コリトサウルスのトサカは半円形のもののみだった。また、ランベオサウルスのトサカがエルヴィス・プレスリーのリーゼントヘアのようにやや前方に突きでていたのに対して、コリトサウルスのトサカは、モヒカンヘアのようにまっすぐ上方に盛り上がっていた。半円形の大きなトサカがついていたため、コリトサウルスの頭骨は横長ではなく縦長だった。トサカは中空で、形がヘルメットによく似ていることから、「ヘルメットトカゲ」という意味の学名がつけられた。

コリトサウルスの化石は、アルバータ州の8000万年前の岩石層から産出したものが20点以上ある。この付近にはランベオサウルスの化石も豊富に埋蔵されているが、化石層序をくわしく調べたところ、コリトサウルスのほうがランベオサウルスより少しだけ生息時期が古いことがわかった。どうやらこれら2つの属は同時期に共存していたわけではなさそうだ。よく似た2つの動物が共存すれば、餌などの資源の奪い合いが起きたと推測されるので、これは理にかなっている。たぶん、環境の変化に適応するなかでコリトサウルスがランベオサウルスへと進化したのだろう。

分類
動物
　脊索動物
　　竜弓類
　　　主竜類
　　　　恐竜類
　　　　　鳥盤類
　　　　　　鳥脚類
　　　　　　　ハドロサウルス科
　　　　　　　　ランベオサウルス亜科

化石発掘地

データファイル
生息地：	北アメリカ（カナダ）
生息年代：	白亜紀後期
体長：	9～10メートル
体高：	3～3.5メートル
体重：	5～5.2トン
捕食者：	巨大な獣脚類の恐竜
餌：	植物

大きさの比較

Psittacosaurus
プシッタコサウルス

学名の意味：「オウムトカゲ」

　白亜紀前期に生息していたプシッタコサウルスは、体が小さく、見た目はぱっとしないかもしれないが、最古の、そして最も原始的な角竜類の1つだった。白亜紀後期の北アメリカに多数生息していたトリケラトプスやカスモサウルスなど、角と襟飾り（フリル）をもつサイに似た巨大恐竜の初期の祖先にあたる。本属は、少なくとも10種が白亜紀前期のアジアの大地を歩きまわっていたことが確認されており、恐竜としては最も種数の多い属だ。最も広い範囲に分布し、最も生息期間が長かった恐竜の1つでもある。

　その小柄で華奢な体つきを見るかぎり、プシッタコサウルスが、白亜紀後期に地響きを立てて歩いた大型角竜類と近縁な動物とは信じがたい。プシッタコサウルス属のほとんどの種は体長が1〜2メートルで、体重もよちよち歩きの幼児くらいしかなかった。プシッタコサウルスは2足歩行をし、おそらく走るのが速かっただろう。一方、トリケラトプスは体長が最大9メートル、体重も8トンに達し（さらに大きな角竜類もいたようだ）、4本足でのっしのっしと歩いた。

　とはいえ、プシッタコサウルスが初期の角竜類であることは疑問の余地がない。この恐竜グループにしか見られない特徴をたくさんもっていたが、最も重要なものは上顎の前部にあった嘴骨と呼ばれる特別な骨と、横に張りだした頬骨だ。嘴骨は、植物をむしり取るのに使われた鋭利だが歯のない嘴の一部を構成しており、先端に角のような小突起がある頬骨は、交尾の相手を引きつけたり、捕食者を撃退したりするのに使われたのかもしれない。のちに出現する角竜類では、こうした突起が大型化するとともに、頭頂部にも角があった。

　プシッタコサウルスは、最も多くのことがわかっている恐竜の1つである。アジア各地で400点を超える標本が発見されており、さらに無数の遺骸が岩石層中に埋蔵されている。中国で産出した保存状態のすばらしい標本には、背中に沿って羽毛の軸に似た中空の構造物が残っていた。中国ではもう1つ、驚くべき標本が見つかっている。成体のプシッタコサウルス1個体の遺骸が30個体以上の幼体といっしょに発見されたのだ。この恐竜が子育てをしていたことを裏づける確かな証拠といえそうだ。

分類

動物
　脊索動物
　　竜弓類
　　　主竜類
　　　　恐竜類
　　　　　鳥盤類
　　　　　　角竜類
　　　　　　　プシッタコサウルス科

化石発掘地

データファイル

生息地：	アジア（中国、モンゴル、ロシア、タイ）
生息年代：	白亜紀前期
体長：	1〜2メートル
体高：	35〜70センチ
体重：	25キロ
捕食者：	獣脚類の恐竜
餌：	植物

大きさの比較

Protoceratops
プロトケラトプス

学名の意味：「初期の角をもつ顔」

　プロトケラトプスも多くのことがわかっている原始的な角竜類の1つである。ロイ・チャップマン・アンドリュースが率いたことで有名な中央アジア探検隊（182ページを参照）によって初めて発見され、これまでにゴビ砂漠で100個体以上の骨格が産出している。ヴェロキラプトルの格好の餌食にされていた動物の1つだが、化石標本の多さは、プロトケラトプスがおおいに繁栄していたことの証しといっていいだろう。

　プロトケラトプスは、白亜紀後期に生息していた巨大な角竜類の進化を理解するうえでも重要だ。進化の系統において、プシッタコサウルスのような小型でしなやかな体をもつ初期の種と、のちに出現したトリケラトプスのような大型種とをつなぐ中間的な種族としてきわめて重要な意味をもつ。

　プロトケラトプスは、のちに出現した角竜類に見られる派生的な形質をいくつか備えており、明らかにプシッタコサウルスよりも派生的な動物だったことがわかる。原始的なプシッタコサウルスはこうした特徴をもっていなかったが、プロトケラトプスは4本足で歩き、後頭部からプレート状のフリルが突きでていた。しかし、プロトケラトプスには、大きな鼻孔、鼻の上の角、トリケラトプスとその近縁種がもつような骨盤を支えるための特別な椎骨はもっていなかった。

　プロトケラトプスは、ヒツジぐらいの大きさの小型植物食恐竜で、おそらく生態系の中で現生のヒツジと同様な地位を占めていたのだろう。つまり、背丈の低い植物ならなんでも食べる小型動物だったのだ。大きな嘴は鋭く、上下の歯はハサミのような動きをし、フリルが強力な顎の筋肉を支えていた。これらの特徴はどれも、プロトケラトプスが低木や潅木の枝葉をかみ切るのに役立った。おそらくフリルは交尾の相手を引きつける働きもしていたのだろう。オスのほうがメスよりも目立つ大きなフリルをもっていたようだ。

分類
動物
　脊索動物
　　竜弓類
　　　主竜類
　　　　恐竜類
　　　　　鳥盤類
　　　　　　角竜類
　　　　　　　プロトケラトプス科

化石発掘地

データファイル

生息地：	アジア（中国、モンゴル）
生息年代：	白亜紀後期
体長：	1.5〜2メートル
体高：	50〜67センチ
体重：	240キロ
捕食者：	獣脚類の恐竜
餌：	植物

大きさの比較

Triceratops
トリケラトプス

学名の意味：「3本の角のある顔」

　トリケラトプスは、ティラノサウルス、ブラキオサウルス、ステゴサウルスとともに、最高の知名度と人気を誇る恐竜の1つである。3本の角がある特徴的な顔と、盾のような頭骨のフリルをもち、その巨体を頑丈な四肢で支えていたトリケラトプスは、見間違えようがない。白亜紀後期のサイとでも呼ぶべき恐ろしげな大型恐竜だが、実際にはおとなしい植物食動物だった。最も挑発されれば、怒りをあらわにすることもあっただろう。トリケラトプスは、近所のいじめっ子のようなティラノサウルスに立ち向かった植物食恐竜として、いろいろなところで弱者にとってのヒーロー扱いをされている。

　多くの点で、トリケラトプスは8500万年にわたる角竜類の進化の粋をきわめた動物だった。角竜類のなかで最後まで生き残った種であり、6500万年前の白亜紀末の大量絶滅まで耐え抜いた。実のところ、地球上で最後の最後まで生き延びた恐竜の1つである。最大の角竜類の1つでもあり、体重は8トン、体長は9メートル近くに達した。頭骨も長さ約3メートルと巨大で、体長の3分の1を占めていた！　陸生動物の頭骨としては史上最大級で、これ以上大きな頭骨をもっていたのは、わずかばかりの近縁種にかぎられる。

　トリケラトプスの最大の特徴は、学名の由来ともなった頭骨上部の3本の鋭い角だ。ひと口に角竜類といっても、角の本数や形状は種ごとに異なる。そのため、種を同定する際には角が重要な判断材料になる。トリケラトプスの場合、鼻の上に短い角が1本と、目の上に長く頑丈な角が2本あった。これらの角は最長1メートルに達し、表面に残る痕跡からは、血管が網の目のように張りめぐらされていたことがうかがえる。現生動物の角と同様に、おそらく角質の鞘にくるまれていたのだろう。

　角の機能については活発な議論が行われてきた。おもに存在を誇示するためのディスプレイとして使われたのかもしれないし、交尾の相手を奪い合うオス同士が角を突き合わせて闘ったのかもしれない。しかし、ティラノサウルスの噛み痕が残る角や、この巨大な獣脚類と死闘を繰り広げた際に受けた致命傷の痕が残るトリケラトプスの頭骨も見つかっている。角が強力な護身用の武器であったことは疑問の余地がない。

　トリケラトプスの化石はすべて、アメリカ西部のヘル・クリーク層をはじめとする白亜紀後期の岩石層群で産出した。1887年に初めて発見されたのは、目の上にあった1対の角の化石で、先史時代のバイソンのものと誤認された。それ以来、数百点の標本が見つかっており、それらをもとに18の異なる種が記載されている！　しかし最近、古生物学者たちは、実際の種数は1か2で、これらの標本は成長段階がそれぞれ異なる個体のものにすぎないと判断した。実際、トリケラトプスの角とフリルは、成長とともに大きく変化した。そのため、成体と幼体では見た目がまったく違っていた。

分類

動物
　背索動物
　　竜弓類
　　　主竜類
　　　　恐竜類
　　　　　鳥盤類
　　　　　　角竜類
　　　　　　　ケラトプス科
　　　　　　　　カスモサウルス亜科

化石発掘地

データファイル

生息地：	北アメリカ（カナダ、アメリカ合衆国）
生息年代：	白亜紀後期
体長：	8〜9メートル
体高：	2.4〜3メートル
体重：	8トン
捕食者：	獣脚類の恐竜
餌：	植物

大きさの比較

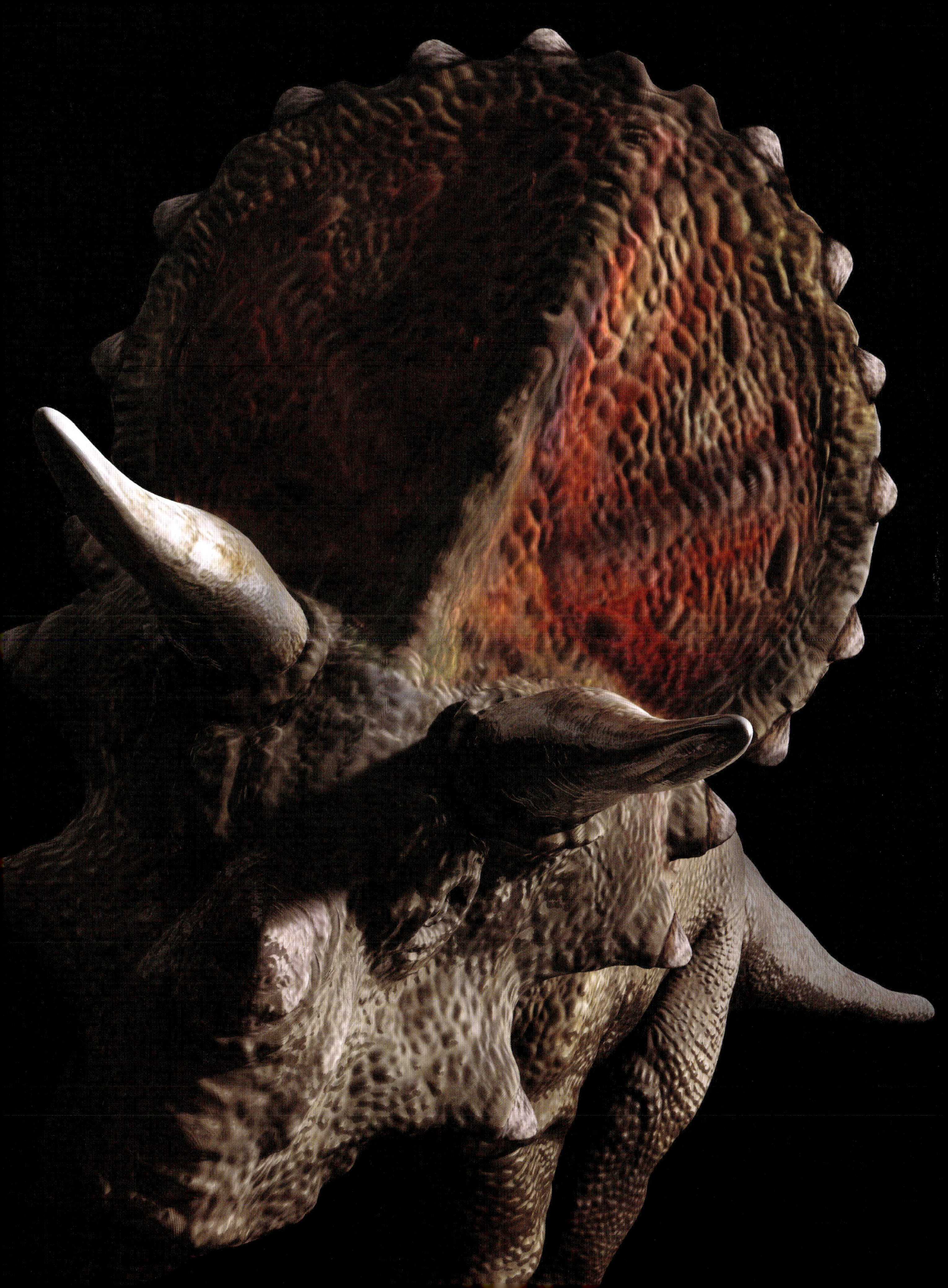

Torosaurus
トロサウルス

学名の意味：「雄牛トカゲ」または「穴のあいたトカゲ」

　トロサウルスはトリケラトプスと近縁な動物で、これら2つの属はアメリカ西部に横たわる白亜紀後期の岩石層でいっしょに見つかる。だが、知名度でまさるトリケラトプスよりもトロサウルスのほうが、はるかに長大かつ重厚な頭骨をもつ。

　実寸では、トロサウルスの頭部はトリケラトプスの頭部より少し小さい——トリケラトプスの頭骨が3メートルであるのに対して、2.75メートル。しかし、トロサウルスの体長はトリケラトプスより少なくとも1.5～2メートル短い。そのため、トリケラトプスの頭骨が体長のほぼ3分の1に相当するのに対して、トロサウルスのそれは体長の40パーセントを占めることになる。まったく信じがたいほど大きな頭だ！　これまでに地球上に出現したあらゆる陸生脊椎動物のなかで、これほど大きな頭骨をもっていたのは、近縁種のペンタケラトプスしかいない。

　トリケラトプス、トロサウルス、ペンタケラトプスは、そのほかの数種とともに、角竜類ケラトプス科のおもなサブグループの1つであるカスモサウルス亜科を構成している。このグループの角竜類には、吻部の先端にある大きな嘴骨、三角形の縁後頭骨、フリルの周囲にあるホーンレットと呼ばれる小さな骨質のトゲなど、共通の特徴が多数見られる。もう1つの主要なサブグループであるセントロサウルス亜科には、セントロサウルス、エイニオサウルス、スティラコサウルスなどが含まれ、こちらは目の上の角がはるかに小さく、フリルも短い。どちらのグループも生息年代は白亜紀最後の数百万年間で、北アメリカ大陸に広く分布していた。

分類
動物
　脊索動物
　　竜弓類
　　　主竜類
　　　　恐竜類
　　　　　鳥盤類
　　　　　　角竜類
　　　　　　　ケラトプス科
　　　　　　　　カスモサウルス亜科

化石発掘地

データファイル
生息地：	北アメリカ（カナダ、アメリカ合衆国）
生息年代：	白亜紀後期
体長：	7～8メートル
体高：	2.3～2.4メートル
体重：	5～7トン
捕食者：	獣脚類の恐竜
餌：	植物

大きさの比較

Pentaceratops
ペンタケラトプス

学名の意味：「5本の角がある顔」

　ペンタケラトプスは、生息年代が少しあとの近縁種トロサウルスと同様に、長さが約2.75メートルもある巨大な頭骨をもっていた。体格もトロサウルスとほぼ同じだったので、ペンタケラトプスの頭骨も体長のおよそ40パーセントを占めていたことになる。これはまさに驚くべき比率である。頭部があまりにも大きいため、ペンタケラトプスは見た目がやや不格好で、いまにも前のめりに倒れてごろんとひっくり返りそうだ。

　ペンタケラトプスの生息年代は、トロサウルスより約500万年早く、白亜紀末の大量絶滅が起きる1000万年前に出現した。学名は独特の頭骨に由来する。トリケラトプスなどの近縁種が3本の角をもっていたのに対して、ペンタケラトプスは頭骨の横、頬のあたりから突きでている2本を加えた合計5本の角をもっていた。角竜類は例外なくこの付近に骨質の突起があるが、ほとんどの種では丸みを帯びた低いこぶのようなものにすぎない。ところが、ペンタケラトプスの突起は大きな鋭い角に変わっており、ティラノサウルス科の仲間であるダスプレトサウルスのような捕食者に、痛烈な一撃をくわえるのに適した位置についていた。

　ペンタケラトプスの頭骨は数点見つかっており、そのほとんどがニューメキシコ州とコロラド州で産出したものだ。最初の化石は、20世紀における恐竜古生物学の巨人の1人であるチャールズ・H・スタンバーグによって1921年に発掘された。スタンバーグは、1870～80年代に繰り広げられた有名な「骨戦争」中に、エドワード・D・コープの部下としてカンザス州で化石の発掘に取り組み、経験を積んだ。その後は独立して、アメリカとカナダの西部で恐竜化石を収集し、世界各地の博物館に売った。3人の息子も「家業」を継ぎ、1970年代に入ってからも化石ハンティングを続けていた。

分類

動物
　脊索動物
　　竜弓類
　　　主竜類
　　　　恐竜類
　　　　　鳥盤類
　　　　　　角竜類
　　　　　　　ケラトプス科
　　　　　　　　カスモサウルス亜科

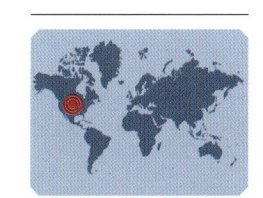

化石発掘地

データファイル

生息地：	北アメリカ（アメリカ合衆国）
生息年代：	白亜紀後期
体長：	6～8メートル
体高：	1.8～2.4メートル
体重：	5～7トン
捕食者：	獣脚類の恐竜
餌：	植物

大きさの比較

Chasmosaurus
カスモサウルス

学名の意味：「深い穴のあるトカゲ」

　カスモサウルスは、白亜紀後期の北アメリカ西部で最も生息数が多かった恐竜の1つだ。トリケラトプスと類縁関係が近く、カスモサウルス亜科にその名が使われている。

　カスモサウルスは中型の角竜類で、体長は6メートル弱、体重は数トンあった。体長ではトリケラトプスのほうがはるかに上回っており、頭骨の大きさでもトロサウルスやペンタケラトプスといったそのほかの近縁種に遠くおよばなかった。しかし、カスモサウルスはこうした近縁な恐竜より生息域が広く、多様化していた。アルバータ州の悪地からテキサス州最南端に至る北アメリカ西部の各地で、これまでに40点以上の頭骨やそのほかの標本が発見されている。これらの標本は、少なくとも4つの異なる種のもので構成されている。

　たいていの角竜類と同様に、カスモサウルスの頭部にも顕著な特徴が見られる。頭骨は長く、上下の厚みがない。フリルは平らで上を向いており、テーブルの天板のようだった。一方、ほかの多くの近縁種のフリルはもっと直立しており、前向きで威圧感があった。カスモサウルスのフリルは、ほかのどの角竜類のものよりも幅が広く、その頭骨は真上から見ると三角形をなしていた。フリルの中央には、学名の由来となった2つの大きな穴があいていた。頭頂骨窓と呼ばれるこれらの穴は、皮膚と筋肉でふさがれていた。フリルを軽量化して四肢への負担を減らしていたのだろう。

分類

動物
　脊索動物
　　竜弓類
　　　主竜類
　　　　恐竜類
　　　　　鳥盤類
　　　　　　角竜類
　　　　　　　ケラトプス科
　　　　　　　　カスモサウルス亜科

化石発掘地

データファイル

生息地：	北アメリカ（カナダ、アメリカ合衆国）
生息年代：	白亜紀後期
体長：	5〜5.5メートル
体高：	1.5〜1.65メートル
体重：	2〜3トン
捕食者：	獣脚類の恐竜
餌：	植物

大きさの比較

Styracosaurus
スティラコサウルス

学名の意味：「スパイクのあるトカゲ」

　角竜類は頭骨から突きでた奇妙なスパイクや角で有名だ。ほとんどの種は3本のスパイクをもっていた――鼻の上に1本と、両目の上にそれぞれ1本ずつ。ペンタケラトプスのように、左右の頬にも1本ずつ角が生えているものもいた。さらに、頭骨の飾りを極端に発達させた角竜類も存在した。スティラコサウルスがそれで、頭骨にこれほど多くのスパイクと角がある角竜類はいなかった。なにしろ、ほとんどの個体が3本や5本ではなく、9本の角をもっていたのだ！

　スティラコサウルスは、最も異様な頭骨をもつ恐竜の1つである。それは、理屈では説明がつかないほど奇妙な頭蓋だ。セントロサウルス亜科に属するたいていの恐竜と同様に、フリルは短く、軽量化を図るために2つの大きな穴があいていた。また、ほかの角竜類と同じく、大きな鼻角が1本あった。先が尖った鋭い角で、長さは2メートルに達した。

　しかし、似ているのはここまで。スティラコサウルスは、左右の頬から横に伸びる角をもっていたほか、フリルの縁からも3対6本の角が生えていた。3対のうち中央の1対が最も大きく、鼻角と同じか、鼻角より長かった。スティラコサウルスには全部で9本の角があり、ダスプレトサウルスなどの捕食者への備えは万全だっただろう。しかし、何本かはとても小さく華奢なつくりなので、もっぱらディプレイとして使われていたとみて間違いない。

　スティラコサウルスは、カナダ・アルバータ州にある州立恐竜公園の7500万年前の岩石層から産出した化石で知られている。わずかに古い岩石層からは、セントロサウルス亜科を代表する恐竜で、スティラコサウルスと最も近縁なセントロサウルスの化石が見つかる。これら2属の生息年代は、大きく重なってはいない。したがって、恐竜公園の生態系では、スティラコサウルスが生息時期の古い近縁種に代わって、セントロサウルス亜科の主要メンバーとしての地位に就いたようだ。スティラコサウルスがセントロサウルスから進化した可能性もある。

分類

動物
　脊索動物
　　竜弓類
　　　主竜類
　　　　恐竜類
　　　　　鳥盤類
　　　　　　角竜類
　　　　　　　ケラトプス科
　　　　　　　　セントロサウルス亜科

化石発掘地

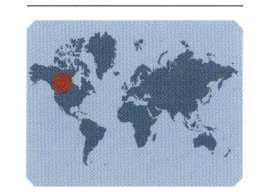

データファイル

生息地：	北アメリカ（カナダ）
生息年代：	白亜紀後期
体長：	5～5.5メートル
体高：	1.5～1.65メートル
体重：	2～3トン
捕食者：	獣脚類の恐竜
餌：	植物

大きさの比較

エイニオサウルス
Einiosaurus

学名の意味:「野牛トカゲ」

　7500万年前の北アメリカ西部の平原では、バイソンならぬ大型角竜類が地響きを立てて歩きまわっていた。その1つであるエイニオサウルスは、アメリカ先住民のブラックフット族が用いる「バイソン」を意味する言葉にちなんで命名された。しかし、この「バイソントカゲ」は、アメリカ先住民が生活の糧としていた毛むくじゃらの大型哺乳類には似ていなかった。確かに、エイニオサウルスもバイソンも頭骨から角が突きでている。だが、この白亜紀後期の角竜類の角はもっと風変わりであり、動物の頭蓋の装飾物としては最も奇妙なものの1つとされている。

　エイニオサウルスはセントロサウルス亜科に属していた。このグループはフリルが短く、目の上の角が小さくなっていることが特徴である。スティラコサウルスに近縁な動物で、1980年代半ばに最初の化石が発見された折りには、スティラコサウルス属の新種と考えられた。

　しかしその後、より詳細な調査が行われた結果、頭蓋の装飾に驚くべき違いがあることが判明した。エイニオサウルスがフリルの縁から後方に伸びる2本の角をもっていたのに対して、スティラコサウルスは6本の角をもっていた。また、スティラコサウルスの鼻角が細長いのに対して、エイニオサウルスは、先端が下向きにカーブした缶切りのような太く短い鼻角をもっていた。

　エイニオサウルスの化石はモンタナ州でしか見つかっていない。産出地はトゥーメディシン累層と呼ばれる約7500万年前の岩石層群だ。2カ所のボーンベッド(骨化石密集層)で見つかった少なくとも15個体の標本が知られている。1万以上の個体の骨が含まれていることもあるハドロサウルス類のボーンベッドに比べれば、規模ははるかに小さいが、このように化石が密集した状態で見つかるということは、エイニオサウルスが群れで移動していたことを示唆している。ボーンベッドが発見されたセントロサウルス亜科の恐竜はほかにも多いし、カスモサウルス亜科に属するいくつかの恐竜のボーンベッドも見つかっているので、角竜類の間では群れ行動が広く行われていたようだ。捕食者に襲撃を思いとどまらせたり、餌を見つけたり、長期にわたるかんばつを生き抜いたりするうえで有効な習性だったのだろう。

分類

動物
　脊索動物
　　竜弓類
　　　主竜類
　　　　恐竜類
　　　　　鳥盤類
　　　　　　角竜類
　　　　　　　ケラトプス科
　　　　　　　　セントロサウルス亜科

化石発掘地

データファイル

生息地:	北アメリカ(アメリカ合衆国)
生息年代:	白亜紀後期
体長:	7.2～7.6メートル
体高:	2.1～2.3メートル
体重:	4.5～5トン
捕食者:	獣脚類の恐竜
餌:	植物

大きさの比較

Pachyrhinosaurus
パキリノサウルス

学名の意味：「分厚い鼻をもつトカゲ」

　パキリノサウルスは角竜類としては平均的な大きさで、トリケラトプスやエイニオサウルスのような巨大な角竜類よりは小さく、カスモサウルスとほぼ同じ体格だった。頭骨は、顔の部分が分厚い、フリルが短い、眼窩の上の装飾物が退化しているなど、セントロサウルス亜科に見られる一般的な特徴を備えていた。

　一方、頭蓋の装飾物は実に奇妙だった。ほかのセントロサウルス亜科の恐竜と同様に、フリルの縁から2本の細い角が生えていたが、似ているのはここまでだ。フリルには2つの大きな楕円形の窓（穴）があり、その間のフリル中央部の縁から短い独特の角が2本突きでていた。さらに、目の上の部分全体と鼻はごつごつした分厚い骨の塊で覆われていた。これは頭蓋隆起と呼ばれる。同様な構造物は近縁種のアケロウサウルスにも見られるが、パキリノサウルスの場合、目と鼻の上にそれぞれ別個の頭蓋隆起があった。

　パキリノサウルスの頭骨にあったこの奇妙な隆起がどのような働きをしていたのかは、推測するほかない。とはいえ、この構造物が捕食者に対する防御用の武器として役に立ったとは考えにくい。恐竜に見られるたいていの奇妙な装飾物と同様に、おそらくこの頭蓋隆起と小さな角も、おもに交尾の相手を引きつけるためのディスプレイとしての機能をはたしていたのだろう。この説は、こうした構造物の多くが、動物が成体となり生殖能力をもって初めて形成されたという事実によって裏づけられている。それらの主たる用途が護身用の武器だったとしたら、体が小さく、力も弱いため、捕食者から狙われやすかった幼体にもあったはずだ。

分類

動物
　脊索動物
　　竜弓類
　　　主竜類
　　　　恐竜類
　　　　　鳥盤類
　　　　　　角竜類
　　　　　　　ケラトプス科
　　　　　　　　セントロサウルス亜科

化石発掘地

データファイル

生息地：	北アメリカ（アメリカ合衆国）
生息年代：	白亜紀後期
体長：	5.5～6メートル
体高：	1.6～1.8メートル
体重：	2～2.4トン
捕食者：	獣脚類の恐竜
餌：	植物

大きさの比較

Pachycephalosaurus
パキケファロサウルス

学名の意味：「頭の分厚いトカゲ」

　堅頭竜類は、最後まで生き残った恐竜グループの1つ。たぶん中生代に生息していた最も奇妙な動物だろう。少なくとも10属の化石が発見されており、そのほとんどが北アメリカとヨーロッパの白亜紀後期の地層から産出している。堅頭竜類を代表する恐竜はパキケファロサウルスだ。白亜紀後期の植物食恐竜で、ティラノサウルスと共存し、恐竜時代が幕を閉じる瞬間まで生き続けた。2足歩行をしたパキケファロサウルスは、体長が5メートル、体重は300キロあり、既知の堅頭竜類では最大の属だ。ほかのごく小さな種にはゴルフボールサイズの頭をもつものがいた。

　堅頭竜類は、ファンタジー小説かSF映画からそのまま抜けだしてきたかのような動物だ。その最も風変わりな特徴が肥大した骨質の頭部だったことは疑問の余地がない。頭部にはスパイク、こぶ、骨質の小突起が並んでいた。こうした奇妙な特徴をもつ恐竜は、ほかにはいなかった。頭骨は骨癒合が著しく進んでいたため信じられないほど頑丈で、個々の骨は見分けがつかない。頭頂部の骨は驚くほど分厚く、パキケファロサウルスのそれは厚さ25センチの緻密な骨でできている。ほとんどの種は、頭頂部がドーム状に盛り上がっており、その周囲には奇妙な形をした骨質の小突起がずらりと並んでいる。吻部の骨格表面にも同様な突起がある。頭骨の前部には短い嘴がついており、植物をむしり取るのに用いられた。顎には小さな木の葉型の歯が並んでいたが、おそらく堅頭竜類の咀嚼能力は、ほかの多くの鳥盤類ほど高くはなかっただろう。

　堅頭竜類の骨の癒合が進んだ重厚な頭骨は、化石として残りやすいため、産出例が多い。骨格のそのほかの部位については謎だらけだが、これまでに数点のほぼ完全な骨格化石が発見されており、首が短く頑丈で、消化管が大きく、長い尾は骨化した腱で補強されていたことがわかっている。こうした特徴から、堅頭竜類は竜脚類やテリジノサウルス類と同様に摂取した食べ物の大部分を胃で処理し、尾で体のバランスをとる活動的な動物だったことがうかがえる。

　ドーム状に盛り上がった頭骨についてはさまざまな推測がなされてきた。最初に堅頭竜類の調査を手がけた古生物学者のなかには、現生のオオツノヒツジのように、交尾の相手をめぐって争うオス同士が頭をぶつけ合ったと考える人もいた。しかし、この説は信憑性が低そうだ。第1に、球形ドーム状の頭骨は、頭突きにはあまり適していなかった。2頭のオスが頭突きをし合っても、ビリヤードの手球が的球の端に当たったときのように、運動エネルギーが分散してしまい、うまく相手に伝わらないことが多かっただろう。2番目に、頻繁に頭突き合いをしていたのであれば、頭骨にひびが入ったり、傷がついたりすることもあったはずだが、そうした痕跡の残る頭骨が発見された例はない。3番目に、ドーム状の頭骨の内部は硬かったが、おそらく頭突きをし合ったときの衝撃から脳を保護できるほど頑丈な構造ではなかった。盛り上がった頭部は、交尾の相手を引きつけたり、仲間を見分けたりするために使われた可能性のほうが高そうだ。

分類
動物
　脊索動物
　　竜弓類
　　　主竜類
　　　　恐竜類
　　　　　鳥盤類
　　　　　　堅頭竜類

化石発掘地

データファイル
生息地：	北アメリカ（アメリカ合衆国）
生息年代：	白亜紀後期
体長：	4～5メートル
体高：	1.6～1.8メートル
体重：	250～300キロ
捕食者：	獣脚類の恐竜
餌：	植物

大きさの比較

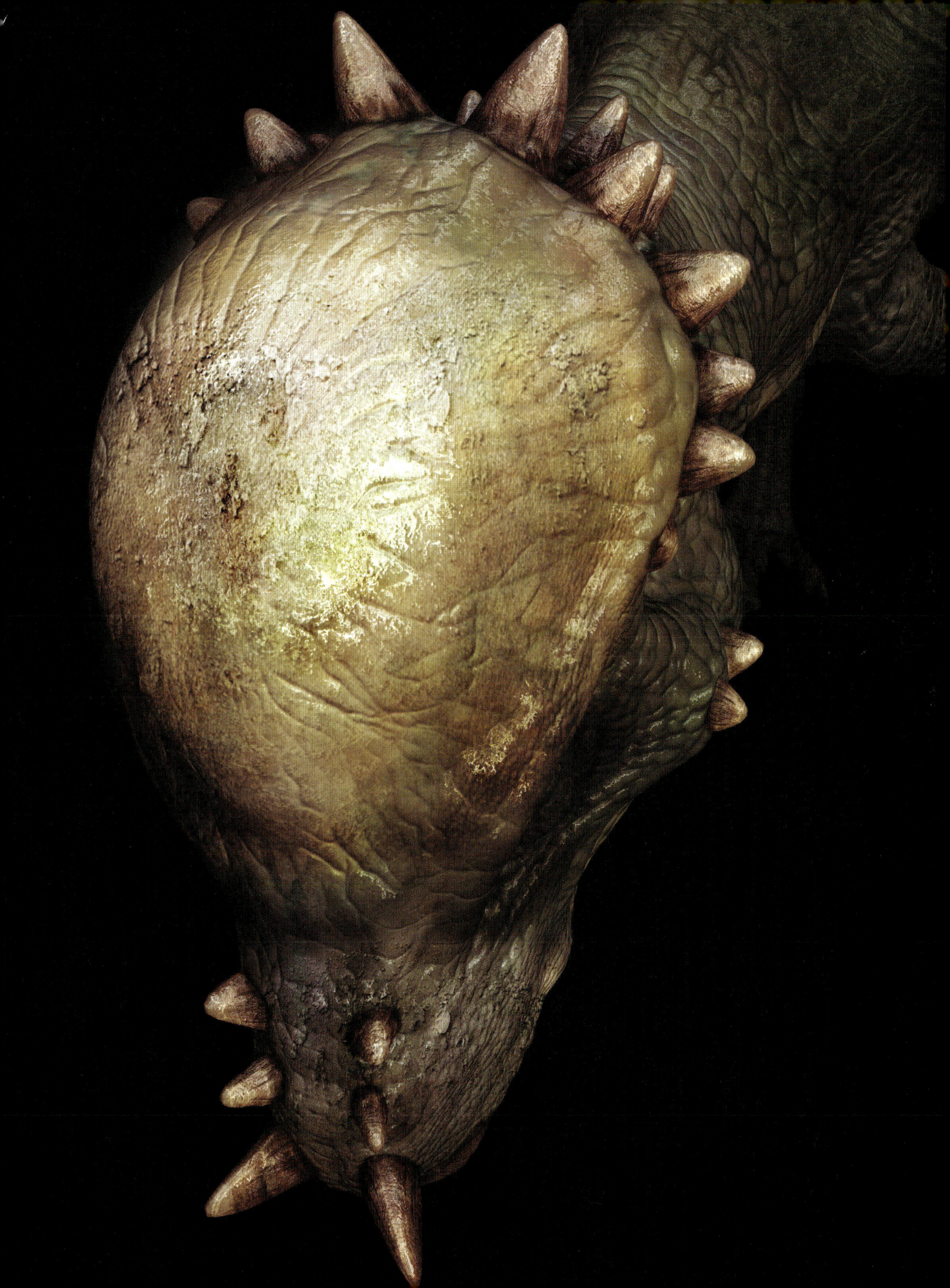

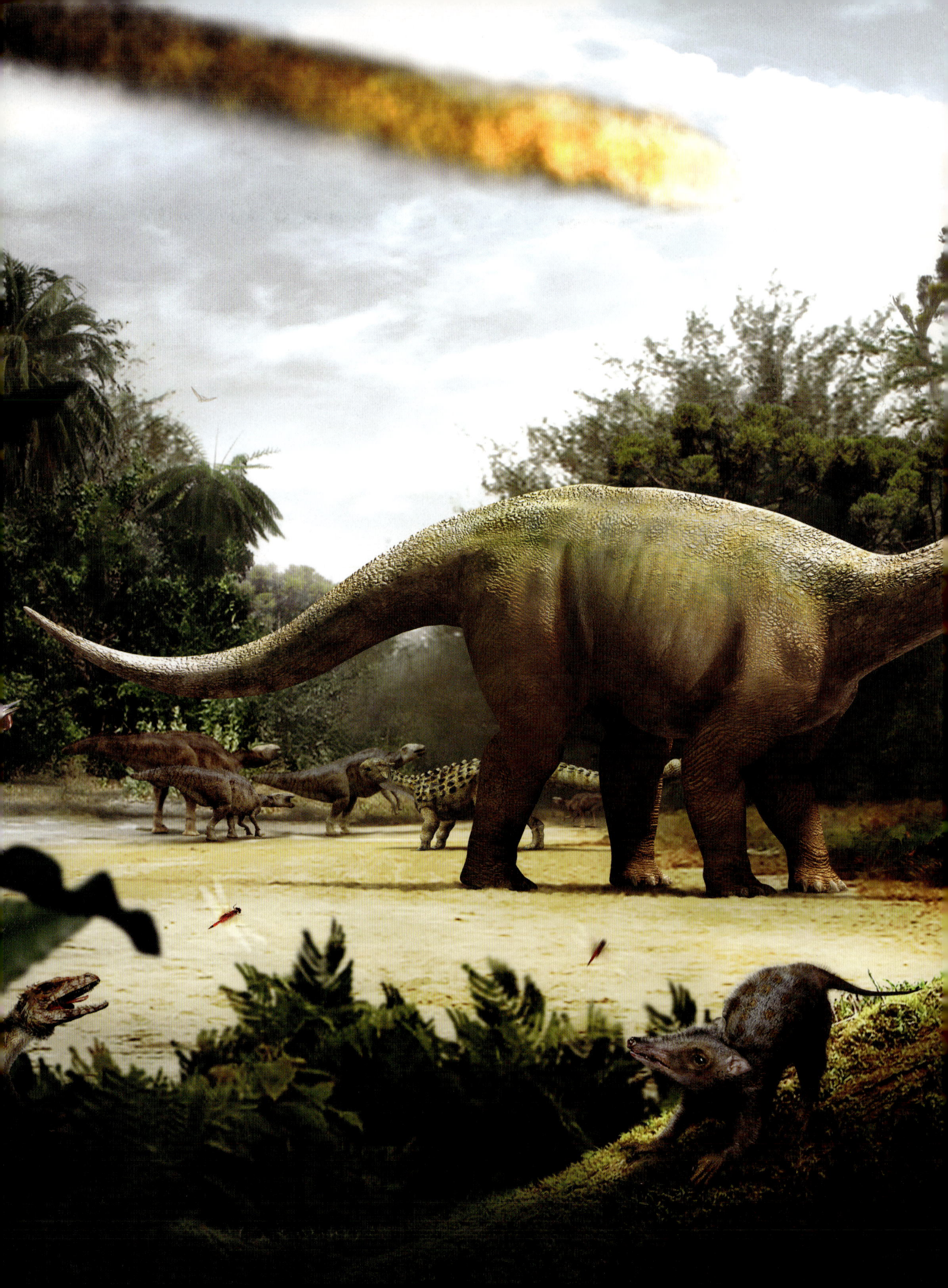

第 7 章　The End of the Dinosaurs

恐竜時代の終焉

第7章 恐竜時代の終焉

地質学と古生物学の研究から得られる最も重要な教訓は、あらゆるものは変化するということだ。
大陸は絶えず移動している。地盤が隆起して形成された山脈は浸食され、その姿を変えていく。
海は拡大と縮小を繰り返している。生物は、地球上に出現し、進化し、生息域を広げていく。
なかには驚くほどの多様化を遂げ、世界中で繁栄し、生態系を支配するグループもある。
だが、この世に永続するものなど1つもない。繁栄をきわめたグループでも最後は滅び、進化の時計をリセットして、
新たに勃興するほかのグループに道を譲る。6500万年前に恐竜たちに起きたのはそういうことだ。

　地質時代区分の白亜紀と第三紀の境目（いわゆるK-T境界）で起きた恐竜の滅亡は、大量絶滅の最も有名な事例である。それがはっきりと証明しているのは、絶えず変化し続けている世界が無関心を決め込んでくれるならおおいにありがたく、最悪の場合、残酷な仕打ちをしてくるということだ。人類文明の興亡と同じように、恐竜がたどった運命も、留意すべき教訓を含む戒めの物語である。

　本書は恐竜の栄枯盛衰に焦点を合わせてきた。それは、恐竜たちの進化の旅であり、小さく華奢な体つきの動物たちからなるとるに足らないグループが、三畳紀にほかの陸生脊椎動物に取って代わり、ジュラ紀には陸上生態系をすみずみまで支配し、白亜紀に入ってからもなお進化し、多様化し続けた。彼らの物語は、地球史上最も壊滅的な出来事の1つが起きた6500万年前に終わった。

　なにが恐竜を絶滅へと追いやったのだろうか。大昔の巨大な「トカゲ」の遺骸が初めてイギリスで見つかって以来、古生物学者はこの問の答えを探し求めてきた。初期の古生物学者の多くは、恐竜を進化史上の失敗作——やがては絶滅する運命にあった愚かでのろまな動物——とばっさり切り捨てた。恐竜がみずから死に絶え、より高等な哺乳類が世界を支配するための道筋をつけたのは、定められた運命だったというのだ。しかし、これは納得のいく説明ではない。私たちは恐竜が絶滅を運命づけられた進化史上の失敗作ではなく、1億6000万年にわたって世界を支配し続けた活力に満ちた動物だったことを知っている。では、これほど繁栄したグループが白亜紀末に忽然と化石記録から消えたのは、いったいなぜなのだろうか。

　地質学史における多くの重要な出来事と同様に、答えは突発的に起きた天変地異にあるようだ。白亜紀を終わらせ、恐竜による支配に突如として終止符を打ったのは、小惑星か彗星の衝突だった。この説には決定的な証拠がある。1970年代末に、カリフォルニア大学の地質学者ウォルター・アルバレスは、イタリア中部で白亜紀の石灰岩層と第三紀の石灰岩層に挟まれた薄い粘土層の調査を行っているときに、ただならぬ事実に気づいた。この粘土層は、イリジウム——地球上では著しく希少だが小惑星や彗星には豊富に含まれている元素——の濃度が異常なほど高かったのだ。その後の調査では、世界各地のK-T境界層で「高濃度のイリジウム」が検出された。それから約10年後、科学者たちは動かぬ証拠をつかんだ。メキシコの砂浜の下に6500万年前のクレーターが隠されていたのだ。

　これは動かしようのない証拠だった——白亜紀末に、おそらく直径が数キロはあったと思われる天体がメキシコのユカタン半島に落下した。その瞬間まで、恐竜たちはつつがなく暮らしていた。白亜紀の前・中期に比べて、恐竜の種の多様性は多少低下していたけれども、この程度の増減は中生代を通じて頻繁にあった。恐竜が徐々に絶滅へと向かいつつあったと信じるべき理由などなかったのだ。ところが、宇宙から飛来した天体が突然地球に衝突したために、すべてが一変した。核爆弾数億発に相当する衝撃が加わったために、地球環境は荒れはて、ほとんど回復不能となった。

　わずか数千年で、恐竜の子孫にあたる鳥類を除き、あらゆる恐竜が姿を消した——小惑星の衝突により気候が変動するとともに、生態系が破壊され、その犠牲になったのだ。衝突時の衝撃で大量の粉塵が空中に舞い上がり、太陽の光を遮ったため、植物が枯死し、地上は焼けつくような酸性雨に侵された。世界中で森林火災が発生し、巨大津波が南北アメリカの沿岸部に押し寄せた。翼竜のすべてと、哺乳類と鳥類の大部分が恐竜と運命をともにした。海洋にも壊滅的な影響がおよんだ。わずかながら生き延びた幸運な動物もいたが、おそらく恐竜は体が大きすぎて、水中や巣穴にこもって身を守ることができなかったのだろう。あるいはたぶん、とてつもなく運が悪かったのである。

　その日を境に、歴史の流れが完全に変わった。1億6000万年にわたって地球を支配してきたグループが消え去った。ティラノサウルスのような強肉食性の動物や、トリケラトプスやエドモントサウルスなど、掃除機のように大量の植物を消費する動物も姿を消した。突然、生態系は空き家になった。だが、地球はすっかり荒廃したが、死の惑星と化したわけではなかった。時間はかかったが、生命は復活した。生き物たちの活動の場が開け、進化の時計がリセットされた。支配権をめぐる新たな競争が始まった。最終的には、哺乳類と鳥類が勝ち抜き、今日では、かつて恐竜が占めていた生態的地位のほとんどを占めるに至った。だが、哺乳類は恐竜よりさらにもう一歩先へと進んだのである。人類がこうして地球上で暮らしているのは、恐竜が絶滅したからであり、私たちは、変化は不可避という、地球の歴史が教えてくれる最も重要な教訓を忘れるわけにはいかない。

第7章 恐竜時代の終焉 219

用語解説

アベリサウルス科
白亜紀に主として南半球の大陸(ゴンドワナ)に生息していた獣脚類(肉食恐竜)のサブグループの1つ。アベリサウルス、カルノタウルス、マジュンガサウルスなどが有名。

高等
動物がもつ特徴あるいは形質のなかでも、新しく、時間的により現代に近い進化上の祖先から受け継がれたものを指す言葉。

アエトサウルス類
主竜類のサブグループの1つで、ワニと近縁関係にある。生息年代は三畳紀。植物食で、体は戦車のような装甲板で覆われており、スパイクをもっていた。

被子植物
白亜紀に進化を遂げた花を咲かせる植物。草本など、現生植物の主要グループのほとんどが含まれる。

アンキロサウルス科
曲竜類(装甲で覆われた戦車のような恐竜)のサブグループの1つで、尾の先端についていた骨質のクラブ(棍棒)を特徴とする。アンキロサウルスやエウオプロケファルスなどが属する。

曲竜類
鳥盤類(鳥の腰をもつ恐竜)のサブグループの1つ。植物食で、装甲板やスパイクで覆われた戦車のような体を特徴とする。曲竜類のサブグループにはアンキロサウルス科とノドサウルス科がある。

前眼窩窓
頭骨の眼窩の前方にある穴で、内部は大きな空洞となっていた。主竜類に見られる顕著な特徴。

主竜類
いわゆる「支配的な爬虫類」。三畳紀に初めて出現した爬虫類の一大グループ。ワニ、鳥類、恐竜、翼竜と、その他いくつかの絶滅グループが含まれる。

2足歩行
2本足で歩くこと。

カルカロドントサウルス科
獣脚類の1グループであるテタヌラ類のサブグループにあたる。アロサウルスと類縁関係が近い。これまでに地球上に生息していた最大級の捕食動物が含まれる(カルカロドントサウルスとギガノトサウルス)。

セントロサウルス亜科
角竜類ケラトプス科のサブグループの1つで、短いフリルと目の上の短い角を特徴とする。セントロサウルス、エイニオサウルス、スティラコサウルスなどが含まれる。

角竜類
「角をもつ恐竜」。鳥盤類(鳥の腰をもつ恐竜)のサブグループの1つで、植物食性と、角とフリルのついた頭骨を特徴とする。

ケラトサウルス類
獣脚類(肉食恐竜)のサブグループの1つで、原始的な特徴をもつ。ケラトサウルスやアベリサウルス類が属する。

カスモサウルス亜科
角竜類ケラトプス科のサブグループの1つで、長いフリルと大きな嘴を特徴とする。カスモサウルス、トロサウルス、トリケラトプスなどが属する。

コエロフィシス類
獣脚類(肉食恐竜)のサブグループの1つで、原始的な特徴をもつ。生息年代は三畳紀とジュラ紀前期。コエロフィシス、リリエンステルヌスなどが属する。

コエルロサウルス類
獣脚類(肉食恐竜)のサブグループの1つで、鳥類的な形質が多々見られるなど、高等な特徴をもつ。ティラノサウルス科、トロオドン科、ドロマエオサウルス類のほか、コエルロサウルス類から進化した鳥類も属する。

白亜紀
中生代(恐竜の時代)を構成する3番目にして最後の紀。この時代には、コエルロサウルス類の肉食恐竜、鳥盤類の植物食恐竜(鳥脚類と角竜類)、竜脚類ティタノサウルス科の植物食恐竜が生態系を支配した。

派生的
※「高等」の項を参照

恐竜
「恐ろしいほど大きな爬虫類」。爬虫類のサブグループの1つで、中生代の世界を支配した。現生鳥類は恐竜の子孫。

恐竜様類
主竜類のサブグループの1つで、真の恐竜と、ラゲルペトン、マラスクス、シレサウルスといった恐竜と最も近縁な動物が含まれる。

ディプロドクス科
竜脚類(長い首をもつ恐竜)のサブグループの1つで、ジュラ紀に生息数が多かったアパトサウルスやディプロドクスなどを含む。

ドロマエオサウルス類
コエルロサウルス類(鳥に似た獣脚類)のサブグループ。ほとんどが小型あるいは中型の肉食恐竜で、足に大きな鉤爪がついていた。デイノニクス、ドロマエオサウルス、ミクロラプトル、ヴェロキラプトルなどが属する。

代(地質年代区分)
※「紀」の項を参照

属
生物の分類体系における正式な階級の1つで、近縁な種からなるグループを指す。たとえば、ティラノサウルスは、恐竜の1種であるティラノサウルス・レックスの属名。

ゴンドワナ大陸
今日のアフリカ、南米、インド、オーストラリア、マダガスカルで構成されていた巨大な陸塊。超大陸パンゲアが分裂し、南のゴンドワナ大陸と北のローラシア大陸が形成された。

ハドロサウルス類
鳥脚類(大型の植物食恐竜)のサブグループの1つで、「カモノハシ竜」ともいう。蹄状の足と吻の前部にあった大きな嘴が特徴。

ジュラ紀
中生代(恐竜の時代)を構成する2番目の紀。この時代には、コエルロサウルス類とテタヌラ類に属する大型肉食恐竜と竜脚類の植物食恐竜が生態系を支配した。

ランベオサウルス亜科
ハドロサウルス類(カモノハシ竜)のサブグループの1つで、頭頂部にある凝ったつくりのトサカを特徴とする。コリトサウルス、ランベオサウルス、パラサウロロフスなどが属する。

ローラシア大陸
今日の北アメリカ、ヨーロッパ、アジアで構成されていた巨大な陸塊。超大陸パンゲアが分裂し、南のゴンドワナ大陸と北のローラシア大陸が形成された。

中生代
恐竜の時代。地質時代区分のうちの代の1つで、三畳紀、ジュラ紀、白亜紀に分けられる。鳥類を除くすべての恐竜の絶滅で中生代は幕を閉じた。

ノドサウルス科
曲竜類(装甲で覆われた戦車のような恐竜)のサブグループの1つで、細い吻部と、尾にクラブ(棍棒)がないのが特徴。エドモントニア、ノドサウルス、サウロペルタなどが属する。

鳥盤類
「鳥の腰をもつ恐竜」。恐竜の三大サブグループの1つ（あとの2つは獣脚類、竜脚形類）。鳥類と同じように恥骨が後ろ向きに伸びている骨盤をもつことから、鳥盤類と名づけられた。このグループには、剣竜類、曲竜類、角竜類、堅頭竜類、鳥脚類といった多くの植物食恐竜が含まれる。

オルニトミモサウルス類
コエルロサウルス類（鳥に似た獣脚類）のサブグループの1つで、「ダチョウ型恐竜」とも呼ばれる。ダチョウなどの大型鳥類に似ているものが大部分を占める。ガリミムスやペレカニミムスなどが属する。

鳥脚類
鳥盤類（鳥の腰をもつ恐竜）のサブグループの1つ。植物食で、イグアノドン類、ハドロサウルス類といったサブグループに分けられている。

皮骨
骨質のプレートや装甲。肥厚し、表面がごつごつしていることも多い。動物の体を保護する機能をもつ。

オヴィラプトロサウルス類
コエルロサウルス類（鳥に似た獣脚類）のサブグループの1つ。軽量化された風変わりな骨格、歯がなく、頭頂部にトサカがある頭骨を特徴とするものが大部分を占める。カウディプテリクスやオヴィラプトルなどがこのグループに属する。

堅頭竜類
「石頭恐竜」。鳥盤類（鳥の腰をもつ恐竜）のサブグループの1つで、球形ドーム状に盛り上がった驚くほど分厚い頭骨を特徴とする。

古生物学
化石や恐竜などの古生物について科学的に研究する学問分野。

パンゲア
世界中のすべての大陸が結合して形成されていた超大陸。恐竜時代が到来する前からあり、三畳紀に分裂し始めた。

紀（地質時代区分）
地質学者（地層と岩石を研究する科学者）によって正式に認められている地質時代の1区分。たとえば、恐竜の時代ともいわれる中生代は、三畳紀、ジュラ紀、白亜紀という3つの紀に区分される。紀は代の下位区分であり、さらにその下位区分である世に分けられる。

ペルム紀－三畳紀の大量絶滅
地球史上最大規模の大量絶滅。ペルム紀と三畳紀の境目（P-T境界）にあたる約2億5000万年前に、地球上に生息していたすべての種の最大95パーセントが死に絶えた。

フィトサウルス類
主竜類のサブグループの1つで、ワニと類縁関係が近い。生息年代は三畳紀。待ち伏せ攻撃型の捕食動物であり、魚類やほかの爬虫類を食べていた。

捕食動物
ほかの動物を捕えて食べる動物（肉食動物）。

原始的
動物に見られる特徴や形質のうち、進化系統上の遠い祖先から受け継がれた「古臭い」ものについて述べる際に使われる用語。

古竜脚類
竜脚形類のサブグループの1つ。生息年代は三畳紀とジュラ紀前期。植物食で、中型の体、長い首、嘴のついた小さな頭骨を特徴とする。2足歩行と4足歩行を併用していた可能性がある。

翼竜
主竜類のサブグループの1つ。翼指竜類（プテロダクティルス類）という名称でもよく知られている。恐竜の時代に生息していた空飛ぶ爬虫類の一大グループ。翼竜は恐竜と近縁だが、ディノサウリアには含まれていない。

4足歩行
4本足で歩くこと。

ラウイスクス類
主竜類のサブグループの1つ。ワニと類縁関係が近い。大型の捕食動物で生息年代は三畳紀。肉食恐竜に似ているものもいたが、恐竜との類縁関係は遠い。

爬虫類
脊椎動物のグループの1つで、鱗状の皮膚をもち、産卵する。ワニ、ヘビ、トカゲ、恐竜などがこのグループに含まれる。鳥類は恐竜から進化したため、両者の外見は著しく異なるが、現代の分類体系では鳥類は爬虫類に含められている。

竜盤類
「トカゲの腰をもつ恐竜」。恐竜の主要なグループの1つで、サブグループとして竜脚形類と獣脚類を含む。爬虫類と同様に恥骨が前向きに伸びている骨盤をもつことから、竜盤類と名づけられた。

竜脚形類
恐竜の三大グループの1つ（あとの2つは獣脚類と鳥盤類）。原竜脚類と竜脚類（長い首をもつ恐竜）を束ねる。

種
生物の分類体系における正式な基本単位で、交配を行って子孫を残せるが、ほかの種のメンバーと交配することはできない生物群を指す。たとえば、レックスは、恐竜の1種であるティラノサウルス・レックスの種名である。

スフェノスクス類
ワニ類のサブグループの1つ。生息年代は三畳紀後期とジュラ紀前期。軽量小型で走るのが速かった。

スピノサウルス科
獣脚類の1グループであるテタヌラ類のサブグループにあたる。背中の大きな帆を特徴とし、魚食性だった可能性がある。バリオニクス、イリテーター、スピノサウルスなどがこのグループに属する。

剣竜類
「骨板をもつ恐竜」。鳥盤類（鳥の腰をもつ恐竜）のサブグループの1つ。背中に並ぶ大きな骨質のプレートと尾の長大なスパイクを特徴とする。ファヤンゴサウルス、ケントロサウルス、ステゴサウルスなどがこのグループに属する。

テタヌラ類
獣脚類（肉食恐竜）のサブグループの1つ。硬い尾や3本指の手（前足）などの高等な特徴をもつ。アロサウルス、コエルロサウルス類、鳥類などがこのグループに属する。

テリジノサウルス類
コエルロサウルス類（鳥に似た獣脚類）のサブグループの1つ。植物食に適した嘴と歯がある頭骨、大きな消化管、前肢の巨大な鉤爪、頑丈な後肢を特徴とする。アラシャンサウルス（アルクササウルス）やベイピャオサウルスなどがこのグループに属する。

獣脚類
恐竜の三大グループの1つ（あとの2つは竜脚形類と鳥盤類）。肉食恐竜はすべてこのグループに含まれる。獣脚類のサブグループには、コエロフィシス類、ケラトサウルス類、テタヌラ類、コエルロサウルス類、鳥類などがある。

装盾類
「盾を装備した恐竜」。鳥盤類（鳥の腰をもつ恐竜）のサブグループの1つ。骨板や装甲板で守りを固めた剣竜類と曲竜類が含まれる。

ティタノサウルス類
竜脚類（長い首をもつ恐竜）のサブグループの1つ。白亜紀に生息数が増え、とりわけ南半球の大陸（ゴンドワナ）で繁栄した。アルゼンチノサウルスやサルタサウルスなどがこのグループに属する。

三畳紀
中生代（恐竜の時代）の最初の紀。恐竜はこの時代に出現し、多様化し、世界中に広がっていった。

ティラノサウルス上科
コエルロサウルス類（鳥に似た獣脚類）のサブグループの1つ。生息年代はジュラ紀と白亜紀。グアンロンなどの小型捕食動物や、ティラノサウルスやタルボサウルスなどの巨大な肉食恐竜がこのグループに属する。

索引

あ行

アクロカントサウルス	126
アナトティタン	201
アパトサウルス	102
アマルガサウルス	144
アラシャンサウルス	178
アルカエオプテリクス	92、94
アルゼンチノサウルス	146
アロサウルス	82
アンキロサウルス	192
イグアノドン	154
イリテーター	124
インキシヴォサウルス	139
ヴェロキラプトル	182
羽毛恐竜	132
ヴルカノドン	62
エイニオサウルス	212
エウオプロケファルス	194
エウストレプトスポンディルス	58
エウディモルフォドン	20
エウパルケリア	14
エオラプトル	24
エドモントニア	195
エフラアシア	42
エラフロサウルス	80
オヴィラプトル	188
オウラノサウルス	156
オルニトレステス	89

か行

カウディプテリクス	138
ガストニア	148
カスモサウルス	210
ガソサウルス	59
カマラサウルス	103
カムプトサウルス	112
ガリミムス	186
カルカロドントサウルス	128
ガルゴイレオサウルス	110
カルノタウルス	166
ギガノトサウルス	130
クリオロフォサウルス	51
グリポサウルス	200
ケラトサウルス	78
ケントロサウルス	109
コエルロサウルス類	86
コエロフィシス	30
コリトサウルス	203
古竜脚類	34
コンプソグナトゥス	88

さ行

サウロペルタ	150
サルタサウルス	191
サルトポスクス	19
三畳紀	28、46
シュノサウルス	66
ジュラ紀	46
主竜類	12
スケリドサウルス	72
スタゴノレピス	17
スティラコサウルス	211
ステゴサウルス	106
スピノサウルス	120

た行

大量絶滅	46
ダケントルルス	108
タルボサウルス	176
鳥盤類	68
鳥類	90
デイノニクス	140
ディプロドクス	100
ティラノサウルス	170、172、174
ディロフォサウルス	48
テコドントサウルス	36
テタヌラ類	52
テノントサウルス	159
ドリオサウルス	114
トリケラトプス	206
トロオドン	184
トロサウルス	208
ドロマエオサウルス	180

な行

ネメグトサウルス	190

は行

パキケファロサウルス	214
パキリノサウルス	213
白亜紀	118、164
パラサウロロフス	198
パラスクス	16
バラパサウルス	64
バリオニクス	122
パンゲア	46
ヒプシロフォドン	158
ヒラエオサウルス	152
ファヤンゴサウルス	104

プシッタコサウルス	204
ブラキオサウルス	98
プラテオサウルス	38
プロトケラトプス	205
ヘテロドントサウルス	70
ペリカニミムス	187
ヘレラサウルス	25
ペンタケラトプス	209
ポストスクス	18

ま行

マイアサウラ	196
マジュンガサウルス	168
マメンキサウルス	96
マラスクス	22
ミクロラプトル	134、136
ミンミ	153
ムスサウルス	40
ムッタブラサウルス	161
メガロサウルス	56
モノロフォサウルス	54
モリソン層	76

や行

ヤンチュアノサウルス	84
ユタラプトル	142

ら行

ランベオサウルス	202
リオハサウルス	43
竜脚類	60
リリエンステルヌス	32
レアエリナサウラ	160

謝辞 Acknowledgements

次にお名前を挙げる方々に心より感謝したい。指導教官であるポール・セレノ先生とマイク・ベントン先生には、いつも変わらぬご支援と励ましをいただいた。『フォッシル・ニューズ』誌の編集者であるリン・クロス氏には、本書の原型となった恐竜プロフィールの毎月の連載でたいへんお世話になった。アレン・デーブス、マイク・フレデリクスの両氏をはじめ、恐竜を愛するブログライターの方々には、私が恐竜に関する文章を書き始めた10代のころから多大なご協力をいただいた。私の共同研究者であるロジャー・ベンソン、トマス・カー、ジョシュ・マシューズ、スコット・ウィリアムズ、トマス・ウィリアムソンの各氏は、恐竜関連の膨大な知識を授けてくださった。グレーアム・ロイド、マナブ・サカモト、マーク・ヤングといった大学院の学友たちからも、貴重な助言をたくさんもらうことができた。

最後に、イギリスでの研究を財政面で支えてくださったマーシャル・スカラーシップなど、お力添えをいただいたすべての研究資金援助団体と、出張調査の便宜を図ってくださった博物館のキュレーターの方々にも深甚なる謝意を表したい。

そして、最後の最後になるが、自分の家族にもこの場を借りて礼をいいたい。婚約者のアン、両親であるジムとロクサーヌ、兄弟のマイクとクリスのサポートがなければ、この本を完成することはできなかっただろう。

ARTWORK CREDITS
All artwork in this book has been supplied by Jon Hughes and Russell Gooday of Pixel-shack.com, except P28 Late Triassic Earth, P46 Pangaea, P47 Late Jurassic Earth ©Quercus Publishing Plc.

PHOTOGRAPHIC CREDITS
P6 Palaeontology students excavating Late Jurassic dinosaur fossils in Wyoming, USA ©Steve Brusatte, P7 Two pages from Steve Brusatte's field notebook, detailing a July 2005 excavation of Triceratops fossils in Montana, USA ©Steve Brusatte, P12 Euparkeria skull ©Iziko South African Museum, P35 Plateosaurus skeleton next to a man ©Louie Psihoyos/Corbis, P52 (top) The skull of the tetanuran theropod Allosaurus ©Getty Images/Jason Edwards, P52 (bottom) The hand of the tetanuran theropod, Allosaurus ©Michael S. Yamashita/CORBIS, P77 (top left) Morrisson Formation rocks in Wyoming, USA ©Steve Brusatte, P77 (bottom left, top right, bottom right) Palaeontology students excavating the skeleton of Diplodocus in Wyoming, USA © Steve Brusatte, P93 Archaeopteryx Fossil ©Louie Psihoyos/CORBIS, P118 Butterfly bushes and desert oaks on red sand, Northern Territory, Australia ©Theo Allofs/zefa/Corbis, P132 Fossil of Microraptor gui © Xinhua/Xinhua Photo/Corbis, P133 (top) Detail of the fossilized skull of Sinosauropteryx prima, 120 million years old. ©O. Louis Mazzatenta/National Geographic/Getty Images, P133 (bottom): Fossil of Confuciusornis sanctus ©Layne Kennedy/CORBIS, P165 Meteorite disaster ©Sanford/Agliolo/CORBIS, P170 Finite element analysis of Tyrannosaurus rex skull ©Emily Rayfield/University of Bristol, P171 (top left) Fragments of tissue lining the marrow cavity of a Tyrannosaurus rex thigh bone ©epa/Corbis, P171 (right) Tyrannosaurus rex tooth © Thomas E. Williamson/New Mexico Museum of Natural History & Science

訳者略歴

椿 正晴 Masaharu Tsubaki

都立高校教諭、予備校講師を経て翻訳者に。おもな訳書に『よみがえる恐竜・古生物』『EVOLUTION～生命の進化史～』『恐竜ハンター』(ソフトバンク クリエイティブ)、『恐竜大図鑑――よみがえる太古の世界』(日経ナショナルジオグラフィック)、『恐竜ハンター』(主婦の友社)などがある。

監修者略歴

北村雄一 Yuuichi Kitamura

1969年長野県生まれ。日本大学農獣医学部卒業。フリージャーナリスト兼イラストレーター。深海生物から恐竜、進化まで、幅広い分野で活躍。おもな著書に、『深海生物の謎』『ありえない!? 生物進化論』(サイエンス・アイ新書)、『深海生物ファイル』(ネコ・パブリッシング)、『ダーウィン『種の起源』を読む』(化学同人)のほか、『恐竜と遊ぼう』(誠文堂新光社)、監修本に『EVOLUTION～生命の進化史～』(ソフトバンク クリエイティブ)などがある。

よみがえる恐竜・大百科【超ビジュアルCG版】

2010年7月6日 初版第1刷発行

著者	スティーブ・ブルサット
監修者	マイケル・ベントン
翻訳	椿 正晴
監修	北村雄一
発行者	新田光敏
発行所	ソフトバンク クリエイティブ株式会社 〒107-0052　東京都港区赤坂4-13-1 営業部：03(5549)1201 科学書籍編集部：03(5549)1138
印刷・製本	図書印刷株式会社
組版・デザイン	株式会社ビーワークス

DINOSAURS by Steve Brusatte
Copyright©2008 by Quercus Publishing
Japanese translation published by arrangement with Quercus Publishing Plc through The English Agency (Japan) Ltd.

乱丁本・落丁本は小社営業部にてお取り替えいたします。
定価はカバーに記載されています。
本書の全部あるいは一部を複写・複製は、法律で認められた場合を除き、著作権の侵害となります。
本書の内容に関するご質問などは、小社科学書籍編集部まで、かならずWeb (http://sciencei.sbcr.jp/) にてご連絡いただきますようお願いいたします。

©Masaharu Tsubaki 2010 Printed in Japan ISBN 978-4-7973-5609-0